作者简介

曾庆伟，湖北武汉人，作家、美食评论家，现任《炎黄美食》杂志总编辑、武汉散文学会副秘书长、武汉餐饮业协会副秘书长、武汉广播电视台科技生活频道顾问、武汉炎黄文化研究会美食文化委员会主任。已出版《楚天谈吃》《味蕾上的乡情》等专著多部。

武漢味道

曾庆伟 著

武汉出版社
WUHAN PUBLISHING HOUSE

（鄂）新登字 08 号

图书在版编目(CIP)数据

武汉味道 / 曾庆伟著. — 武汉：武汉出版社，2019. 3
ISBN 978 - 7 - 5582 - 2620 - 5

Ⅰ. ①武… Ⅱ. ①曾… Ⅲ. ①饮食 - 文化 - 武汉
Ⅳ. ①TS971. 202. 631

中国版本图书馆 CIP 数据核字(2018)第 278629 号

著　　者：曾庆伟
责任编辑：李　俊
装帧设计：刘　蕾
出　　版：武汉出版社
社　　址：武汉市江岸区兴业路 136 号　　邮　编：430014
电　　话：(027)85606403　85600625
http://www.whcbs.com　　E-mail:zbs@whcbs.com
印　　刷：武汉市金港彩印有限公司　　经　销：新华书店
开　　本：787 mm×1092 mm　1/32
印　　张：11.625　　字　数：260 千字
版　　次：2019 年 3 月第 1 版　　2019 年 3 月第 1 次印刷
定　　价：58.00 元

目　录

前言

一、武汉饮食文化的形成与发展

作为湖北省的省会城市，武汉城市文化包括饮食文化的形成发展既与不同历史时期的社会经济相联系，又受到地域、民族、习俗、宗教诸多方面因素的影响。作为荆食饮食文化的一个重要分支和一个相对独立的饮食文化体系，武汉饮食文化经历了漫长的演化过程，在物质层面和精神层面，都体现出了鲜明的武汉地方特色。虽然让武汉饮食文化呈现出现有的面貌成因多多，但笔者认为从地理环境、社会变迁、民风民情对武汉饮食文化的影响来理解更为全面深刻。

二、地理环境与武汉饮食文化

何谓地理环境?

地理环境是一定社会所处的地理位置以及与所处位置相联系的各种自然条件的总和,包括气候(日照、温度、湿度、风速等)、土地(酸碱条件)、河流、湖泊、山脉、矿藏等。某一地区的“饮食文化圈”(特定的“饮食文化圈”往往不受行政区划限制)的形成,与某一地区特定的地理环境、风俗习惯息息相关。比方说,湖北饮食文化圈的形成,就与湖北特定的地理环境和风俗习惯有脱离不开的关系。

武汉境内和与武汉相关联地区的地理环境,造就了武汉饮食文化的独特风貌,这是不争的客观事实。总体来说,武汉这座城市,紧紧依靠着江汉平原而生,紧傍着长江、汉水而长。

位于长江中游的江汉平原,东、西、北三面,分别有巫山、荆山、秦岭、桐柏、大别山、幕阜山,这些山峦以马蹄形状把江汉平原围成了一个盆地,只有南面与同样是一片沃土的洞庭湖平原相毗邻。在江汉平原宽阔的怀抱里,长江和汉水,汇集了千百条溪水河流,横贯了整个大平原。由于江水自西向东地流动,带来巨量的泥沙,而江水的能量不足以裹挟着泥沙下行时,久而久之,泥沙便淤积起来,形成了肥沃的冲积平原。这就是江汉大平原形成的由来。

肥沃的江汉平原,自形成始,自然成为宜于耕种、渔猎的“鱼米之乡”。所以,在两千多年前的农耕文明时代,江汉平原优渥的自然条件为天下人所艳羡,《史记·货殖列传》记载这里“饭稻羹鱼”“不得贾而足”“无饥馑之患”,到了近代,关于江汉平原,更是有“湖广熟,天下足”之说。

从古至今，武汉都不是一座游离于湖北地理环境之外的孤城，武汉这座城市的一呼一吸，都与湖北整个地理环境息息相关。换言之，武汉饮食文化受到湖北地理环境的影响不可谓不大。

湖北全省“六山一水三分田”，粮食作物主要有水稻、小麦、红苕、玉米、高粱、黄豆、蚕豆、豌豆、绿豆等；山珍出产有熊掌、猴头、木耳、蘑菇、冬笋等；牲畜如猪、牛、羊；家禽如鸡、鸭、鹅、豚，蛋品种类也样样齐全。蔬菜品种如大白菜、小白菜、菠菜、茼蒿、泥蒿、韭菜、番茄、茄子、黄瓜、芹菜、豇豆、扁豆、萝卜、辣椒、苦瓜、冬瓜、黄瓜、土豆、包菜、南瓜、丝瓜、瓠瓜以及白果、松子、板栗、莲子、芝麻、花生、杏仁等叶类菜、果类菜和干果类食材，品种丰富。其中洪山菜薹、江夏舒安藠头、蔡甸莲藕、黄陂脉地湾萝卜等，是武汉蔬菜中具有代表性的地理标志产品，在全国范围内享有极好的声誉。

尤其值得大书一笔的是湖北的淡水鱼鲜。鳜鱼、鲭鱼、草鱼、鲩鱼、鲤鱼、鲫鱼、鳊鱼等常用品类多达50余种，产量之大、食用之广都名列全国各省之首。正因为湖北有充足的淡水鱼鲜资源，所以在湖北菜系包括武汉菜中，鱼类菜肴占有非常突出的地位，甚至拥有烹制各种鱼菜的传统技艺，成为武汉厨师的看家本领。其中，产于与武汉相邻的鄂州樊口鳊鱼，也叫武昌鱼，是武汉淡水鱼鲜的代表性品种，古时已经非常有名，更因了1958年，一代伟人毛泽东的“才饮长沙水，又食武昌鱼”佳句一出，武昌鱼更是声满华夏、名动九州了。

武汉周边的地理环境，具体而言包括水、土、光、热等自然资源的独特性和生物资源的丰富性，为武汉周边的农民、渔民、山民耕种作物、捕捞水产、驯化生物品种提供了充足的条件。

进一步说，武汉周边广阔的地域空间、肥沃的土壤、丰富的水资源、起伏的山峦丘陵、宽广的平原，决定了这一方土地上出产极其丰富的食材。正是这些食材出产的丰富多样性，才为武汉厨师施展才艺、也为丰富武汉饮食文化奠定了坚实的物质基础。

三、社会变迁与武汉饮食文化

武汉饮食文化就像一条奔腾不息的河流，历经岁月的淘洗，划出一条优美的弧线，汇入了中国饮食文化的宏阔大海，成为博大精深的中国饮食文化的一部分。

城市文化发展的一般规律告诉我们，一个城市饮食文化的产生和发展，除了与天时地利的天然因素相关，还与不同时期的社会经济发展息息相关。社会经济的发展决定了武汉城市发展变化的轨迹，并推动了武汉饮食业态从单一化步入多元化，饮食文化从粗放向精细的发展走向。

虽然武汉饮食文化现在已经是一个相对独立的文化系统，但它的发展源头，却是深深根植于楚文化这个大的框架之内，在它发展的初期，它的形态完全被湮没在湖北饮食文化的巨流中。换言之，武汉饮食文化的初期，并没有显现出明晰的流动姿态。

所以，在以往湖北饮食文化的研究中，武汉饮食文化是被饮食文化学者包含在湖北饮食文化的大概念中加以论述的。这与武汉饮食文化当时所处的地位不高有直接关系。

在叙述社会变迁对武汉饮食文化的影响时，我们也是把武汉饮食文化放在湖北饮食文化的大概念中加以论述。原因在于，作为一个人口相对集中的城市，四五百年前的武汉，的确没有达到人口密集、市场成熟、城市功能齐备的发展水平。

据饮食文化专家的研究，湖北饮食文化的发展源流的归结，有五段式和六段式两种说法。具体而言，一为湖北饮食文化发展历经春秋战国、汉魏六朝、隋唐宋元、明清和现代与当代的五个演变时期[1]之说。二为湖北饮食文化发展历经萌芽期、开拓期、积累期、茁长期、成熟期、繁荣期[2]之说。不管是湖北饮食文化“五段式发展说”还是“六段式发展说”，两种说法有一个共同之处，那就是湖北饮食文化早期处于粗放式的发展阶段。由于原始农业、原始畜牧业的产生，我们的先祖既能在野外采集到果蔬，渔猎野生的鱼鳖禽兽可供充饥果腹，又能自己种植粮食，饲养畜禽可供食用，以弥补采集、渔猎食物之不足。而当时的生产力水平，已能生产鼎、釜、鬲、杯、碗等简单的生产、生活陶制器皿，能用陶制炊具烹饪各种动物类食材和以稻麦煮蒸饭粥。火、炊具、食材和粮食，四者在此期间均已初步具备条件，因而这个时候我们祖先有了把主食与菜式分开而食的可能性。但是总体来讲，受当时生产力水平所限，我们先祖所制造的各类生产、生活器皿，还处于非常粗糙的低水平阶段，因而主食与菜肴分开烹调的手段也就非常原始，饭食和菜式，都处于简单粗糙的原始阶段，这个时期，饮食文化学者把它归结为湖北菜的萌芽期。

按照央视播出的纪录片《楚国八百年》（楚国建国时间为公元前 1042 年，亡国时间为公元前 223 年）的说法，楚国是周朝时期由华夏族在中国南方建立的一个诸侯国。楚人是华夏族

1 湖北省商务厅主编：《2013 鄂菜产业发展报告》，湖北科学技术出版社，2014 年。

2 谢定源主编：《中国名菜谱·湖北名菜》，中国轻工业出版社，1996。

(汉族别称)南迁的一支，最初根据地在河南新郑的祝融之墟，即史称的“有熊之墟”。《史记·孔子世家》记载：“楚之祖封于周，号为子男五十里。”周王封给熊绎的是一块蛮荒的弹丸之地。到楚国鼎盛时期，包括鄂、湘、赣长江中游在内的大半个中国俱在楚国版图之内。《史记·货殖列传》中讲楚分西、东、南三楚：“自淮北沛（今江苏北境）、陈（河南陈州）、汝南、南郡，此西楚也（大致从沛郡西至荆州）。”“彭城以东，东海、吴（苏州）、广陵（扬州），此东楚也（大致从徐州、东海、历扬州至苏州）。”“衡山（湖北东境至安徽六安）、九江（安徽蚌埠、凤阳等市县）、江南（安徽宣州）、豫章（江西）、长沙是南楚也。”

楚人南迁后给楚地带来了先进的中原文化火种，并以中原商周文明特别是姬周文明为基础缓慢向前发展成今天的所谓楚文化，这一阶段，亦即楚文化的发轫期，然后楚人形成了一套建立在一定地域基础之上、具有自身特色的文化体系。

公元前1042年，周成王封鬻熊曾孙熊绎为子爵，楚始建国。

楚熊渠时期，西征庸国，东攻扬越。春秋前期，楚大举进攻蛮人，史称楚武王“大启群蛮”。楚文王时期，楚先后灭了邓国、绞国、权国、罗国、申国等国。从公元前505年至公元前278年，为楚国的鼎盛时期。此时楚国的总体情形可概括为国势强大，经济繁荣，文化发达。被楚文化滋养的楚国饮食文化得以迅速发展，初步形成了独特的风格特点。漫长历史的沉淀形成了楚国饮食文化的传统，以致让后世不断传承、发扬光大。

楚国八百年的历史，由弱小到成长再到强大，最后被秦国所灭，其间楚国的经济得到了较大的发展。对于楚国的饮食文化而言，是为湖北饮食文化的开拓期。

此一时期湖北饮食文化的发展，基于楚国所具有的坚实经济基础和较高的生产力发展水平。这个基础，体现出楚国具备了相应的物质生产条件和相对成熟的烹饪技术条件。

此时的楚国，确实具备了较高的生产力发展水平。如：

一是稻谷、湖鲜、河鲜水产品、蔬果、畜禽等食物原材料丰富，为楚国饮食文化发展奠定了基础。

二是青铜矿的开采和冶铜技术达到了相当的水平。楚国已经有了包括今天湖北大冶铜绿山铜矿在内的一批铜矿的开采，并且有了相当成熟的冶铜技术，能够制作饪食器、酒器、舆水器及乐器四大类青铜器物。与饮食文化关系紧密的饪食器（既可以是炊具，也可以是盛器）有镬、鼎、鬲、甗、簋、簠、敦、豆、俎、盏、匕、罐等，相继在烹饪实践中加以使用。

三是陶器的制作愈发精细。陶器的使用，不仅让一般民众可以将主食与菜式分而烹之，而且，能将整个社会的三、六、九等人群从器物使用上划分层级，使用陶器的人群，在社会上的阶层地位低于使用青铜器的人群。平民使用陶器，贵族使用铜器，二者泾渭分明。

四是烹饪器皿的使用，说明当时楚人对烹饪技艺有了很高的水准。史料上说，楚国除沿用已然成形的烧、烤、煮、蒸、烩等用火直接烹制以及水煮、汽蒸的烹调方法之外，还出现了煎、炒类的油烹方法。我们若以现在的眼光考量，用油烹比单纯以水为介质烹饪食物的方法要复杂得多。所以，楚国以油为介质烹饪方法的成熟，是中国烹饪史上的又一次飞跃，其意义与更早时候主食、菜式分开烹饪的重要性可有一比。

五是精美的饮食漆器种类繁多。与秦、齐等列国相比，楚国饮食器物无论是数量还是质量，堪称第一。

用生漆涂在各种器物的表面上所制成的日常器具及工艺品、美术品等，一般称为“漆器”。

生漆是从漆树割取的天然液汁，主要由漆酚、漆酶、树胶质及水分构成。用它作涂料，有耐潮、耐高温、耐腐蚀等特殊功能，又可以配制出不同颜色的漆。以漆刷在木质、皮质的器物之上，外观光彩照人。

而楚国，是漆树的故乡。

商代中期的黄陂盘龙城遗址发现有一面雕花、一面涂朱的木椁板印痕，表明殷商时代的楚国漆器生产就达到了一定水平。但凡在楚地发掘的文化遗址，多有漆器出土。全国其他考古遗址发现的出土漆器，与楚地发掘的文化遗址出土的漆器相比，无论是数量还是质量，都逊色许多。

楚国因气候适宜于栽种漆树，当时的漆园尤其在今天的鄂东地区随处可见。楚国的漆器充当饮食用具，有几、桌、案、俎、笥、盒、匣、豆、樽、壶、钫、耳杯、盘、碗、勺、匕等。楚国饮食漆器的大量使用，弥补了使用青铜饪食器、陶器的不足。青铜器造价昂贵，过重的重量使其搬动不便。陶器易于破碎，且生产不易。而漆器不仅坚固耐用，多样的装饰使器物色泽华丽，便于使用和收藏，也更符合楚国人的审美情趣。

六是楚国的菜品制作与筵席达到了当时的最高水准。随着国家的强盛和经济的繁荣，楚国的物产不断丰富，民众餐桌上的菜式也日见其多。由于炊具的不断改进，楚国厨师不仅能够把食材按照烹饪方便的原则处理成不同的形状，而且还可以用不同的烹调手法把菜式做得丰富多彩。同时厨师们选用酸、甜、咸、辛香调料，可以制作出不同口感的风味菜品。正是这些条件的不断成熟，楚国厨师们才有了大显身手的用武之地，使得楚国上层社会的筵席能够达到开始讲究口味的调和、菜式的搭配的较高级阶段。

相传《楚辞》为屈原所作（一说为宋玉），其中的《招魂》和《大招》给今人留下了一份不可多得的楚国饮食文化遗产，将两千余年前楚国上流社会筵席的两张“席单”完整地展现在我们的眼前。

《招魂》列出的“菜单”：

室家遂宗，食多方些。稻粢穱麦，挐黄粱些。大苦咸酸，辛甘行些。肥牛之腱，臑若芳些；和酸若苦，陈吴羹些；胹鳖炮羔，有柘浆些；鹄酸臇凫，煎鸿鸧些。露鸡臛蠵，厉而不爽些。粔籹蜜饵，有餦餭些。瑶浆蜜勺，实羽觞些；挫糟冻饮，酎清凉些；华酌既陈，有琼浆些。

《大招》列出的“菜单”：

五谷六仞，设菰粱只。鼎臑盈望，和致芳只。内鸧鸧鹄，味豺羹只。魂乎归来！恣所尝只。鲜蠵甘鸡，和楚酪只。醢豚苦狗，脍苴蓴只。吴酸蒿蒌，不沾薄只，魂兮归来！恣所择只。炙鸹蒸凫，煔鹑陈只。煎鰿臛雀，遽爽存只。魂乎归来！丽以先只。四酎并孰，不涩陈只。

清馨冻饮，不歠役只。吴醴白蘖，和楚沥只。魂乎归来！不遽惕只。

通过上面的两席菜单，我们可以解读到当时楚国上层社会饮食所涉及的各种动物、植物食材，烹调菜式的味道，冷饮，主食等多重信息，不难看出当时楚国饮食文化发展水平已经达到了相当高的程度，所以在中国烹饪史上有“千年楚馔史，半部江南食”之说，完全是有根据的。

秦汉魏晋南北朝和隋唐宋元时期，这段长达近两千年的历史时期被有些饮食文化学者称为湖北菜的积累期和茁长期。

楚国走完了八百年历程，在楚文化达到辉煌顶点之后，随着秦始皇统一六国，建立起秦朝，后自汉至魏晋南北朝，自成一体的楚文化逐渐湮没在统称为汉文化的大体系之中，但是楚文化的个性并没有消失，而是在汉文化的大旗下面，在原来楚国的大部分地域，缓慢地沉淀下来，并随着中国历史上的不同朝代更迭而逐步发展。

隋唐宋元漫长的历史时期，湖北作为一个地域概念时分时合，总的趋势是政治、经济、文化的重心逐步向长江中游的地区偏移。楚国时代的政治、经济、文化重心在现在的湖北省荆州市，秦汉至魏晋南北朝，湖北的政治、经济文化的重心有过在襄阳的历史。随着历史的发展，湖北的政治、经济、文化的重心向今天的武汉一线转移。总体来说，湖北饮食文化在这一阶段呈现出平稳发展的态势，相较于楚国粗放朴拙的饮食文化，这一历史阶段尤其是后半段，即唐宋元时期，最为突出的特征，是饮食文化的重心向江夏一带转移，武汉饮食文化有了从湖北饮食文化中独立出来时“小荷才露尖尖角”的发轫状貌。这一阶段，湖北饮食文化的精细化程度得到大幅度提高，其精细化程度得到提升，表现在几个方面：

一是汉阳、武昌市井酒肆数量可观。唐末罗隐在《忆夏口》中说“汉阳渡口兰为舟，汉阳城下多酒楼。当年不得尽一醉，别梦有时还重游。襟带可怜吞楚塞，风烟只好狎江鸥。月明更想曾行处，吹笛桥边木叶秋。”可见汉阳当时的酒楼，绝非一家两家，要不，罗隐怎么也不会用“多酒楼”来表述汉阳酒楼的数量之多了。

宋淳熙四年（1177年），文学家、抗金名臣范成大在《吴船录》中描述了他在武昌的所见所闻：“南市在城外，沿江数万家，廛用甚盛，列市如栉，酒楼楼栏尤壮丽，外郡未闻见其比。盖川、广、荆、襄、淮、浙贸迁之会，且不问多少，一日可尽。”其后，范成大又在《鄂州南楼》诗中，描绘了南市的不夜之景：“独天灯火三更市，摇月旌旗万里舟。”唐人罗隐在《忆夏口》和宋人范成大在《吴船录》《鄂州南楼》诗文中的表述，或许有夸张的意味，但从唐宋文人的描绘中，我们确能感受得到当时武汉商业包括餐饮业的发达程度。

二是饮茶之风日盛。湖北天门人陆羽根据当时人们种茶饮茶的实践，写了一本奠定中国茶文化基本格局和文化精神的书——《茶经》，这本伟大著作的问世，不仅说明饮茶在当时的湖北地区已经成为日常生活习惯，而且对后世的湖北饮食文化甚至中国文化产生重要影响。

三是湖北菜式的品种日益丰富。湖北地区是唐宋历史上文人游历和居住比较多的地区，湖北菜式因为独特的风味和食材的美妙，被许多文人墨客写进诗文，得以传颂于天下。比如有苏东坡笔下的东坡肉、东坡肘子、东坡羹、东坡豆腐、东坡脍等被现今称为东坡系列菜的多款菜式；唐朝诗人张志和笔下的鳜鱼；宋人范成大笔下的武昌鱼等。还有许多典籍将湖北菜式作了记载，如《齐民要术》《酉阳杂记》《膳夫录》《山家清供》《武林旧事》《吴乐中琐谈》《司膳人玉食批》等，这些书中，都有湖北菜式的踪迹。而史籍上记载的菜式，经过岁月的淘洗，有些成为经典，不仅为当时人们所称道，而且随着这些典籍的传世，成为后人传承中国饮食文化的重要内容。

明清时期约 500 年，这一历史阶段被饮食文化学者称为湖北菜的成熟期，武汉菜系也在这一时期逐渐成长起来。

明清时期，湖北地区政治、经济、文化中心移至武昌的局面已然奠定，湖北作为一个行省在行政上不再分分合合，而是形成了相对统一的地理格局。

重要的是，汉口镇于明朝中叶因汉江改道而横空出世，带来了汉口镇的空前繁荣，船运、码头、贸易，货物集散，生产方式的快速发展，改变了武汉的整体地理结构和经济结构，行商坐贾的为商生存方式，促使武汉人尤其是汉口镇人口出现了广泛的流动性。

1840 年鸦片战争，中国战败，清政府被迫接受西方列强开出的条件，沿海沿长江先后开埠。清咸丰十一年（1861 年）三月，汉口开埠，英、俄、法、德、日诸国，先后在位于现今江岸区中山大道至沿江大道之间，西起江汉路东至卢沟桥路一线设置租界，总长1088丈，总面积约为2804亩。自西而东依次为英租界、俄租界、法租界、德租界和日租界。

汉口的通商开埠和租界的设立，使居住在租界里不同国度的外国人，把他们不同的文化和不同的生活方式带到了武汉，向这个以码头文化为主流文化形式的城市，注入了丰富多彩的外来文化元素，让来自四方的异国文化形态成为武汉文化的一部分，加快了汉口镇朝着开放型城市迈进的步伐，包括外国人在内的外来人口日见其多，流动人口带来了武汉地域文化的大融合，同时也促进了武汉饮食文化的大发展。也就在这一阶段，武汉菜从选用食材，到烹调方法再到基本味型已然成熟，武汉三镇开设的包括中餐厅西餐厅、小吃店在内的酒楼餐馆数量越来越多。

这一阶段，制作武汉菜肴可供选择的食材丰富性越来越高。其主要表现在食材的生产供应结构上发生了革命性的变化，除了传统的本地食材有充足的货源供应以外，不同国家和全国其他地区的牛羊食材、机器辗磨的面粉和海产品经过公路、铁路和远洋运输，源源不断地运抵武汉码头。有资料显示，清末时，汉口一镇设有售卖糖杂海货的杂货铺500余家[1]，以满足武汉三镇的包席酒楼和外埠餐馆的采买之需。食材的极大丰富，为武汉厨师能够展示拿手技艺，为制作品类繁多的武汉菜肴，提供了充要条件。

明清至民国时期，随着英、俄、法、德、日等国租界相继

1　谢定源《湖北饮食文化的历史与现状·清末至民国时期的湖北饮食文化》,《湖北食文化》2014年第7期。

在汉开设，武汉码头林立，各国的洋行买办越来越多，从国外进口和从武汉码头外销的产品越来越多，于是，武汉诞生了一个为数众多的新兴的职业群体——码头工人，以他们为消费对象的餐馆、小吃店为了迎合他们的消费习惯和消费能力，与他们的身体需求相适应，使得武汉的基本饮食味型定格在“油厚、味重、芡浓”的层面，至于几十年以后，武汉的基本饮食味型演变成了“咸鲜微辣，原汁原味”，却是从“油厚、味重、芡浓”的基本味型上发展的结果。

从明到清，武汉的餐馆业作为一个行业门类已成气候，在此期间，不仅餐馆开设的数量多，而且诞生了不少对今天武汉餐饮业仍有重要影响的餐饮老字号，这些餐饮老字号成为武汉饮食文化中一朵朵奇葩。

老大兴园酒楼[1]，至今已有160余年的历史，其历史的久远，在武汉老字号餐馆中可数第一。这家以烹饪鮰鱼菜式而享有盛名的餐馆，诞生了四代“鮰鱼大王”。清道光年间，市民就已经把能吃上一餐鮰鱼菜式看作是难得的享受了。清人叶调元在《汉口竹枝词》里说：“鱼虾日日出江新，鳊鳜鮰班味绝伦。独有鳗鲡人不吃，佳肴让与下江人。”过去老汉口人有句俗话：“饿不死的升基巷，渴不死的大火路。”意思是汉口升基巷卖吃的多，餐馆林立；大火路卖喝的多，茶馆密布。叶调元在《汉口竹技词》里提到的有名餐馆还有“鹤鸣园”等5家，据《武汉饮食志》的统计数据，到1909年，三镇较大的餐馆共有152家，其中汉口占了111家。1913年，武汉第一家西餐馆——瑞海蕃菜馆开

1 老大兴园酒楼因曾为城市改造撤迁而歇业，2015年10月1日在武汉园博园汉口里复业。

业纳客，其后，普海春、海天春等大型西餐馆在汉口相继开业。

明清时期，武汉饮食文化在湖北饮食文化的母体中，吸取了丰富的乳汁，又经过与外来饮食文明的融合，逐步形成了自己的特色，既与湖北饮食文化有传承的渊源，又充分吸收了不同地域和不同国度的饮食文明，成为带有浓厚码头文化色彩的饮食文化支系。

从辛亥革命爆发的 1911 年到今天的一百多年，被饮食文化学者称为武汉饮食文化的繁荣期。

事实上，1911 年至今的一百多年，武汉饮食文化的发展，又可以分为三个阶段。1911 年至 1949 年为一个阶段；1949 年至 1979 年为一个阶段；1979 年改革开放至今为一个阶段。

辛亥革命爆发至 1949 年的这一阶段，虽然武汉的社会局势处于急速变化的状态，先后爆发了军阀割据争夺地盘的战争，经历了十四年抗日战争，也有国共双方的殊死搏杀，但总体来讲，这一阶段武汉饮食业得到了空前的发展，尤其是 20 世纪的 30 年代，社会走势相对平稳，经济高速运转，人员交流频繁，武汉餐饮行业的发展出现井喷。

其表现，一是经营各个帮口、不同菜系的酒楼、包席馆、饭馆、熟食小吃店、西餐厅、西餐小吃馆大量涌现。我们现在耳熟能详的武汉餐饮老字号，如老会宾、德华、东来顺、郭益太、中南春、冠生园、五芳斋、小桃园汤馆、新兴大酒楼、四季美、芙蓉、春明楼、三镇甜食馆、老通城、祁万顺、大中华酒楼、蔡林记、顺香居、谈炎记、野味香、福庆和、宝庆面馆、老谦记、帮可、滋美……都是在此阶段创立的，只是这些老字号餐饮酒店的命运，行进到了今天各有不同罢了，有的仍在兴旺地经营，成了武汉三镇随处可见的品牌连锁企业，可称为传承百年的老字号；有的因各种原因停业歇业，那些业已关张的老字号餐馆的声名和菜品、小吃的鲜明味道，只能留存于市民百姓的记忆之中。对于吃着老字号餐馆、小吃店的菜品和小吃长大而去了国外或外地谋生的“老武汉”而言，老字号餐馆的特有味道，成为他们挥之不去的舌尖上的乡愁。

二是全国各种菜系烹饪技术在武汉大交流大融合成为常态。川、鲁、粤和淮扬等不同菜系在武汉这个大舞台上同台献艺，争奇斗艳，产生了在湖北菜系中很有地位，成为经典而被传承的菜品。比如，冠生园酒楼经营的主菜系是粤菜，中南春餐厅经营的主菜是淮扬菜，芙蓉餐馆经营的主菜是川菜，新兴大酒楼经营的主菜是安徽菜，春明楼酒楼主菜经营的是北京菜等。

随着各大酒楼、包席馆相互间的竞争，逼迫着各个餐馆的经营者以其差异化的定位参与其间，并鼓励厨师们必须拿出一招鲜的独家绝活，以招徕实在没有忠诚度可言的挑剔食客，从而使武汉餐饮市场诞生了许多名菜、名小吃、名点。

名菜有德华酒楼的挂炉烤鸭、老会宾酒楼的一品豆腐和黄焖葵丸、春明楼酒楼的拔丝苹果、东来顺餐馆的涮羊肉、老大兴园的红烧鲴鱼、五芳斋餐馆的松鼠桂鱼、新兴大酒楼的鲭鱼划水、芙蓉餐馆的鱼香肉丝、冠生园酒楼的烤乳猪、中南春餐馆的红烧狮子头、小桃园汤馆的瓦罐鸡汤等，这些菜品由于符合武汉人的口味，不仅在当时成为著名菜式，而且直到现在都在江城餐饮市场久俏不衰，并在武汉传统菜中占有极其重要的地位。

名小吃有老通城的豆皮、四季美的汤包、五芳斋的汤圆和粽子、顺香居的烧麦、老谦记的枯炒牛肉豆丝、蔡林记的热干面、福庆和的米粉、宝庆面馆的红油牛肉面、民生甜食馆的小汤圆、谈炎记的水饺、户部巷老谢面窝、德华的水磨年糕等，武汉小吃乃集湖北各地小吃之大成，同时聚合了全国部分地区的小吃品种，经过改良在武汉生根开花，构成了武汉小吃洋洋大观的丰富格局。

名点有汪玉霞的月饼、冠生园的广式饼干、曹祥泰的炒货、滋美的芝麻绿豆糕等，是武汉人四时八节待客必备之物，也是武汉人走人家访亲友拿得出手的礼物。

1949 年至改革开放前这一历史阶段，随即对民国时期创办建立的餐馆酒店采取公私合营政策，分别将它们纳入国有和集体所有制框架内统一经营。在计划经济模式主导下，商业上一律实行统购统销的模式。在武汉城市居民日常生活中，生活用品包括粮油生活物资实行计划定量供应，一个成年人，工人一般每月供应粮食 33 斤，机关干部、教师则只有 27 斤，每月每人供应猪肉半斤，食用油半斤。“文化大革命”时期，社会生产力遭到破坏，国家经济处于崩溃边缘，人员难以流动，人们的经济收入长期处于低水平状态，社会消费能力萎缩，居民即便是吃一款小吃过早（早餐），不仅需要付钱，而且还要交粮票。比如，过早吃一碗热干面，要付一毛钱，还要交二两粮票。而粮票，只按月发放给非农业人口的城镇居民，农业人口则不发给粮票。也就是说，如果一个乡间农民若想进城走亲访友，如果没有亲戚朋友招待他吃饭，因为没有粮票，他将限于无饭可吃的困难境地。

有资料显示，“文化大革命”的十年，武汉开设的餐馆酒楼和小吃摊点的数量，较之 1949 年之前，不仅没有增加，反而减少。反过来说，武汉餐馆、小吃店数量的减少，与当时国民经济的发展水平和武汉城市居民的生活水平是相吻合的。

从改革开放至今的这 40 年，武汉餐饮业进入到快速发展期，饮食行业整体呈现出蓬勃兴旺的发展态势。

一是表现为从事餐饮业的人数众多，饮食产业规模庞大。

来自武汉食品药品监督管理局的统计数据，2013 年武汉注册餐企 46351 家（没注册的餐饮摊点、黑店不在此列），餐饮从业人员占整个城市总人口的 10% 左右，也就是说武汉有接近百万的餐饮从业人员。据湖北省烹饪酒店行业协会统计，全省专业厨师从业人员有 10 万人之多。餐饮业是一个入行门槛低的劳动密集型行业，它的行业属性，决定了它是接纳城市化进程中，刚刚脱离农村生存环境，进入城市后又没有系统接受文化教育和劳动技能培训群体的最大行业，大规模人群进入餐饮行业，事实上加剧了行业竞争的激烈程度，也客观上促进了餐饮业的昌盛与繁荣，也必然地吸纳了更多资本向餐饮行业的投资，推动了武汉饮食文化的进一步发展。

来自湖北省统计局的不完全统计数据，2013 年武汉餐饮营业收入达到 560 余亿产业规模，武汉餐饮以大众化餐饮为主体，高端餐饮比重小，业态结构较为合理，在全国餐饮业零售总额增长率下滑的大背景下，武汉餐饮业零售总额逆势上扬，表明武汉饮食文化的顽强生命力和扎根于民众生活土壤的深度。

二是武汉成其为“舌尖上的旅游”目的地、著名美食之都，产生了多个在全国较有影响的餐饮品牌企业。

长期以来，武汉都是一个旅游中转地，随着近几年来武汉旅游景点的建设和陆水空交通条件的改善，尤其是高铁的开通，武汉逐渐成为一个旅游目的地城市。

2013年11月，教育部、国家旅游局、中国旅游研究院发布了《武汉旅游市场深度调研报告》称，国内游客来武汉的首要目的是“逛武汉”（32.6%）和“吃在武汉”（27.2%），从数据分析可以看出，武汉的特色美食对游客的吸引力非常明显，武汉旅游成为名符其实的“舌尖上的旅游”[1]。武汉餐饮业对提升武汉城市影响力的贡献，谁也不能小视。

游客最爱的湖北旅游购物品种排名（排前十名）

排名	旅游购物品种	比例	排名	旅游购物品种	比例
1	周黑鸭	62.7%	6	湖北特色手工艺品	15.8%
2	其他鸭脖子产品	40.4%	7	景区旅游纪念品	15.5%
3	热干面	36.%	8	麻糖麻烘糕	13.6%
4	武昌鱼	24%	9	服装	12.1%
5	武汉本地香烟	21.4%	10	湖北旅游明信片	8.7%

三是餐饮门类齐全，各种餐饮形态相互竞争，相互融合，汇成了武汉餐饮行业兴盛蓬勃的大好局面。

武汉不仅有悠久的饮食文化历史传承和现实的丰富饮食业

1 湖北省商务厅主编：《2013鄂菜产业发展报告》，湖北科学技术出版社，2014。

态，还显然是一座汇合了全国各个菜系，荟萃了全国各地著名小吃的城市。同样，武汉作为湖北的省会城市，还是楚菜五大支菜系和湖北各地小吃的集大成者。

武汉菜肴和武汉小吃是湖北饮食文化的集中代表。因此，我们把武汉称为美食之都一点也不为过，“吃在武汉”早已不是什么过誉之词了。

而今，大武汉成为全国各个菜系、各类餐饮企业争奇斗艳的大舞台，开放的大市场，通过完全的竞争，形成了今天大武汉千姿百态的大餐饮格局。如亢龙太子酒轩、三五醇、小蓝鲸、湖锦、艳阳天、醉江月这些传统名店风采依然。全国知名的餐饮品牌企业如海底捞、俏江南、国锦轩、半秋山、红鼎豆捞等相继登陆江城，给原本已高度发达的武汉餐饮市场带来不小的冲击，将武汉的餐饮业态和菜式品种点染得更加绚丽多彩。

武汉小吃不仅品种繁多，还形成了随着季节的变化而应时更换品种的新气象。每当春暖花开，柳枝吐绿的季节，各色春卷、春饼、大小汤圆、油糍粑、油香、油墩、炸糖年糕等传统小吃品种相继出现。在烈日当空，盛暑炎热的夏天，各种凉糕、凉粉、凉面、洑汁酒、粽子、豆腐脑、八宝稀饭、冰糖莲子、各色发糕等大量应市。当桂花飘香，金风送爽的秋天，蟹黄汤包、蜜汁甜藕、桂花糍粑、红薯面窝、九黄饼、荷月饼等就源源上市。在腊梅怒放、三九严寒的冬天，热腾腾的八卦汤、糍粑鸡汤、银耳莲子羹、羊肉汤面、各种年糕、小小汤圆、核桃糊等，给人们祛寒送暖，滋补养生。众多的武汉小吃品种，促成了大多数武汉人去早点店和早点摊上过早习俗的养成，反过来，武汉人过早的习俗，催生了更多小吃店的开张发市演变成了一座城市独特的风景，形成了一座城市的独有魅力和文化软实力。

发源于四川、重庆的火锅、串串、麻辣烫、冒菜等以调制麻辣火锅底料为其技术核心的火锅业态，近十年来，其开店数以年增长率20%左右的幅度逐年增加，经营火锅、串串、麻辣烫、串串的大小店面在武汉各城镇的大街小巷遍地开花，据武汉餐饮业协会的调查统计，其开店数量超过了5000家。

西风东渐，西餐越来越多地成为“新潮一族”的美食之选，日本的料理，韩国的烤肉、巴西的烧烤，法国的牛扒大菜，意大利的比萨和来自美国的肯德基、麦当劳等快餐以及香港的甜品，已经加入了武汉餐饮市场的竞争。这些洋品牌的强势登场，不仅丰富了餐饮市场供应的品种，而且从口味到形式，都对我们的饮食生活产生了影响。

目前，武汉三镇餐饮业已经形成了“十大餐饮商圈”和“十大特色美食街”，商圈餐饮有武汉广场商圈、中南商场商圈、群光商场商圈、江汉路万达商图、光谷商圈、王家湾商圈等。特色美食街有汉口雪松路美食街、硚口路美食街、户部巷美食街、吉庆街美食街、武汉天地等。国际上的麦当劳、肯德基、必胜客等洋品牌，国内的外婆家、俏江南、绿茵阁等知名品牌、省内及市内餐饮品牌同台竞争，武汉餐馆市场走上了大、中、小、微四类餐企相互竞争、互为补充的发展之道。餐企经营的产品包括中餐炒菜、小吃、火锅、西餐、烧烤、快餐等各种门类，诞生并壮大了不同类型的本土品牌企业，如经营中餐的亢龙太子、湖锦、小蓝鲸、三五醇、艳阳天、新海景、醉江月、丽华园、东鑫、温州君豪等；如经营小吃的蔡林记、户部巷、麦香园、严氏烧麦、三镇甜食馆、陈记杂酱面等；如经营西餐的巴犀烧烤、戈雅牛排、权金城等；如经营火锅的胖锅轩、专蜀味道、唐人曾、海底捞、红鼎豆捞、小糖人、罗田吊锅、嘉鱼吊锅等等。

开放的武汉敞开海纳百川的胸襟，开放的武汉饮食文化孕育了不知凡几的美食品种，开放的武汉给城市居民带来一种锦绣生活的实际体验。

武汉美食文化，是武汉城市的软实力表现之一，如果你是一个美食爱好者，你就不会对武汉这座以美食闻名的城市无动于衷，就会把关注的热情投向这座城市。没办法，有美食魅力支撑，武汉就是这么任性！

1

『鱼头泡饭』，儿时的美食记忆

“鱼头泡饭”既是一家餐馆的名字，也是一道颇具湖北特色的传统鱼菜，还是一种就汤下饭的吃饭方式。

这家以菜名为销售主张的餐厅，是中国烹饪大师卢永良近年在武昌岳家嘴附近开设的特色餐馆，从开张发市至现今，每天顾客爆棚，中餐或晚餐时间，等吃“鱼头泡饭”的食客在店内外排成一字长队的景观，让那些把中餐酒楼做得要死不活的老板，好不羡慕忌妒恨。

前些日，陪《三联生活周刊》记者去“鱼头泡饭”采访卢永良先生，到了饭点，卢永良招待我们吃饭。席间，味碟、凉菜、热菜等，上了一大桌武汉乡土本帮菜式，主菜便是这家店子的特色菜品——“砂锅红烧胖头鱼头”。

酒过三巡，菜过五味，尤其吃过了酱香浓郁的红烧鱼头骨、鱼唇之后，服务员送来一个电饭煲，卢永良便在席间以矿泉水加东北五常大米当堂为客人做饭。也就十来分钟的工夫，米饭做好了，他亲自给我们每人盛上一碗米饭，从鱼头砂锅中舀上几勺浅酱色的鱼头汤，浇在白花花的米饭碗里，然后用汤匙把鱼汤与米饭拌匀，米饭被酱色的鱼汤染成白酱相间的颜色，甚或说成酱油饭也不为过。立时鱼汤的香味拌着米饭的香味一齐在鼻间荡漾开来，十分勾人食欲。趁热赶紧把米饭扒进嘴里，鱼汤的鲜味和米饭的清香，让我一下忆起小时候吃“鱼汤淘饭”的美食记忆。

饭后，我仔细回味吃这餐饭的感觉，觉得用“过瘾”两个字做总结比较妥帖。一碗鱼汤泡饭，让我儿时的记忆弥漫于心头，你可去问，像我这样土生土长于武汉的同龄人，哪个对“鱼汤泡饭”没有深刻的记忆呢？

“泡饭”的“泡”在武汉方言中叫“淘”，“淘饭”的意思是把菜汤倒进饭里边，把菜汤合着米饭一齐吃的方式。现在的“鱼汤泡饭”用武汉话表述就是“鱼汤淘饭”。

我们这代人在婴幼儿时期，不像现在的小孩，吃什么进口奶粉、喝新鲜牛奶什么的，来到人间后，基本是母乳喂养，如果母乳喂养不足，吃得最多的是价钱便宜的奶膏。略微长大停奶后，父母开始给我们喂饭，喂得最多的，就是以炒青菜的汤汁淘饭，条件稍好的人家，把鸡蛋蒸成蛋羹，把蛋羹拌着饭喂伢，那时就算高级餐了，至于用鱼汤淘饭，那更属于高大上“打牙祭”的水准。

也许80后、90后们会问，现在稀松平常的鱼汤泡饭，搁在你那会儿，怎么就成了人间至味了？

他们有所不知，在我们很小时，每位城市居民，包括衣食住行吃喝饮馔等一应生活物资，每月都需凭票按计划定量供应：食用油每月供应半斤，猪肉半斤，鱼半斤……这点鱼肉荤腥搁在现在，有些人吃一餐都嫌不够，而那时我们却是一个月盼星星盼月亮地才能吃到这么点鱼和肉。

通常菜场里卖的鱼，多半是家养的鲢子鱼，这鱼好养，产量相对较高，售价也便宜。一般人家，花了两三个人的计划票，买了一条鲢子鱼回家，赶紧抠鳃刮鳞，剖肚去肠，趁着鱼还新鲜时做了。通常的做法，是在锅底滴上几滴棉油或豆油，放进姜片爆香，将鱼下锅用小火炕，把鱼炕至两面焦黄，然后放入酱油、些许陈醋，舀一大瓢水，将鱼身浸在水里边，盖上锅盖，小火炖上十多分钟，待鱼熟汤稠时，将鱼起锅装碗，装在碗里的这条鱼，有大半个身子是泡在酱油色重的鱼汤里边的。

家大口阔的人家，每月，桌上的荤腥就上这么一条烧鲢子鱼，于是家庭成员中的每个人都会克制着自己贪吃的欲望，尽量使自己伸向鱼身的动作变成慢动作，每搛一筷鱼肉都会谨小慎微。好在鱼汤显然比鱼肉要多一些，用汤匙舀上两瓢淘进饭碗，粗糙白米饭立时像变戏法似的无比鲜香起来，这时候我们吃饭的动作，用狼吞虎咽来形容一点不为过，三几筷子，一碗米饭就见了底。

如果是夏天，上午没吃完的鱼汤，下午稍稍热一下，依然还是将鱼汤淘在饭里边，尚能继续享受一餐美味。如果是寒风凛冽的冬天，便把没吃完的鱼汤，搁在屋外的窗台上，让冷空气将鱼汤冻成“鱼冻”。第二天吃饭时，也不用将“鱼冻”加热，添一碗饭，用汤勺舀上“鱼冻”，埋在米饭里面，让米饭的热量慢慢把“鱼冻”化开，这一餐鱼冻拌饭，也能称得上是吃了一餐好饭。

世间衡量一件事物的高低贵贱，人们总是遵循着物以稀为贵的规则来作评判，正是我们有过物资奇缺年代的生活经历，才让我们对现在看来随时都能吃到的菜肴留下深刻的美味记忆，而且这种记忆会伴随终身。

在中国人的辞典里，吃除了充饥果腹之外，还有拉近人与人关系的聚会功能、商务宴请功能、美食品鉴功能和满足个体情感诉求功能。显然，“鱼头泡饭”餐厅的定位，就是以食物为媒介，以味觉为琴弦，试图通过一种地方性的进餐方式，去触动食客心底最柔软的那个部位，让食客能够找寻一份儿时记忆中的感动。至于客居异乡的游子，从“鱼汤泡饭”的菜式品种和进餐方式中，还能够慰藉一份乡愁。现在看来，食客们对“鱼汤泡饭”的喜爱，实现了卢永良开办餐厅的初衷。

当然，对于一家生意火爆的餐厅而言，最最重要的，是它的产品必须过硬。武汉人吃鱼内行，知道哪种鱼该吃哪个部位，正所谓“鳊鱼吃拖，鳜鱼吃花，甲鱼吃裙，鮰鱼吃肚，鲭鱼吃尾，鳙鱼吃头，财鱼吃皮，鲤鱼吃籽，鲫鱼喝汤，娃娃鱼全身是宝……”

“鱼头泡饭”现在做红烧鱼头的食材不是我们小时候吃“鱼汤淘饭”的鲢子鱼，而是产自清江的鳙鱼。鳙鱼俗称花鲢、胖头鱼、包头鱼、大头鱼、黑鲢、麻鲢，也叫雄鱼，是中国四大家鱼之一。鳙鱼生长在淡水湖泊、河流、水库、池塘，是中国特有鱼类。

清江水深且水质清洌，没有污染，养殖的花鲢堪称上等食材。虽然卢永良做“鱼头泡饭”的初衷，也是为了追忆儿时吃“鱼汤淘饭”的那一份感动，把自己对小时候渔民家庭成长的怀念通过美食表达出来。但作为一家餐厅，即令你再有情怀，再想让食客了解你的心曲，你的菜式出品，必须得好吃且有回味才有可能达成你之所愿。

“鱼头泡饭”为什么能成为明星菜？在我看来，其实有规律可循。

第一就是选择上好的食材。经过很长时间考察，卢永良选用了清江花鲢，而且每条花鲢的重量不会少于5斤，少于5斤的花鲢难得做成一鱼两吃，而顾客吃“鱼头泡饭”，一般会是一套：鱼头红烧，部分鱼身和鱼尾做鱼丸子。花鲢养在鱼池里，想吃鱼自己挑，点哪条杀哪条。杀好了鱼，鱼头红烧，鱼肉剔下来做鱼氽，鱼骨头做汤用来煮鱼丸。吃客参与了做菜的过程，这就让顾客在美食享受中得到了娱乐的乐趣。

第二就是要用最适宜于表现食材优势的烹饪技法。湖北厨师善做鱼菜，红烧是做鱼菜最好的技法之一。卢永良是烹饪大师，他烧出的鱼头，每块鱼肉、鱼骨都入透了味，尤其吮鱼骨时更有勾人的馋劲，是吃鱼馋猫们的最爱。

第三是装盛的器皿有视觉表现力，一只大口径白砂锅，盛着满满一锅鱼头上桌，确能让顾客眼前一亮。

第四是有故事可讲，要么这道菜有悠久的历史传承，要么这道菜有名人逸事广为流传，作为美食，“鱼头泡饭”有武汉人的集体记忆，容易引起食客情感上的共鸣。

“鱼头泡饭”这道菜式显然符合上述内容的全部要义，能够成为江城名菜，正所谓水到渠成。尤其难得的，是这款传统鱼菜体现出来的一种怀旧的感情，而这种感情，恰好能够慰藉那些因各种原因离开武汉生活在异乡游子们味蕾上的乡愁。恰好成了那些上了年岁的老武汉们回首往事的依凭。

试想，活到一把年纪的人，有谁不怀念自己天真无邪的儿童时代呢？

2

辣呵呵的『牛肉炉子』

受访于武汉电视台科技生活频道的编导，他们把采访地点定在汉口万松园路上一家叫做“肖记公安牛肉鱼杂”的酒楼。时值入冬的第二个节气——小雪，此时霜还轻，泉未涸，地有暖气，路人刚换上初冬棉装。阵阵朔风将汉口建设大道上银杏行道树的叶染成了霸气透亮的明黄色，让马路两边的人行道呈现出一派煌煌灿然的景观；满街的梧桐树叶稀疏萧瑟在如雾如霰中，唤来苍苍寒雾……嘿嘿，身处这个需要暖身暖心“贴秋膘”的季节，如果得闲能上餐馆去享受一锅热气腾腾的“牛肉火锅”，该是一桩赏心美事啊。

嘿，正想着美事呢，恰巧就接到电视台编导邀我去吃火锅兼做采访的电话。我的兴致立马高涨，踏着晚餐饭点，如约奔万松园路上的“肖记公安牛肉鱼杂”酒楼而去。

肖记的“公安牛肉火锅”，是我比较喜欢吃的火锅中的一种。当然，我可以不谦虚地说，知晓“肖记公安牛肉火锅”的好，我不外道，电视编导采访我的话题，恰是给电视观众评介“肖记公安牛肉火锅”。

近些年，我去长江中上游的县城——公安的次数不算少。每次去公安县城公干，都特别愿意去吃公安当地的特色小吃和菜肴。

早上过早，我选择吃“公安锅盔”。当地人称的锅盔，其实是一种做法与武汉烧饼相同，但形状比烧饼薄许多，个子要大许多的以面粉为主食材做的烤饼。如果说武汉烧饼像早年农村妇女们手中纳的布鞋鞋底，“公安锅盔”则像早年农村妇女手中纳的鞋垫，而且是鞋码超大的鞋垫。

“公安锅盔”与武汉烧饼味道差不太多，因此而论，“公安锅盔”特色风味在我眼里不算特别突出。

晚上，被当地朋友拉着去大排档摊上吃“牛肉火锅”宵夜，公安方言把“牛肉火锅”叫成“油（牛）肉炉子”。当地“牛肉火锅”的鲜、咸、酱、辣的重口味，给我留下了深刻的味觉记忆。

所以“公安锅盔”就不说了，值得说道的是“公安牛肉火锅”。这种在公安县城哪家餐馆都能吃到的“牛肉炉子”，在公安以外的地方有一个非常响亮的名字：“公安牛肉火锅”，尤其是冠以“肖记”之名的“公安牛肉火锅”，它以独特的味道，为长江中上游一个有着上百万人口的农业县份作了代言。

我曾不止一次地在文章中说过：一个地方的特色饮食产品，

是这个地方最具特色的一张文化名片，而这张特色名片对于扩大这个地方的影响，有着不可估量的文化传播力量。所以，在林林总总的湖北菜中，我尤其看重那些能够与某一地区地名紧密联系为一体的菜式品种，比如“钟祥蟠龙菜”“洪湖红烧野鸭”“石首笔架鸡茸鱼肚”“鄂州鱼粑”等等。

我如此看重那些在菜名之前冠以地名的菜式，肯定不会没有道理。

以我 30 余年流连于各种茶楼酒肆的经验，发现了一个有趣的现象：凡是一款能为某一地区代言的菜式，肯定会有别的地方所不具备的风味特色，这些菜式经过岁月淘洗，总能卓然挺立于餐饮市场,原因在于,其要么最能体现某地独有的食材优势，要么最能体现某地独特的烹饪方法。这样的菜式，也的确最能体现当地民众普遍接受的味型特征。其他地区或许可以复制这款菜式，但只是停留在形似层面（菜之色、形）而到达不了神似层面（菜之味）。总而言之，这款菜式肯定能为当地民众称道，原因无他，味道好是跑不掉的必要条件。

比如，为湖北省公安县作了代言的“公安牛肉火锅”即是如此。

“公安牛肉火锅”能够诞生于公安有其必然的原因。

公安县位于湖北省中南部边缘，长江之荆江南岸，与荆州市连为一体，昔称“七省孔道”。公安北与古城荆州市中心城区隔江相望，以一架形如彩虹的大桥把公安与荆州连为一体。公安南临湖南省安乡，东挽石首，西接松滋，被称为“荆州江南之明珠”。

从地理上可以看出，隶属湖北的公安，由于与湖南紧邻，地域文化上除了深受荆楚文化的影响，同时也较大地受到湖湘文化的影响。公安当地的方言与湖南常德方言相近，公安人喜辣偏咸，口味浓重的饮食习惯，与公安相邻的湖南常德地区人们饭必有辣，辣不怕而怕不辣的饮食习惯非常接近。如此说来，我们就很容易理解，为什么“公安牛肉炉子”有极辣偏咸的鲜明味道特色了。

“公安牛肉炉子”是一道有故事、传承久远的风味菜式，其源起与三国人物刘备历史上在公安的活动有关。

三国时，公安县是蜀君刘备发迹的福地，这里曾是刘备屯兵多年的所在。

建安十三年（208 年），赤壁之战后，周瑜为南郡太守驻节江陵（今荆州市荆州区），分拨南郡长江南岸这片土地为刘备治下。次年（209 年），刘备以左将军（称左公）领荆州牧屯兵于油江口（今公安县城西北郊），取“左公之所安”为名，意即左公安营扎寨之地——这也是“公安”县名的由来。

赤壁之战后刘备驻留公安并筑城，从此，公安作为波谲云诡三国历史的战略要地存留于历史的册页。因水而昌的公安曾是孙权、刘备联手对抗曹操时刘备的指挥中枢，亦曾是孙、刘明争暗夺荆州的焦点，还是孙权袭取荆州后的郡治。

经过赤壁大战，刘备实际控制了荆州。当时他不仅有问鼎中原的鸿鹄之志，而且初步具有鼎定中原的物质基础。公元 211 年，刘备点兵入川，任命张飞为南郡太守驻守公安。不久，因孙夫人在公安驻地骄纵任性，随从的男女卫兵纵横不法，无奈间刘备只好为孙夫人筑城（即现在公安县境的孙夫人城）别居，并调赵云至公安做留营司马镇守。

刘备入川期间，发生过一件事情：某日，孙夫人欲将太子刘禅带去东吴，被张飞、赵云冷面截回。

孙夫人没达成目的，对张飞、赵云异常恼怒。她知道刘备与张飞、赵子龙兄弟情深，如同手足，刘备回公安后肯定会听信张飞、赵云的一面之词，那时等待她的，不会有好果子吃。明知理亏，她便想好来个恶人先告状的主意，欲占得先机。待刘备从益州归来，趁着夫妻小别胜新婚的热乎劲儿，孙夫人吹上了枕头风，一把眼泪一把鼻涕地状告张飞与赵云说：对义兄嫂不尊，对太子不敬，对蜀君不忠，对兴汉大业怀有二心……

刘备听了孙夫人一席状告，沉吟半晌亦不置一言，既不说是，也不说不是。

虽然没有言语，其实刘备心里跟明镜似的：夫人与张飞、赵云有隙，错不在张飞与赵云。知妻莫若夫，以夫人骄纵的性格，飞扬跋扈的行事风格，到哪里都是个惹事的主，如果她与张、赵有矛盾，肯定错在夫人。刘备知道，蜀方如今拥有的大好局面，来自当初刘、关、张"桃园三结义"后吃苦受难时义兄义弟的生死同心，千钧一发疆场赴死的一致用命。刘备思忖：欲谋天下，众位兄弟更要像一捆绑在一起筷子般的扎得更紧，从大局出发，维护结义兄弟之间的团结，是眼下压倒一切的任务。

刘备想好了该怎么处理夫人与张飞、赵云之间关系不睦之法。

一日，刘备将关羽、张飞、赵子龙等众兄弟招来公安城内开会。之前，吩咐后勤主管去买来一头老牛宰了，让厨房做出一桌好菜招待众位蜀国英雄。

到了饭点，刘备说一声："休会，吃饭，喝酒。"并吩咐侍从去叫孙夫人来陪各位兄弟吃饭。

关羽、张飞、赵子龙等一干兄弟莫不喜形于色。要知道，刘备的结义兄弟、蜀中大将可个个都是酒量超群的酒仙，一说喝酒，那就说到他们心坎上了。也是，无酒哪能称宴焉？何况是蜀君刘备置办的宴席，这下该喝个痛快了。

矮几拢起，大家席地而坐。菜过五道，酒过三巡，刘备击掌，喊一声："上锅！"随即，有侍从抬来一口大锅，还有侍从拿来一个木架上架着的火盆，木炭冒着烟，大锅落座在木架火盆之上。锅里一层牛肉，一层牛肚，一层牛蹄筋密砸砸码着，在腾腾的热气中，四溢着牛肉特有的鲜香。在大锅里牛三鲜拌合着浓重胡椒（三国时辣椒还没进入中国，那时的辣味指的是胡椒的辣）的鲜香刺激下，一干兄弟兴致高昂，大碗喝酒，大块吃肉，快乐得无以复加，热闹气氛甚于过年。

要知道，牛肉在古代，不是能随便吃的肉食。马与牛，是国家极为重要的战略物资，牛是农民耕田耙地的主力，在一个以农耕文明为主流的国度里，是受法律严加保护的生产工具。如果办席能够吃到牛肉，尽管还是老病之牛，要么是天子祭祀之需，要么是国家对外战争获胜，总之是国家有重大事项，才有可能宰牛食肉。

刘备看着众兄弟们大快朵颐的吃喝场面，停下筷子，问大家："这一锅菜的味道若何？"

众兄弟一个个抢着回答："好吃，鲜，味道好极了！"

刘备又问："这菜为什么好吃？"

众兄弟都是打仗高手，对烹饪却素不在意，只好大眼瞪小眼，实在回答不出。刘备说："其实很简单，这锅菜的材料都取自牛身，牛肉、牛肚、牛蹄筋，好比是三兄弟，各有各的本事，但三兄弟愿意把力气使在一个锅里，于是你的味道融进了我的味道，我的味道就有你的味道，然后加汤加水，最后炖成一锅好菜。"

孙夫人本来天资聪慧，这餐饭她只是陪席，滴酒未沾，看着刘备兄弟们吃喝场面，对自己的行径有所懊悔，现在听刘备这么一说，明白是夫君告诫自己不能做拆他们兄弟台子的事。想好说词后便端着酒杯起身，说道："我这里给张飞、赵云兄弟赔个不是，前向是我使小性子，想把太子带去东吴，行事孟浪，是我不懂事，给兄弟们添了麻烦，给蜀君丢失脸面，我将这杯酒喝下，给兄弟们道个歉，还望兄弟们原谅！"

张飞、赵子龙听孙夫人做了自我批评，连忙回答说："嫂子言重了，我们也有不是，对嫂子态度不好。今后我们一定改正！"刘备就是要这个效果，见火候已到，说："古人早已有言，兄弟同心，其利断金，只要我们兄弟团结一心，匡复汉室的大业，虽不敢说唾手可得，想必也为期不远！"

一餐大酒喝下来，一大锅牛三鲜吃下来，竟吃喝出了刘氏兄弟誓言同心同德打天下的新局面……

这段故事最先传播者是刘备的侍从，他们在军营中绘声绘色地摆龙门阵，说刘备备下的一锅"牛三鲜"有神奇的魔力，能够把人心收拢在一起。久而久之，蜀国英雄们吃的一锅"牛三鲜”便传成了“刘备三鲜锅”，并经过漫长岁月的不断淘洗，此菜在公安县乃至荆州地区逐渐传播开去，成为了江汉平原极受欢迎的风味饮食……

诞生于三国时代的“牛三鲜锅”经过历史的沉淀，食材、烹饪方法及味型被逐步固定下来。公安人有喝早酒的习俗，做“牛三鲜锅”的店家便依据本地人的口味习惯和饮食喜好，在集贸市场上买来县城周边农村出产的老黄牛肉用一口火锅炖了，加辣椒加胡椒加味精加盐加香叶，最重要的是加了味道醇厚的荆州特产——荆沙酱，做成了一锅深受城镇乡村百姓喜欢的“油肉炉子”，尤其是味道浓厚的牛肉、牛肚、牛蹄筋“三鲜火锅”，更是老少咸宜。喝早酒吃“牛三鲜锅”时，先搛牛肉、牛肚、牛蹄筋佐酒，然后在火锅中下千张、豆腐、豆棍等豆制品，然后再下蔬菜涮煮，待一两杯酒下肚，最后搛上一盘热干面下进锅里，就着锅里的辣汤热汁，喝汁吃面。一顿早酒下来，人们早已是酒足面饱，耳红面润——一天的幸福享受由此拉开序幕。

自从“牛肉炉子”在公安日益兴盛之后，但凡有“牛肉炉子”供应的餐馆或摊点，从每天清晨喝早酒开始到晚上吃宵夜打烊收摊时止，“牛肉炉子”成了每桌必点的招牌菜。以公安县城的老街为起点，然后走出公安，走进荆州，走进省会武汉，乃至于干脆成为了公安县最为著名的菜品了。

把“公安牛肉炉子”推送至武汉餐饮市场，让嗜辣的武汉好吃佬们享有口福，是一家叫做“肖记公安牛肉鱼杂”的餐馆。

2002 年，这间餐馆以“公安牛肉饭店”之名创办，之后更名为“公安牛肉土菜馆”，直到 2007 年，才改定为“肖记公安牛肉鱼杂”酒楼，并以“公安牛肉炉子”和“鱼杂炉子”为招牌菜，在武汉餐饮市场独树一帜。“肖记公安牛肉鱼杂”酒楼经营12年的常态是，每日门庭若市，顾客爆棚，在武汉所开的十多家餐馆，每年无一不赚得盘满钵盈。

待我接受完编导们的采访，服务员就把菜一一端上桌来，七八个碗碟再加几个干锅、火锅，把一张不算小的圆桌面挤得满满当当。我当然更钟情于“牛三鲜火锅”。因为我知道“肖记公安牛肉鱼杂”酒楼制作的“牛三鲜火锅”有独门秘诀：为保证牛肉食材纯正，绝不去集贸市场购买注水牛肉，而是派专人到屠宰点“选牛”，只选身高体大且在2岁以内的黄牛，自己宰杀，以确保牛肉食材的完好品质。

好食材才能保证出品好菜肴，这是餐饮行业人所共知的常识。我搛一筷子牛肉送往嘴里，感觉牛肉紧实但很柔嫩，味道醇厚，由外透至牛肉内里，汤汁辣度适中，一向不十分嗜辣的本人尚能适应；微麻，微咸；牛肉经过咀嚼，有明显的回甜味道，这种虽不浓郁的甜味能把刺激人的辣劲完全中和。我依次搛了牛肚细细品味，牛肚嫩爽且有嚼劲。牛板筋具有韧劲又有松软鲜脆的口感。吃一锅“牛三鲜”火锅，端的是佐酒下饭，两两相宜的美味享受啊。

待我酒酣耳热，暖意融融地走出“肖记公安牛肉鱼杂”酒楼大门，看见门头的楼道边，在夜色浓重的寒风中，坐着一溜等着去吃那一锅辣呵呵“公安牛肉炉子”的80后、90后们，不由得心头一震：美食有让人情不自禁的魔力，看来还真不是传说，而是生活中真实的存在。

3

楚乡名菜炒菜薹

地处北纬30° 左右的武汉，早年，在瑞雪纷飞的正月，过春节的气氛酽浓，走亲串友拜年的行人熙熙攘攘，不绝于大街小巷。客人在主人家落座，免不了要吃一餐主人亲手做的便饭。一行人员按主客位置坐好，喝杯春酒，谈论国事家事天下事——直至现在，这仍是居住老街老巷的老武汉人生活的一幅市俗图景。主人首先端上来的是方便菜如油炸花生米之类，然后按顺序是鱼呀鸡呀排骨藕煨汤呀，临到最后，少不了上一道腊肉炒菜薹。客人在吃了不少的荤菜后，一起把注意力全放在这道菜上，你一筷，我一筷，风卷残云，用不了一会儿，盘中见底，“美食家”们看看空空如也的盘碟，仍觉没有尽兴。

红菜薹也称紫菜薹。按武汉人的习俗，过年的饭桌上是少不了炒洪山菜薹（早年洪山菜薹远没有今天这般高贵的身份）

一款的。很早以前，洪山菜薹和武昌鱼（樊口鳊鱼）一齐被会吃善饮的武汉人誉为楚天名菜。清代叶调元《汉口竹枝词》云：

不须考究食单方，冬月人家食品良，米酒汤圆宵夜好，鳊鱼肥美菜薹香。

流传甚广的民谣也说：

黄州的萝卜，巴河的藕，洪山的菜薹，汉口的酒。

由此可见，在三楚民间的饭桌上，已把吃炒紫菜薹包括（洪山菜薹）看成一件十分惬意的事。唐代历史上有杨玉环以贪食荔枝出名，无独有偶，传说清末的老佛爷慈禧太后对武汉出产的洪山菜薹的兴趣之浓，一点也不逊色于贵妃之爱荔枝，每年的数九寒冬一到，她便差人从北京城不远千里，专程到武汉索取洪山菜薹。老佛爷越吃越爱，越爱越吃，竟传下御旨，封洪山菜薹为“金殿玉菜”。因为它沾了皇家贵气，产量又小，于是乎洪山菜薹身价日高，弄得平头百姓高攀不起了。

文人墨客们不惜笔墨对洪山菜薹大加赞美，著名作家池莉在《假如你没有吃过菜薹》中说：

假如你没有吃过菜薹，无论你是谁，无论享有多么世界性的美食家称号，无论多少网友粉丝拥戴你为超级吃货，我都有一个好心的建议，先，赶紧，设法，吃吃菜薹……当然作为蔬菜，菜薹相对还是有普适性，大江南北延及整个江汉平原，处处都有，也都还蛮好吃。不过品质最好的，当数洪山菜薹。洪山菜薹就像一武林高手，身手一亮，立见分晓，出类拔萃，鹤立鸡群。就像所有大人物大明星一样，只要你身居某个阶层顶端，就会有种种神奇传说围绕你……

大凡世界物事，均以稀为贵。贵为国家地标食材，洪山菜薹产区面积窄小，也只有武汉洪山附近方圆很小的一块地方（约15亩左右）能够长得异常出色。虽用同样的菜种，同样的方法栽种，洪山宝通寺附近那块地上长出的菜薹就是不一样，究其原因，还是洪山宝通寺那一带的土壤特别适合红菜薹生长的条件吧。

独特的地理优势，湖北各地出产的红菜薹为武汉的厨师们烹饪楚天名菜提供了先决条件。于是，每到红菜薹上市时节，武汉大小餐馆的菜单上，都赫然写着炒菜薹的菜名。大概也因了洪山菜薹的稀缺，加上品质卓尔不群，当仁不让地成为一款湖北经典名菜而享誉全国。湖北经典名菜中的“两条鱼（一条为樊口鳊鱼，一条为长江鮰鱼）、一棵菜、一罐汤（瓦罐煨鸡汤）、一铫汤（排骨藕煨汤）”中的“一棵菜”便指的是腊肉炒洪山菜薹。

也许是我工作单位离艳阳天宝丰路酒店较近的原因，大概也沾了从事美食评论职业的光，时常在同仁，朋友的相邀之下，到该店小酌。如果时令正好是当季，我一定要点上一客腊肉炒洪山菜薹，原因无他，艳阳天酒店是地标洪山菜薹的特供单位，运气好的话，尚能在此吃上纯正的洪山菜薹也未可知。腊肉炒洪山菜薹之所以好吃，首先仗着食材的优势，洪山菜薹以水分充足、嫩脆著称，再则用土猪肉腌制的腊肉，腊香醇厚。制作这道菜看似简单，其实不然，里面颇有讲究：菜薹要选嫩的，用手折成寸长模样，切不可用刀切，若用刀切则伤了菜薹纤维，且试不出菜薹的老嫩。然后洗净沥干待用。腊肉则要现从一大刀腊肉上卸下一块，肥多瘦少，白红相间，切成一寸长一分厚的肉片放进锅里煸炒出香，用漏勺捞出。然后把菜薹放进尚有余油的热锅里，加精盐煸炒两分钟，再把腊肉倒进锅里，爆炒片刻即可装盘。这样做出来的腊肉炒菜薹，看上去蓝紫间见暗红色，菜薹的花亦是紫中见黄，吃起来鲜嫩香脆，腊肉醇香柔润，爽口可人……

时常在外出差的人如果留意就会发现，只要到了出产菜薹的季节，从武汉开往北京的高铁上，总能见到有人带着成捆的红菜薹赴京。很显然，这是在北京工作或生活的武汉老乡，央人从武汉带去家乡特产而产生的独有现象。

是啊，楚乡名菜腊肉炒洪山菜薹的确值得客居异地武汉人的怀念。它是故乡情愫中的一个心结。

所以，作为一个湖北人，不管是什么原因没有尝到过洪山菜薹，我劝他尽快接受池莉的建议：先，赶紧，设法，吃吃菜薹！

4

金口，泡酥酥的"生炸鱼丸"

因了湖北境内的水阔鱼肥，所以在外地人心目中，咱们湖北人喜欢吃鱼菜是出了名的，特别喜欢吃以鱼为食材制成的鱼丸也是出了名的。

湖北人对鱼菜和鱼丸子的钟爱，也让湖北尤其是擅长做鱼菜做鱼丸子的厨师出了大名。比如中国烹饪大师孙昌弼因擅长做鮰鱼菜，被厨界尊称为"鮰鱼大王"，中国烹饪大师卢永良因擅长做淡水鱼丸，享誉神州华夏。

与粤、川、鲁、淮扬四大传统名菜系的名头相比，湖北菜可谓是无名小卒。我说这话倒不是自谦，一个显而易见的事实是，湖北厨师的工价在全国各知名菜系的厨师中总体偏低，但湖北厨师有一样手艺让各个菜系的厨师都高看一眼：湖北厨师有本事能把鱼丸做得花样百出，滋味鲜美。

不信你可以去查，无论是哪一届国家级专业厨师的烹饪大赛，只要有湖北厨师参赛，最后赛事组委会颁奖，总有一块奖牌会挂在以鱼丸菜肴参赛的湖北厨师项上。

我个人对湖北传统鱼丸菜情有独钟，无论是采用汆、煮、炸、蒸等哪一种烹饪方法制作的鱼丸菜，我都是百吃不厌，喜爱有加。

或可看成是上天赐予我的福利，在距我工作的地方不过百米，有一家在武汉因擅做长江鱼鲜而声名响亮的餐厅——“谢记老金口渔村”。因参加各种宴请的理由，隔三差五，我都有抬脚出了办公室，走不了三两分钟，就能迈进“谢记老金口渔村”那扇古朴大门的机会。

把“谢记老金口渔村”说成是那些嗜吃长江鱼鲜馋猫们的福地肯定不为过。来这里可以吃上越来越鲜见的长江野生油筒鱼、江鳅、刨花鱼、胭脂鱼、大白刁、黄颡鱼、鲤鱼、花姑娘、江鳗等等，把这些很少有人能够认全的江鲜或清蒸，或红烧，或汆汤成菜，总有一款鱼菜的美味能把馋猫们勾引得流连忘返。

但我与那些嗜吃江鱼的馋猫们有所不同。我时常惦记“谢记老金口渔村”的原因，只有我自己最清楚：吃长江鱼鲜算是顺便，我真正在意的，是这家餐厅的招牌菜——“生炸鱼丸”，倘若吃到的是店老板加厨师长谢修文亲理的菜馔，我这一餐饭便成了一次美食品鉴活动了。

我所了解的谢修文是一个土生土长的金口人，打小在长江边长大，对长江里的各种江鲜比常人有更多的了解和认识。年轻时在本埠和广东、四川等地做厨师的多年经历，让他对以不同流派的烹饪技法烹制长江鱼鲜特别有感悟，凭着一双巧手烹饪的长江鱼鲜，俘获了一大帮吃货们百般挑剔的味蕾。

“生炸鱼丸”在武汉餐饮市场不算多见，它与湖北各地我们熟知的以清水汆熟的鱼丸完全不同。简单地说，“生炸鱼丸”是用植物油把生鱼丸炸制而成。喜欢吃“生炸鱼丸”的习俗，不是武汉市各中心城区的饮食传统，而是在离武汉中心城区有30公里路程的江夏区金口镇和嘉鱼县簰州湾一带流行。

武汉市江夏区的金口古镇，以金水河流入长江口岸而得名。金口在古代也叫涂口，春秋战国时集市已成雏形。从汉代至隋朝，金口为郡县治地，也是古代商品集散地和中转港口。上起川湘，下至江浙的商船，多来此地进行商品交易，于是金口素有“黄金口岸”和“小汉口”之称。清人段灿撰文云：“踞口比屋而居者，星布棋列如画，四方百货，日夕牣集，舳舻帆樯，络绎不绝。”直至现在，颇具江南水乡情调的金口小镇，古风犹存。

长江流至金口，因撩花石的阻挠，使江水在这一带形成回流，长江在孕育了这个千年古镇的同时，也给古镇的世代居民贡献了丰富多样的各种鱼虾。因此之故，长江鱼鲜以其鲜美绝伦的味道为金口居民所熟悉且迷恋终生。于是，居住于鱼米之乡的金口人家，随便哪家的主妇煮夫几乎都能烧出一手好鱼菜，尤其是逢年过节时炸制的“生炸鱼丸”，成为每家必备的待客佳肴，那些对厨艺有更深造诣的人家，做出一整桌江鲜宴席更不算奇事。

在金口古镇，“生炸鱼丸”是一款有故事的菜，相传它的源起与晋代名人、中国第一位田园诗人陶渊明有关。

东晋末，写出了千古佳句“采菊东篱下，悠然见南山”的陶渊明乘舟回江陵，曾在涂口住宿，且留下诗篇《辛丑岁七月赴假还江陵夜行涂口》，其诗云：

闲住三十载，遂与尘世冥。诗书敦夙好，园林无俗情。如何舍此去，遥遥至南荆。

相传陶渊明小住金口期间，早起看“孤帆远影碧空尽”的江景，夜晚赏“星垂平野阔，月涌大江流”的奇观。接近中午时分，常去最具人间烟火味的集市转悠。细心的他观察到渔民每日从长江里捕捞了大量的鱼虾，送到集市摆摊出售。但鱼摊上的供求严重失衡，买鱼的人少，摊上堆放的鱼多。天气炎热，鱼摊上没卖完的鱼到了正午时便被鱼贩倒进垃圾堆弃掉。

金口镇的居民，一直依照传统的煮、烧、蒸之法烹烧鱼菜。陶渊明住宿的客栈，每日里供应的鱼菜，也是煮、烧、蒸之类。于是每日正餐陶渊明能吃到口的菜式，也就是那几样菜打转转，不免让见多识广能吃会做的“资深吃货”陶渊明感觉腻味。

一日，他让店主把厨师找来，问他们：“为什么每天就吃这几样鱼菜，难道就不能弄出点新样菜吗？”

厨师答：“我们这里只会这样做菜，客官如想吃新板眼（武汉方言）的菜，那只能自己动手。”

陶渊明说：“好，那我来试试。”说着，接过厨师递过来的厨师行头、炒勺，在灶房里披挂上阵。他顺手捡了一条草鱼，将鱼肉剁成茸；又顺手从案板上取了一块五花猪肉，也剁成了茸，然后以鱼肉茸多和猪肉茸少的比例将两者混合搅拌。

大诗人转眼成了大师傅，陶渊明把锅支在炉子上，倒进食用油，让油温慢慢升起。这时腾出手来，将鱼和猪肉搅成的茸，用手团起一个个的球状，又一个个地下入油锅中炸制，不一会儿，金黄色的肉球球放大了两三倍，一个个浮在油锅面上，然后陶先生用竹筷将肉球球夹起，放在碗里。

厨师不解，问陶先生："这菜叫什么，能吃么？"

陶渊明答："这个菜叫'生炸鱼丸'，好吃着呢。"

说着，陶先生像师傅指挥徒弟般吩咐厨师拿来酱油、醋，切好姜丝、葱花，做成蘸料，每人一双长筷在手，夹起一个，放入碗里，蘸上调料，搛起鱼丸放进嘴里，鱼丸泡酥肉坨，鱼肉肉质细腻滑嫩，炸制的鱼丸有一抹淡淡的油香，蘸上一点现制的姜丝醋调料，清口解油腻，一口一个鱼丸，鱼中有肉香，肉中有鱼味，客栈老板和厨师吃得根本不想停下口来。

厨师佩服得不得了，说："先生的厨艺神了，我愿意拜先生为师，不知先生愿不愿意收我为徒？"

陶渊明说："收徒就算了，但我可以教你做'生炸鱼丸'。"

陶渊明尽心尽责地教，客栈厨师巴心巴肝地学，待陶渊明离开金口时，客栈厨师已经把"生炸丸子"的手艺学得透熟。这个客栈厨师也是古道热肠，但凡有当地居民求教于他，他便手把手地教，直到对方学会为止，且分文不取。久而久之，"生炸鱼丸"成了在金口镇普及率最高的鱼菜，逢年过节，或有红白喜事的宴席，"生炸鱼丸"是席面走菜的重头戏。

"生炸鱼丸"取材宽泛，各种鱼肉都能够制成鱼丸，只是不同的鱼有不同的口感而已。自从"生炸鱼丸"在金口流行，当地弃鱼的现象比过去少了许多。

近两千多年过去了，金口古镇的变化可谓天翻地覆，有人从外地娶回妻子，有人从金口嫁往邻近的嘉鱼县簰州湾，嫁到长江对岸的武汉市汉南区（过去属汉阳县）为人之妇，于是喜欢吃肉坨坨的“生炸鱼丸”的饮食习俗，随着金口镇的人口流动慢慢传播开去，一直在金口、簰洲湾等地区延续至今……

“谢记老金口渔村”的“生炸鱼丸”能让我上心，是有原因的。首先这道菜的选材严格。“谢记老金口渔村”的鱼丸用的是7斤以上的草鱼和土猪五花肉制成。这种草鱼，不管冬夏，每天都由采购员在天刚麻麻亮时直接去渔民船上采买，鱼是活蹦乱跳的鱼，以保证剁出的鱼茸滑嫩。草鱼肉剔下后，用刀背剁成泥待用。猪肉茸则选用通山县特产的土黑猪的五花肉剁成，以保证肉茸的鲜香味道。其次，严格遵守操作程序烹饪。鱼茸与肉茸之比为8 ：2，葱姜汁、蛋清等也按比例混合在鱼茸和肉茸里，在盛器中用手顺时针搅拌，使混合鱼肉茸上劲。油锅上火烧至四五成热，将鱼肉混合茸团成丸子下入油中，炸至表面呈金黄色时捞出，控净油，装盘。

“生炸鱼丸”的装盘也能让人眼睛一亮：精巧的柳条编就的筐，筐里垫一张隔油纸，泡酥酥的鱼丸子堆在筐内，泛着诱人食欲的油亮色。随柳条筐一同上桌的，还配有一个小白瓷碗，碗内是用生抽、陈醋、姜丝配好的蘸料。“生炸鱼丸”有两种吃法：有蘸调料吃的，也有不蘸调料吃的。我个人不太喜欢蘸调料吃“生炸鱼丸”，原因是酱油、醋的重调料味道，多多少少会掩盖鱼丸的本味，冲淡了鱼丸的肉香和鱼鲜。但不管是蘸调料和不蘸调料吃“生炸鱼丸”，吃进嘴里的泡酥肉坨的快感，绝对让人记忆深刻！

5

奉上一铫藕煨汤

在武汉人的饮食习惯中，喝汤不能不算是最具广泛性的一种饮食嗜好，当地民俗谓之“无汤不成席”。武汉地方语境中的汤，大多指以煨的烹饪方式，用铫子或瓦罐、陶罐煨制出的表层飘着一层白黄浮油的浓汤，而我们通常所说的江西的瓦罐蒸汤抑或是广东人用陶瓷砂罐煲出来的清汤都难入老武汉人的法眼。

若想煨出一碗浓汤，少不得要有一个砂锅铫子。这砂铫子式样古朴，口径通常在一尺半左右，用煤渣烧制而成，表面毛刺刺的，没上釉，两只或者四只耳朵鼓着，其看起来粗糙简陋。但用的年数越久，砂铫越是油腻难看，煨出的汤却愈是鲜香好喝。现在想买大砂锅铫子，大概得费些力气，要去烟火气浓重的小巷杂货铺里才能寻得吧。新买的铫子，回家后要用浓酽米汤小火慢熬，目的是让米汤的浓汁逐渐将砂铫粗砺空洞的组织间塞实，防止煨汤时油水向外渗出，以保证煨汤的浓鲜程度。

大砂铫只有武汉出产。在我视线内，除了武汉本地，外埠好像很难寻其踪影。砂铫子煨出的汤格外香，格外鲜。武汉老居民逢年过节煨汤自不必说，若有亲朋好友远道而来，主人设家宴招待，断不可少了一铫子汤。在过去相当长的一段时期，平头百姓人家，经济拮据，月中发薪关饷，家庭主妇的脑子里就盘算着，该好好地煨一铫子排骨藕煨汤了……

武汉人煨汤，主料以猪肉、猪排骨、牛肉、羊肉居多，配料（俗称勾头）品种就很丰富了，所以武汉煨汤相应有排骨萝卜汤、老鸭冬瓜汤、羊肉萝卜汤、牛肉萝卜汤、猪手芸豆汤、排骨莲藕汤等多款汤品……在众多的煨汤品种中，最富有武汉风味特点、最受武汉市民欢迎、在全国影响最大的武汉汤馔，莫过于排骨藕煨汤吧。

排骨莲藕汤在武汉有久远的历史传承。1949 年以前，流传于三镇的民谣云：

黄州的萝卜，汉口的酒；洪山的菜薹，月湖的藕。

那时节，饲养生猪远还没有产业化，所以市民煨汤能够选用的猪排骨，绝大多数是饲养了一年以上的年猪，如此土猪食材煨出的汤，自然就有浓重的猪肉香味。

汉阳月湖所产的藕正是用于煨汤的上好材料——这当然说的是老话了，现在的月湖早已不再种藕，取月湖藕而代之的是蔡甸莲花湖的藕。世事变迁，现在用蔡甸的藕煨汤，出品也算正宗，因为蔡甸莲花湖的藕也是国家地理标志产品，声名响亮，风头早已盖过月湖藕了。

想来总有点遗憾，排骨煨藕汤这道极有风味，极具大众化的汤一直停留在家庭菜单上，而上了档次的大饭店、大酒楼要么没有藕煨汤飨客，要么做的是清汤水煮藕，一点没有特色。倒是那些经营靠杯酒的太婆们的小提炉上，尚能品尝到正宗砂铫藕煨排骨汤。

离我住处不远的路口，有一个姓罗的胖太婆，她煨的藕汤味道纯正。我曾请教她煨汤的技术，她也不保守，将诀窍传授于我：首先是选料考究，其次是严格操作程序。最好用武汉近郊产的土猪品种的新鲜排骨，将它洗净，剁成寸长分宽的排骨块，置铁锅于大火之上，倒入些许热油，下姜片煸炒出味，再将排骨下锅，洒上料酒，翻炒至排骨除去腻味，香气溢出时待用。然后在煤球炉上架上大砂铫子，一次性放入适量冷水，把煸炒后的排骨下入铫子里，切几片腊肉片下铫，盖好盖子（最好是松木盖子），汤被烧开后，即改用慢火煨。煨汤用的藕需先洗净，一般选秋冬季出产的野藕为宜，这种藕煨汤易烂，熟后且粉。刮削掉藕表皮，再次冲洗，切成菱形块，洒点盐腌渍一下，如此煨藕时粉烂更快。等排骨汤煨到一定程度后下藕于铫中。要紧的是需加一勺白糖于铫中。煨汤时，不时要用铝制勺或木勺顺时针搅动（不能用铁勺搅动，否则煨成的汤呈黑色，汤色不佳），大约煨了五六个小时后，满厨房都是浓汤的香味，表明这铫汤已然大功告成。过去百姓日子过得困窘，想喝汤而不得的武汉人，对于喝不到汤，却编排了一个自欺欺人的说法，所谓“吃肉不如喝汤，喝汤不如闻香”。但此说法还真有点靠谱：那就是排骨藕煨汤的浓郁香味确有勾人食欲的功效，常常让人闻着排骨藕煨汤的香味，口腔里会禁不住地涌出了一阵阵口水。

这些年，由于武汉各个做本帮菜的餐厅、酒楼飨客的排骨藕煨汤饱受食客诟病，市场倒逼着供应侧改进汤色出品质量，毕竟，排骨藕煨汤作为湖北菜的代表菜式之一，一家本帮菜馆却做不好本地的代表菜式，无论从哪个角度都说不过去。所以，现在去规模较大的餐厅酒楼喝排骨藕煨汤，也能品出早些年老武汉人家居煨制的排骨藕汤的味道，比如汉口宝丰路的艳阳天旺角、汉口王家墩的谢记老金口渔村和中餐连锁品牌老村长旗下的餐馆，到了秋冬交替时，去这些店家喝一碗排骨藕煨汤算是个不错的选择。其实原因很简单：上述酒楼餐馆煨制排骨藕煨汤，一律选用土猪肉的直排，勾头选用汤逊湖、洪湖、鲁湖等湖泊出产的野藕，大火煸香猪排，小火慢炖煨汤，关键是在煨制过程中，加入恩施的腊猪蹄入铫，于是成汤后，藕粉肉香，汤色浓白，香中有鲜，鲜中有香，喝上一碗，生津身暖，口齿留香。这些店家所制排骨藕煨汤之不足在于，不能使用以煤渣烧制的砂铫煨汤，否则，他们的汤品更能接近老武汉人记忆中的煨排骨藕汤的味道。

“朋友来了有好酒”，这是山里人的淳朴；若是有至爱亲朋不远千里来汉访友，武汉的主人待客，是绝对少不了准备一砂铫藕煨汤的。倘不这样做，除却经济上不甚宽裕，手长袖子短外，有“米”不卖，舍不得花些本钱待客，那就是有点做人不到位，起码称作不“就味”，北方话叫有点“嘎”，武汉话就是有点“半铫子”了。武汉人经常用来评价做事不太靠谱且行为多少有点孟浪的人为“半铫子”（也有写着“半吊子”的），所谓“满铫子不晃半铫子晃”，“半铫子”的出处竟与武汉人用砂铫煨汤的习俗有关，这多少有点让人匪夷所思。

6

“橘瓣鱼氽”如画美

与湖北名厨邹志平相约很久，一直没有机会去他当行政总厨的安华酒店小坐。五一小长假，正好能抽出一天的空闲，便专程去了安华酒店，吃了一桌邹志平主理的菜式。

邹志平师从已故楚菜大师汪建国和楚菜旗手卢永良，已有20多年的司厨经历，除了已经是湖北经济学院旅游与酒店管理学院的副教授外，还是多家大型知名餐企的总厨，按照业界的普遍说法，他是卢永良的衣钵传人，尤其在做淡水鱼菜上把师傅的精湛技艺学得很到位。

席间，我特意点了一款“橘瓣鱼氽”。

我知道，做这款菜肴最能体现卢氏门派烹鱼技巧的精要之处。30多年前，在全国烹饪名师技术表演赛上，卢永良正是凭借“橘瓣鱼氽”夺得大赛金奖，也是在那次比赛之后，湖北菜被官方认定进入了全国十大菜系的行列。

“橘瓣鱼氽”为过去不知名的湖北菜系争得了荣誉，在湖北菜发展过程中有一种特殊的意义。

鱼氽也称鱼丸子、鱼圆子，是传统的荆楚风味菜式，以吃鱼不见鱼，鱼含肉味，肉有鱼香，清香滑嫩，入口即溶被人称道。

说得更绝对一些，能不能做好鱼氽，我看可以当成衡量一个湖北本帮菜厨师技术好坏的标尺。以我在多家本帮菜餐馆试菜的经验，如果一个湖北本帮菜厨师的鱼丸子能够做得很好，他做出的其他湖北菜式，就不会差到哪里去。

在湖北，鱼氽的传承历史可谓久矣。

相传鱼氽的制作，起源于春秋时的楚国。楚国的都城在古荆州的郢都。楚王有一貌美妃子，嗜吃鱼腥，却不善捋鱼刺，每每饱啖一餐鱼宴，必定鱼刺鲠喉，痛苦异常。楚王看在眼里，痛在心里。楚王爱妃心切，遂下令御膳房管事，让御厨做出吃鱼不见鱼的鱼菜，限10日之内交菜，否则必定重罚。

此时正是楚地最热的三伏夏天。一天，两天，七天，八天过去了，御膳房的厨师们眼见大祸即将临头，个个诚惶诚恐。在第九天时，御膳房管事大概是急昏了头，晕头耷脑地买多了鱼，到晚上厨房里还剩不少鱼没用完。眼看鱼已离刺将要腐烂，浪费食材也是管事的罪过。有个与管事关系较好的厨师想帮管事一把，急中生智，索性把鱼刺全部剔除，将鱼肉剁碎成茸，掺进几个鸡蛋，加上一些豆粉，又倒点白酒除腥，然后做成糕放在蒸笼里蒸熟。是为鱼氽的前身——鱼糕。

厨师用筷子搛起蒸熟后的鱼糕在灯下照看，不见一根鱼刺，举箸一尝，鱼糕的鱼味浓重。第二天，也就是楚王限令厨师交菜的最后一天，御厨把鱼糕切成块装碗蒸热，端给楚王验菜。楚王从鱼糕里看不到鱼刺，便让王妃动箸一尝，王妃先是搛上一小块尝尝味道，喜出望外，然后大块大块地吃将起来，还对楚王说，这是她平生吃到的最好一款鱼菜。

楚王非常高兴，赏了御厨金银若干。

后来不知道经过多少代厨师的改进，把长方形的鱼糕改成了圆形的鱼汆，这样一来，既保证了菜式鲜嫩泡酥的口感，又使菜式外表光滑圆润，富于喜感。

经过包括鱼汆大王杨同生、武昌鱼大王卢永良在内的当代厨师们的改进，又将圆形的鱼汆变形为橘瓣形状，其外观的美感较圆形的鱼汆更胜一筹。因为这种鱼汆的形状像一瓣瓣剥开的橘肉，所以称为“橘瓣鱼汆”。

现在，已经成为湖北标志性菜肴的“橘瓣鱼汆”在全国的影响广泛，其中有两个人功不可没：一个是天门籍中国烹饪大师杨同生，因为善做鱼汆而被业界尊为“鱼汆大王”。一个是中国烹饪大师卢永良，不仅对鱼汆菜式做了理论上的量化分析，还在不同的国家级别烹饪大赛上以做“橘瓣鱼汆”菜式多次拔得头筹，并在全国各地和法国、意大利、俄国、日本、韩国及东南亚等国家表演推介这道菜式。所以，现在外埠厨师都知道湖北菜里边有一道叫“橘瓣鱼汆”的著名鱼菜。

邹志平做“橘瓣鱼汆”确有心得，在2000年全国烹饪大赛上，他以这道荆楚名菜获得赛会金奖。总结起来，他能把“橘瓣鱼汆”做得不同凡响，大抵有如下操作程序：

一是选用食材非常讲究，寻常百姓家的家宴，通常以鳡鱼为原料，但邹志平选用的是两斤以上的翘嘴鲌或者白鲢原料，除去鳞、内脏，剥除骨刺，取背脊鱼肉洗净，剁成鱼茸，再以生姜、生粉、葱末、鸡蛋清、盐、味精调味。

二是依据鱼的种类不同，加水的次数和数量也不同。翘嘴鲌一般需要加水在鱼肉重量的三分之二，而白鲢只需要加到鱼肉重量的二分之一。边加水边顺着盆边向一个方向搅拌，直到把鱼茸搅成糊状为止。

三是成型与调味，将盛有温水的大锅架在火上，将鱼肉用手挤成半圆形，形状像橘瓣一样，逐个轻轻滑入锅内。

鱼汆全部入锅后，将火调到最旺，煮一刻钟左右，用勺背拨动鱼汆再加一勺冷水，5 分钟后起锅，再用冷水浸漂鱼汆。

"橘瓣鱼汆"的调味以咸、鲜为主。开旺火依次放入猪油、生姜、盐、味精等，加少量的水烧开后下鱼汆，待鱼汆翻滚时起锅盛入碗内，配上葱花，一道形如橘瓣、晶莹洁白、鲜嫩软和、汤鲜可口、口感 Q 弹的"橘瓣鱼汆"就做成了。

在安华酒店吃"橘瓣鱼汆"的过程，给我们留下了诗情画意般的美好记忆，总结起来就是三好：好吃、好看、好玩。

"橘瓣鱼汆"装盘极为考究：一个托盘托着一张茶色矮脚茶几，茶几上铺着一张卢永良作的武昌鱼国画（印刷品），细白瓷的圆钵盛着一钵鱼汆，搁在国画之上，圆瓷钵与国画一齐共同构成了一幅画面，感觉上有点像我们在街头时常所见的行为艺术作品。

茶几底下的托盘还藏有玄机，里面装着干冰块。服务员上菜时，手提一柄茶壶，将壶中的温热水对着托盘里的冰块一冲，立时，白雾像流云一般向整张餐桌上弥漫开去，将一桌佳肴隐匿得若隐若现。这情境颇有点像我们在庐山游玩时的感受，经常会有没有来由的云雾飞来，像雾帐一样把群山和游人罩住，云里雾里，让人有住在天宫般的缥缈之感。

白雾还没散净，我们便迫不及待举起筷子伸向白瓷圆钵里的鱼汆，如果此时站在包房门前向餐桌这边看过来，我们食客与这一桌菜肴和袅袅散去的白雾，会构成一幅奇妙的图画。

哦，吃邹志平主理的“橘瓣鱼汆”，真是一次诗情画意的就餐体验。

7

汁醇肉嫩烧黄颡

南方一家美食媒体的记者来武汉采访，我陪同接待。见面一问，来客竟是一个“老武汉”，20 年前远赴南粤，供职于美食媒体，常年流连于广东各地的茶楼酒肆，成了一个经多识广，美食见地超群的职业吃家。甫一见面，这位记者朋友就开了“方子”：很想吃武汉老味道的“红烧黄颡鱼”。

记者朋友不愧是美食方家，他知道湖北菜系以烧菜见长，烹烧鱼菜更是湖北厨师的强项，甚至了解一个楚厨能否烹烧好一盘黄颡鱼，是检验其烧菜功力的试金石。

也是，别看黄颡鱼在武汉不算是高大上的稀缺食材，红烧的烹饪方法也不属高精尖的技术范畴，但一个湖北厨师果能把黄颡鱼烧得味透鱼骨，形态完整，鱼肉不松不散，汁醇鱼嫩，肉质鲜甜，回味悠长，让老少称是，雅俗共赏，那是很要一点厨艺功底的，如果没有十夏八冬站炉子的司厨经历，恐怕难以做到。所以一直以来，湖北厨师行业形成了一个传统，酒店招聘考查厨师的技艺，尤其是考查烧菜厨师的烧菜能力（俗称试菜），不需看他烧制其他菜式，单看他烹烧一盘“红烧黄颡鱼”菜式透出的色香味形水准，就能看出这个厨师站了多少年炉子的真实入厨经历。过去湖北厨师拜师学手艺，三年期满，店方要搞一个出徒考试，老师傅出的试题，少不了要徒弟红烧一盘黄颡鱼；官方举行的厨师晋级考试，哪怕是像一级厨师晋升至特级厨师这样的高级别考试，考题也离不开要考生烹烧一盘黄颡鱼。

黄颡鱼是其学名，为鲿科，黄颡鱼属鱼类。它的外号不少，各地叫法不同，黄角丁、黄骨鱼、黄沙古、黄辣丁、刺疙疤鱼，刺黄股、硬角、江颡、郎丝、牛尾子、齐口头、角角鱼、嘎呀子等，都是黄颡鱼的别称。这种鱼的养殖范围很广，在中国长江、珠江、黑龙江流域的江河、与长江相通的湖泊等水域中皆有分布，均能形成自然种群，我们寻常最为多见的是瓦氏黄颡鱼，亦是中国江河流域水体中重要的野生经济型鱼类。

老话说，靠山吃山，靠水吃水。湖北多水，沟河湖汊数量不在少数，气候条件也极适宜于黄颡鱼的养殖，现今，各地尤其是江汉平原的池塘，家养黄颡鱼也较普遍，武汉各个集贸市场的卖鱼摊前，终年都会有色泽黄灰的黄颡鱼出售。所以，在我们湖北地区，无论是上餐馆吃席，还是居民家中的餐桌，百姓吃黄颡鱼菜式稀松平常，不足为奇。

从古到今，黄颡鱼独特的肉质与鲜美的口感，皆受荆楚百姓的喜爱。当然，老百姓们喜食黄颡鱼，还有一番道理：黄颡鱼不仅有上佳的口感，且鱼刺不多，价格不贵，性价比较高，而且它还有较好的药用价值。《本草纲目》记载，黄颡鱼“煮食消水肿，利小便”。姚可成在《食物本草》中说：黄颡鱼“主益脾胃和五脏，发小儿痘疹”。从药性上看，黄颡鱼性味甘、平，微毒。功用在于利小便，消水肿，祛风、醒酒。黄颡鱼食疗兼备，口感鲜嫩，营养丰富，且得来不费太大功夫，不被寻常百姓喜欢才没道理。

所以，满足记者朋友的要求对我不算难事。在武汉，我熟悉的做本帮鱼菜的餐馆，几乎都有“红烧黄颡鱼”飨客。至于是哪家餐馆做“红烧黄颡鱼”最具武汉味道？这倒让我有点犯难，实话实说，在武汉以鱼菜为主打的餐馆，各家做的“红烧黄颡鱼”有各家不同的特色，在这些以鱼菜为主打的餐馆之间，很难评判到底谁家“红烧黄颡鱼”排为第一，谁家排在第二。

考量再三，我带记者朋友去武汉著名美食一条街、汉口万松园雪松路上有 34 年历史的老店——“夏氏砂锅”品尝“红烧黄颡鱼”。

不用讳言，我之所以领南方记者朋友来“夏氏砂锅”吃“红烧黄颡鱼”，除了这家店子的“红烧黄颡鱼”味道确实地道外，也包含有我个人的喜好因素。

“夏氏砂锅”创建于 1984 年，是间没动窝地开业了 30 多年的老店，老板夏家胜与我有亦师生亦朋友之谊，他是个深谙武汉饮食风俗人情的“老汉口”，对武汉传统饮食味道研究很深，对环保、散热慢，保持食材本真味道、性能优良的砂锅器皿情有独钟，因之在这家餐馆，但凡以本帮菜烹饪技术烹制的各种鸡、鸭、鱼、肉菜式，有的是以砂锅当盛器装盘，有的干脆就以砂锅当炊具烹饪。不同的菜式用不同材质、不同色彩的砂锅一盛了之，故起店名为“夏氏砂锅”，这样一来，这家餐馆的经营定位和菜式的出品定位，立刻与雪松路上招牌林立的各个餐馆酒楼形成了鲜明的差异化错位。“夏氏砂锅”的“红烧黄颡鱼”不仅一以贯之地继承了武汉传统的“咸鲜微辣，原汁原味”饮食味型，而且盛器用的是白瓷砂锅，到了寒冷季节，黄颡鱼菜上桌时，还配上酒精炉，微火，始终让菜式保持在55℃左右，如此这般，就非常符合了武汉本地的传统饮食习俗：一热三鲜。

我们一行在“夏氏砂锅”坐定，等菜上桌。待“砂锅红烧黄颡鱼”上来，我一看成色，果然没有辜负我的期望，没给我推荐的“夏氏砂锅”丢分：月白色的砂锅里，齐齐地码着七八条长约12厘米的黄颡鱼，鱼身呈灰黄色，黄里透灰，灰中有黄，周身油汪汪的，条条精神，鱼肉不散不缺；“砂锅红烧黄颡鱼”冒着袅袅白气，鱼肉的鲜味，夹杂着青辣椒和料酒、豆瓣酱料的香气，扑鼻而来。鱼汁呈酱色，油亮亮的，在射灯照射之下，菜式透出一抹勾人食欲的暖色。伸箸搛起一条鱼，在空中抖动，鱼身随着筷子抖动的节奏而上下颤动，鱼肉却不散架。用筷子把鱼头折断，搛起鱼头及鱼两角吮吮，酱油和豆瓣酱、料酒、葱、姜的综合味道已炖透至鱼头、鱼角里面。我知道，黄颡鱼的两根有点刺人的鱼角最难烧透入味，一旦鱼角烧透入味，鱼肉能够透味便不在话下。搛一块鱼肉，慢慢吮着，觉得鱼肉鲜嫩，微有甜味，闻不到半点土腥气味。再用筷尖蘸着鱼汁品尝，酱香浓郁，汁味醇厚。这一盘“砂锅红烧黄颡鱼”吃起来，真是口留余香，回味悠长。

我观察到记者朋友连吃了两条黄颡鱼，而且喜悦之情溢于言表，便明知故问地问他：“伙计，今天吃的‘红烧黄颡鱼’味道么样（怎样，武汉方言）啊？”

记者朋友连连点头说：“好极了，这正是我小时候吃到的‘红烧黄颡鱼’的味道。大概有二三十年了吧，我都没吃到过这么好吃的‘红烧黄颡鱼’了……”

用过晚餐，我们一行从“夏氏砂锅”步出店门，看见在深秋的斜雨寒风中，有百十号人安心静气地坐在店门口的塑料凳子上，听着进餐的叫号声，坐等台位的场面颇为壮观，气氛一派祥和。记者朋友感慨地对我说：“现在都说餐饮不好做，‘夏氏砂锅’生意却如此爆棚，看来，确实有其成功之道啊！”

我深以为然，连连点头称是。

8

「炒田螺」，儿时的美味诱惑

有一个 90 后吃货朋友告诉我，说新近网上有一个叫“螺辣耳朵”的餐馆生意很火。

我上网一看就明白了，这个名字看似有点怪的餐馆——“螺辣耳朵”，实则表明经营者很聪明，他们显然是巧妙地搭了一二十年前名满全球的巴西超级足球巨星罗纳尔多的顺风车，利用世界名人的影响力为我所用，所以这间以卖“炒田螺”为销售主张的新型特色餐馆的店名很容易让人记住。

我之所谓“新型”，是指“螺辣耳朵”其实就是目下餐饮行业日趋流行的新玩意——互联网餐厅。

有一次，我应邀出席在武汉国际会展中心图书节上举行的中国烹饪大师邹志平所著《中国莲藕菜》新书发布会，会场上偶遇邹志平徒弟李建高，中年厨师李建高与我熟络，我问他现在哪里就职？他回答说在“螺辣耳朵”当厨师长，他随即将也来开会的“螺辣耳朵”创办人青海介绍给我。

真是踏破铁鞋无觅处——得来全不费工夫。我正想抽个时间去“螺辣耳朵”一探究竟呢，现成的机会恰巧就送上了门。开完新书发布会，我们一车人便应青海、李建高之邀，去了开在汉口球场路一个既不当街，也不邻道的老旧社区深处的“螺辣耳朵”体验店，看看这个“螺辣耳朵”葫芦里究竟卖的什么药？

“螺辣耳朵”实体店块头之小，出乎我们意料，真可谓螺蛳壳里摆了道场：前厅加厨房，总面积只有一百平方米，没有收银台，没有服务员，没有收银员，传菜工作由厨师兼任，诸如铺桌布、擦桌子、摆放碟碗的活计，皆由食客自己动手。菜品销售主要依赖网上实施，收款用微信或者支付宝收付。

李建高很客气，把他认为拿得出手的菜品，全部端了上来，七七八八堆了一大桌。因为我们是冲着“螺辣耳朵”招牌菜——“炒田螺”来的，对“凉拌鲍鱼”“蒸扇贝”等海鲜菜品不怎么入心，对着一盘“麻辣田螺”、一盘“家常炒田螺”倒是迫不及待地用手去抓，你一粒我一粒抓起田螺吮吃不止。

或许这间餐馆的客户定位，是基于不怕辣不怕麻的青年消费群体，菜式出品的味道偏重也在情在理。麻辣味道的“炒田螺”，我个人觉得花椒放得稍稍嫌多，其麻度让我有点接受不了。家常味道的“炒田螺”却较对我的口味，于是我专盯着咸辣还算适度的“炒田螺”穷追猛打，那肥润的田螺肉不腥不腻，颇为可口，久违的味道让我吃得忘乎所以。同来的朋友打趣我说：没看见过我有这般快、准、狠生猛的吃相，这哪还有一点做美食评论工作应有的吃范啊？

也不能怪我有失吃态，遇到实在让我心仪的美食，我也懒得管自己的吃相是否优雅了。

田螺是我打小就喜欢的吃食，孩童时候的我，竟喜欢到以为“炒田螺”就是天下无双的绝顶美味。

这当然是有原因的。

我喜欢吃田螺，与我上幼儿园时听美丽的女老师讲《田螺姑娘》的故事有关。像我这般年龄的人，小时候有谁没听过幼儿园老师讲各种美丽故事的呢?

漂亮的女老师，用柔美的嗓音讲《田螺姑娘》，一直是哄着我们这群调皮捣蛋鬼能老实听话的看家秘诀。一旦我们满园乱蹿，跑得黑汗水浠，相互间打闹得不可开交时，老师就招呼我们听她讲故事。

也真奇了怪了，刚才我们一个个还是翻江倒海的哪吒，刹那间，我们就变成了乖乖仔了，一个个竖着耳朵安静地听老师讲百听不厌、常听常新的《田螺姑娘》故事：

……很久很久以前，有个孤苦伶仃的农村小伙子，父母双双亡故，靠给地主种田为生，每天日出耕作日落回家，年复一年地辛勤劳动。一天，他在田里拾到一只特别大的田螺，心里非常高兴，就把它带回家，放在水盆里，用清水养着。小伙把田螺当作是一个知心朋友，每天要出门时跟田螺说说话，收工回家后的第一件事，也是跟田螺说话。一年半载过去了，哪知这个大田螺在小伙家养成了“精”，竟变成一个漂亮的姑娘，每天趁小伙子出去种地劳作时，从盆中化身成一个姑娘款款而出，在灶间帮小伙做饭，为小伙缝补浆洗操持家务。

有一次小伙子故意没有下地干活，躲藏在暗处想看看家里的家务事到底是谁做的。没多久，他看见一个漂亮姑娘从大田螺中飘出来，由小到大，然后上了灶台做饭。小伙子惊呆了，进门堵住田螺姑娘，问这是怎么回事。田螺姑娘退不回田螺壳里了，红着脸说：其实，我前生是个穷人家的丫头，父母已不在人世。我们村的员外老爷欺负我家穷户小，硬要纳我做小老婆，派轿子强要把我抬进高门深院，我坚决不从，投了河，后来变成了一只大田螺，被你捡回，在清水里养着养着，我便还了阳……

……再后来，小伙子与田螺姑娘相亲相爱，结成了夫妻，生了个大胖儿子，过上了幸福的生活……

………

老师讲故事的嗓音动听极了，我们一个个听得入神入迷。我的小脑袋就暗暗地想，哪天我也去公园沟渠边捡些田螺回来，也放在清水里养着，看田螺能不能也养成精，变出个漂亮姐姐出来？

老师好像看穿了我的心思似的，摸着我的头，对我们说：《田螺姑娘》是神话故事，但田螺是很有营养的食材，做菜好吃得很，你们多吃“炒田螺”，就能长得高长得壮，等你们长大了，变成大小伙了，那时候田螺也许可以变出一个漂亮姑娘来了……

我们当时那个年龄，爷爷奶奶的话可以不听，爸爸妈妈的话可以不听，老师的话比圣旨还管用呢。所以，从上幼儿园那个年龄开始，我就喜欢上吃“炒田螺”了。

现在回想起来，我们小时的田螺纯属是下里巴人的玩意，被视为“穷人菜”，便宜得很，它登不上大雅之堂。那时武汉的城市范围比现在小得多，城市周边被湖沟池塘沼泽包裹，丰富的水体也没有像现在这样遭受污染，到处的水都是清清亮亮的，田螺亦到处都是，只要你愿意捡，花不了多长时间就能在沟渠、池塘捡个半筐一篓。国营菜场里没有田螺卖，但城市周边的菜农，为换点油盐钱，一大早挑着装了田螺的担子进城，在菜场周围悄悄地卖。所以每年夏秋两季，我们家的饭桌上隔三差五就有螺蛳肉可吃。

我们家吃田螺有三种吃法：一是把田螺肉剔出，用韭菜加点辣椒、大蒜炒，大约也就是现在排档上偶尔还能看到的“韭菜炒螺蛳肉”吧；二是把田螺放在清水里养几天，用老虎钳子把田螺屁股夹掉，锅内放油烧至七成热，放入葱、姜、大蒜瓣、辣椒爆香后改小火，田螺下锅后，再放入料酒、酱油炒匀，加盖焖三分钟即可出锅。这大概就是今天我们在“螺辣耳朵”吃到的“炒田螺”菜式了；三是把螺蛳肉与瘦猪肉片、菠菜一齐打汤，做法是将水烧开，按先螺蛳肉，后瘦猪肉片，再放菠菜的顺序下进锅里，待汤滚开后，起锅，撒上香葱段上桌。螺蛳肉片汤有一种特别的清新味道，比纯粹的肉片汤要鲜得多。

待我成年走上工作岗位后，吃“炒田螺”的机会就很少了。当然，以我做记者、美食评论多年的工作经历，吃餐馆几乎就是工作的一部分，上餐馆吃饭的概率肯定很高，但是，由于传统的市俗偏见，以田螺为食材烹饪的菜式，总归上不了酒店的台面，稍有点规模档次的餐馆，实在难得寻到田螺的踪影。只是在我还算年轻时，偶尔会和朋友晚上宵夜吃大排档，排档上有时会有“炒田螺”飨客，这样的机会，往往我是吃一盘嫌不够，再加一盘。随着年龄渐长，吃大排档宵夜的次数越来越少，“炒田螺”的美味与我渐行渐远了。

今天来“螺辣耳朵”吃了“炒田螺”，让我过足了田螺瘾，也算是重温了儿时旧梦，享受了儿时美味了，免不了我要为田螺说几句公道话：田螺肉质丰腴细腻，味道鲜美，清淡爽口，有“盘中明珠”的美誉。现代医学发现，田螺的蛋白质略低于瘦猪肉，而钙质却高于其他畜肉、蛋类及鱼虾等。田螺含有丰富的维生素和人体必需的氨基酸和微量元素，是现今注重养生人们看重的高蛋白、低脂肪、高钙质的天然动物性保健食品。明李时珍在《本草纲目》中说：“田螺利湿热，治黄疸”，《本草拾遗》一书记载说田螺“煮食之，利大小便，去腹中结热”……也就是说，田螺还有营养成分丰富和食疗的功用。

“螺辣耳朵”是武汉第一家以“炒田螺”为招牌菜飨客的餐馆，不仅如此，还利用互联网的优势，使更多人以手机点餐和物流配送的便捷方式得以享受“炒田螺”的美味，“螺辣耳多”的出现，其意义在于，不只是这些青年创业者为自己的创业之路找到了精准的方向，还给包括我等在内的这些喜食“炒田螺”的食客，送来了美食享受的福音，其功莫大焉矣。

9

南游莫忘「武昌鱼」

湖北素有"千湖之省,鱼米之乡"的美誉,水产资源丰饶无比,用淡水鱼虾作为原料的菜肴也就异常繁多，其中，以鳊鱼为原料做成的菜式更是有口皆碑，饮誉四海内外。

鳊鱼，上古称“鲂”。《说文》里称鳊（郭璞注：江东呼鲂为鳊），亦称“鳊鱼”。鳊鱼按现在的分类有三种：三角鳊、长春鳊、团头鲂。三角鳊和长春鳊分布很广，我国的各大江河、湖泊都有天然生长，而团头鲂仅产于湖北境内，尤以产在鄂州梁子湖与长江的连接处——樊口者冠甲天下。民谚说：“黄州的萝卜，巴河的藕，樊口的鳊鱼，汉口的酒。”说明民间早已将樊口的鳊鱼纳入了湖北特产的范畴。

古人早已关注到鳊鱼的美味了。《诗经》云：“岂其食鱼，必何之鲂。”三国时吴国的陆玑在《毛诗草木鸟兽虫疏》中说：

“鲂鱼也，广而薄，肥恬而少力，细鳞，鱼之美者。”明代大医家李时珍在《本草纲目》里记载鳊鱼的食疗价值时说：“鲂鱼肉味甘，温，调胃气，利五脏，能助肺气，去胃风。作羹霍食，宜人，功与鲫同。”这说明樊口鳊鱼对人的身体功劳大焉。某年我去梁子湖梁子岛采风，听长期捕捞此鱼的渔民介绍，樊口鳊鱼团头鲂有三大特征：一曰头小尾小肚子大；二曰主刺有13根半；三曰鱼的上嘴唇与下嘴唇相比，是明显的“地包天”，这是樊口团头鲂最典型的特征。

史料记载武昌鱼（第一个在鱼类学上将武昌鱼命名的，是著名鱼类学家、华中农业大学教授易伯鲁）得名于三国时期。东吴甘露元年（公元265年），末帝孙皓欲再度从建业（今南京）迁都武昌（今鄂州）。左丞相上疏劝阻，疏中引用了“宁饮建业水，不食武昌鱼”这两句“单谣”。于是武昌鱼始有其名。自此之后的历代文人骚客都留下了对味美绝伦的樊口鳊鱼的赞颂之词。

还思建业水，终忆武昌鱼（北周庾信《奉和就丰殿下言志》十首之一）。

秋来倍忆武昌鱼，梦魂只在巴陵道（唐代岑参《送费子归武昌》）。

长江绕廓知鱼美，好竹连山觉笋香（宋代苏轼《初到黄州》）。

却笑鲈江垂钓手，武昌鱼好便淹留（宋代范成大《鄂州南楼诗》）。

携幼归来拜丘陵，南游莫忘武昌鱼（元代马祖常《送宋显示夫南归》）。

此去且随彭蠡雁，何须不食武昌鱼（明代何景明《送卫进士推武昌》）。

明代汪玄锡还将其诗句题刻于壁间：“莫道武昌鱼好食，乾坤难了此生愁”；清代梁鼎芬因喜食武昌鱼，曾将其书房命名为“食鱼斋”；1958 年，一代伟人毛泽东“才饮长沙水，又食武昌鱼”的佳句一出，武昌鱼更是声满华夏，名动九州了。

毛主席的词句不仅给武昌鱼菜增添了异彩，还给烹饪武昌鱼菜的楚菜大师们以创造的启迪。1965 年元月，应武汉市财办之邀，武昌酒楼（今大中华酒楼）会集了“三楚名厨”，他们八仙过海，各显神通，将各自的高超技艺展现出来。曾给毛主席做过两次武昌鱼的特级厨师杨纯清比武时做了一个清蒸樊口鳊鱼，经查证核实，杨纯清此时做的清蒸樊口鳊鱼，即是毛主席在东湖吃过的鱼肴。根据毛主席的诗词名句，时任武汉市财办主任的王健当即拍板决定，将清蒸樊口鳊鱼定名为“武昌鱼”。从此，人们所说的“武昌鱼”便有了两层意义：从原材料上讲，产自樊口的团头鲂才能叫武昌鱼，这已成为常识（现在 A 股市场上，有家湖北鄂州的上市企业，企业之名就叫武昌鱼）；做熟后的团头鲂鱼菜，只有清蒸团头鲂才能叫武昌鱼。厨师在做“武昌鱼”菜时，即便是用樊口鳊鱼的原料，如若不是清蒸，却是或红烧或油炸等，其出品的菜肴就不能叫作“武昌鱼”的菜名了。比如用团头鲂做成的红烧鳊菜，菜名就应该叫“红烧鳊鱼”或者叫“红烧武昌鱼”。1965 年以后的大中华酒楼，因烹饪武昌鱼菜而在荆楚久负盛名，并从这里走出了黄昌祥、卢永良两代武昌鱼菜烹饪大师。

那时，到大中华酒楼吃上一次武昌鱼菜，最好能亲眼见烹饪新秀、刚过而立之年就获得了全国最佳厨师称号的卢永良的实际操作，那可是既饱口福又饱眼福的事情。由于职业原因，我有幸几度获得过这种享受，其享受的过程确实是令人难以忘怀。

一条呈菱形、体高侧扁、小脑袋的樊口鳊鱼，在卢永良手中，依次去鳞，抠鳃，剖腹并剔去内脏，在肥嘟嘟的鱼身上交叉划上刀痕成兰花状；然后将鳊鱼从尾部提起，迅速把鱼头放在沸水汤中略烫一下；依样将鱼尾也略焯片刻，盛入盘中，用盐及绍兴酒腌渍短暂时辰；然后将香菇、冬笋、青豆、葱段、姜片等辅料放好，淋入油鸡汤，加上味精，撒上猪板油料，入笼置旺火上蒸十五分钟左右即可出笼上桌供食。卢永良的整套动作一气呵成，娴熟连贯，甚至有点像变魔术一般，令人目不暇接。

武昌鱼端上桌，真可谓艳丽夺目，五彩缤纷，与其说是一道菜，还不如说是一件技艺精湛的工艺品，实在令人不忍下箸，观而叹之。也难怪来大中华进餐吃鱼的外国人连连举起相机，镁光灯不断闪过，把武昌鱼的魅力由瞬间化为永恒的画面记忆。趁热动筷吃鱼，感觉是味美异常。鱼肉肥美细腻，白嫩柔软，汤汁鲜浓清香，原汁原味，其鲜美之味又让人欲罢不能了。卢永良现在能以团头鲂为原料，做成七十二种武昌鱼菜。还值得一提的是，正是卢永良先生在全国烹饪大赛上以制作鱼菜而获大奖，使得楚菜正式跨入了全国十大菜系之列。卢永良于楚菜有功，武昌鱼菜于宣传湖北亦即有功。

而今，卢永良已成长为领军湖北烹饪的楚菜旗手、元老级烹饪大师，成为烹饪武昌鱼菜的非遗文化传承人，正由于包括卢永良在内的楚菜厨师们的大力推广，武昌鱼菜成为湖北菜系最具代表性的菜色而享誉国内外，成为湖北的一张亮丽名片。

马祖常说得好啊：“携幼归来拜丘陵，南游莫忘武昌鱼。”这，正是众多喜食武昌鱼者的共同心声。

10

『老通城』里说豆皮

汉口的坊间有一个传说：1949年武汉临近解放之时，已是山雨欲来风满楼，国民党市政府和驻军准备南迁，要做的重点撤退工作之一，就是撤走民航公司。上峰命令航空公司的飞行员们，尽快将飞机飞抵孤岛台湾。接到命令后，那些久居武汉的飞行员们，向公司首脑提了个不大不小的要求：准许他们在撤退之前，去汉口的“老通城”餐馆吃一次“最后的晚餐”。飞行员们饱食一顿“老通城”的三鲜豆皮后快快离去。当这些民国时代的“天之骄子”们准备上机起飞时，空中小姐们惊奇地发现，飞行员们每人都用荷叶包好了一包香喷喷的豆皮，准备飞到台湾后享用。

武汉“老通城”餐馆一款汉味小吃——豆皮，何以有如此大的魅力，以至于让逃命南飞的飞行员们还如此恋恋不舍？

在武汉，三鲜豆皮算是款有故事的小吃，“老通城”也是个有故事的餐馆。

以经营三鲜豆皮而闻名遐迩的“老通城”酒楼，自1931年开店以来，至今已有80余年了。经过“豆皮大王”高金安，“豆皮二王”曾延龄等豆皮名厨的操弄，三鲜豆皮这个小吃品种，居然成了风味独具的著名地方特色，甚至成了武汉小吃品种的代表而享誉华夏。外地客人到了武汉，如果没去“老通城”里享用三鲜豆皮，就难算得上是品尝过正宗汉味美食，若是一个酷爱美食的食客，这无疑是件不小的憾事吧。

豆皮本为乡间草根小吃，在“老通城”经营三鲜豆皮之前，称其为豆皮的吃食在武汉周边的农村普遍存在，只是此豆皮非我们今天所看到的彼豆皮也。武汉老作家管用和先生曾著文说，他所知道孝感农村农民们所吃的豆皮，与现在我们经常吃到的豆皮有相同之处也有不同之处。相同之处在于豆皮外表的“皮”相差无多，都是用绿豆和大米磨浆制出的“皮”，不同之处是豆皮里面包夹的馅料完全不同。

其实，豆皮与另一种小吃豆丝的关联度大，大约豆皮为豆丝的升级版吧。鱼米之乡的湖北农村都有做豆丝的习俗，而豆丝就是切成了条状的豆皮。早年孝感乡下做成的豆皮，是在大米加绿豆磨浆后摊成的一张熟豆皮里面，夹上腌菜、酸萝卜、酸豆角、小白菜等，然后把豆皮叠成书一般大小，趁着豆皮还是热乎劲时，连豆皮带里面所夹的菜馅一齐吃进嘴里。“老通城”出产的豆皮，依据农村做豆皮的传统做法，博采众长，经过了厨师们的改造而定型在馅中加有鲜肉、鲜蛋、鲜虾仁三样物料，始称“三鲜豆皮”。既然定格为三鲜豆皮，“老通城”就立下了规矩，豆皮的“皮”必须用脱壳绿豆，必须是精制米浆；豆皮的馅，三鲜必须是鲜肉、鲜蛋、鲜虾仁；豆皮的型，必须是方而薄；豆皮的色，必须是金而黄；豆皮的味，必须是香而醇。正因为老通城三鲜豆皮具有风味鲜明的个性，使得这款小吃成为标志性的地方风物，夺得过中国饮食行业的最高荣誉——“金鼎奖”，小吃三鲜豆皮入选了《中国著名小吃》目录，为武汉饮食业界赢得了莫大荣誉。

历史传承的久远与获得名人、伟人的嘉许，是“老通城”三鲜豆皮的骄傲。1958 年 4 月和 9 月，毛泽东主席曾两次到“老通城”（惠济路店）品尝过高金安和曾延龄所做的三鲜豆皮。毛主席在品尝了三鲜豆皮后说：“豆皮是湖北的风味，要保持下去”，“你们为湖北创造了名小吃，人民感谢你们。”还有党和国家领导人刘少奇、周恩来、朱德、邓小平、董必武、李先念、蔡畅、王任重等，都是“老通城”的贵宾，他们品尝过三鲜豆皮的美味，并都给予了很高的评价。国际友人及外国元首金日成、西哈努克都对三鲜豆皮的美味赞许有加。就我所知，这么多党和国家领导人和外国政要对一款小吃有如此高的赞誉，实为罕见。正是这些领导人及外宾对“老通城”三鲜豆皮的赞誉褒奖，为“老通城”三鲜豆皮的扬名立万起到了巨大推动作用。

特级点心师高金安侍弄豆皮的时间超过了半个世纪，积累了丰富的经验，技艺几乎达到了炉火纯青的程度。就操作程序而言，高金安与别人炕制豆皮并无二致，都是将绿豆、大米制成豆皮清浆。香菇去蒂与玉兰片切成小丁。洗净猪肉后切成条块，放入酱油、绍酒、精盐、味精，然后将炒锅置旺火之上，下猪油烧热，放入玉兰片、香菇煸香待用。将熟糯米饭平铺在豆皮上，稍焖片刻即起锅装盘。其实高金安能够称“豆皮大王”，肯定是有绝招的，他的绝招在于严把三关（选料、磨浆、火候），磨浆关：浆要磨细，干湿恰当，随用随磨，随换清水。火功关：一锅豆皮中途变换几次火之大小，使炕出的豆皮充分显示色、味、香、型的周正标准，使其具有外脆内嫩的特点。下料关：主副料配齐，花色全，加入海味，保持馅料的原汁原味。这样经他巧手点染，出锅的豆皮色泽金黄透亮，十分刺激人的食欲。吃起来则是松脆爽口，油而不腻，馅芯香鲜。如果再佐以瓦罐鸡汤混搭而食，更称得上是汉味吃食的绝佳配合。幸运的是，早年作为一名媒体记者，沾了工作的光，几度吃过高金安、曾延龄亲手制作的三鲜豆皮，是我至今难忘的美食经历。

有近百年店龄的“老通城”历经沧桑。在上世纪 90 年代，原址因市政改造，老店遭遇拆除。本来“老通城”仅有一间铺面，其被拆除后，“老通城”其实名存实亡。对此，市民意见极大，强烈要求“老通城”老字号恢复经营。好在政府顺应民意，当汉口吉庆街二期工程改建以后，“老通城”在离原址不远处的吉庆街，重新披挂登场。店招还是老字号的名头，豆皮还是记忆中的味道，再度回到市民视野里的“老通城”，大受追捧，从早到晚，每天人满为患，一位难求。

据科学家解密，人的细胞对美食的味道是有记忆的，在一段时间内，人在经受多次某种味道信息的刺激后，该种味道就会在大脑深处落根。从这个意义上说，坊间传闻的 1949 年国民党航空公司撤退时，那些长年在武汉被“老通城”三鲜豆皮美味滋养的飞行员们，仍不忘带着三鲜豆皮逃难飞台的故事，就有几分可信了。

11

肥嫩鲜美“娃娃鱼”

“红烧娃娃鱼”亦称“红烧大鲵”，这道在过去湖北餐饮市场不算多见的传统楚菜，在颇具家常菜属性的湖北菜系中，绝对称得上是一道高端大气上档次的“硬菜”。

“红烧大鲵”在湖北传统菜中名气极大，但凡书店上架陈售的湖北菜菜谱，尤其是湖北传统菜的菜谱，“红烧大鲵”一定会位居其间。在娃娃鱼还没有进入人工养殖的年代，受限于野生娃娃鱼食材的极度稀缺，且是国家二级保护动物，谁吃谁违法，于是许多吃货只能停留在闻知“红烧大鲵”其名，却始终未尝其味的层面。不光是吃货们无福消受“红烧大鲵”的鲜有滋味，即便是司厨有年的专业楚菜厨师，倘若没在湖北十堰、宜昌等地区大酒店或者在像武汉这样的大都市的高端会所、星级酒店有过从厨经历，对“红烧大鲵”的认知，恐怕也只是停留在从前辈名老厨师口中听到的故事与传说而已。

稀少名贵的荆楚名菜“红烧娃娃鱼”能够在全国范围内享有大名，自然有其道理。

野生娃娃鱼属于稀少物种，物以稀为贵的法则，放之四海而皆准。据资料记载，大鲵的叫声极像婴儿的哭声，因此人们又叫它“娃娃鱼”；大鲵也称“大山椒鱼”，源于其身有山椒的味道。故而在湖北西部一些地区，娃娃鱼既有大鲵之谓，也有“大山椒鱼”之称。

《山海经·中山经》载：“（少室之山）休水出焉，而北流入洛，其中多鱼，状如盘而长距，足白而对。”这段文字记载“状如盘而长距，足白而对”的鱼，就是娃娃鱼。《尔雅·释鱼》之鲵注云：“似鲇，四脚，前似猕猴，后似狗。声如小儿啼。大者长七八尺。”《说文》中说：“鲵，大者谓之鰕。”可见我们中国人认识娃娃鱼的历史，至少超过了二千多年。

按相关资料解释，娃娃鱼隶属隐鳃鲵科，大鲵属，是世界上现存最大也是最珍贵的两栖动物。大鲵属现存两种。一种为日本大鲵，产于日本本州岛南部及四国、九州岛；另一种即产于中国的大鲵，主要分布于中国长江流域及黄河、珠江中下游的支流中。中国大鲵分布广，数量多，但由于极高的经济价值遭偷捕和近几十年环境质量下降等原因，野外种群数量越来越少。

娃娃鱼系冷水鱼，在湖北的神农架、郧阳、宜昌、恩施等地均有繁殖，为这些地区的一大特产。盛夏时节，人们在静寂的鄂西山区流水叮咚的溪边夜行时，会突然听到一阵阵瘆人的小孩哭声，但这并不是小孩的啼哭，而是这一带的特产——娃娃鱼在叫唤。娃娃鱼喜欢栖息于溪河深潭内的岩洞、石穴之中，以滩口上下的洞穴内较为常见，其洞口不大，进出一个口；洞的深浅不一，洞内宽敞平坦。娃娃鱼白天常卧于洞穴内，很少外出活动，夏秋季节，也有白天上岸觅食或晒太阳的习性。大鲵一般夜出晨归，常住一个洞穴。捕食主要在夜间进行，常守候在滩口乱石间，发现可猎动物经过，突然张嘴捕食。由于外界多种因素的影响，大鲵在自然环境中的成活率不高，这也是大鲵不能很快自然繁殖的原因。近 30 年来，娃娃鱼逐渐在多个地区由少到多地进行了人工养殖，在取得相关主管部门许可的条件下，一些餐厅酒楼，已经能够持证合法地烹饪人工养殖的娃娃鱼应市飨客。

在鄂西地区，以娃娃鱼为食材烹菜，传统上有“白汤大鲵”和“红烧大鲵”两款，不管以怎样的烹饪方法烹制，娃娃鱼菜都是极受人推重的美馔。究其原因，不仅在于娃娃鱼味道肥嫩鲜美，汤汁醇厚，而且还在于它的营养价值极高。娃娃鱼是含有氨基酸最丰富的物种之一，9 种人体不能合成而必须具有的如色氨胺、赖氨酸、组氨酸、苏氨酸、蛋氨酸、苯基丙氨酸、缬氨酸、白氨酸和异白氨酸基本都有。传统中医认为，食用娃娃鱼有补气截疟的功效，它的胃、皮和胆液是滋阴健身的上等补药。它软骨中硒含量较高，且是不饱和脂肪酸，食之对心脑血管有很好的保护作用。

老实说，上了些年岁又以品鉴美食为职业的本人，对湖北美食也算得上是经多识广了，但对以娃娃鱼为食材烹饪的娃娃鱼菜，其实也只是在猴年岁末时才实现品尝“红烧大鲵”的美味愿望。

受中国烹饪大师、楚菜旗手卢永良之邀，猴年的腊月二十六去参加“《中国楚菜大典》专家学者新春团拜会”，会后用餐地点选在了揭牌不久的“卢永良大师厨艺工作室”。

这个工作室是新近揭牌的楚菜研发基地，以人工养殖的娃娃鱼为食材开发食肆菜品，是“卢永良大师厨艺工作室”的研发方向之一。卢永良是烹饪湖北鱼菜的巨匠，他的代表作之一“红烧娃娃鱼”在中华厨界享誉甚隆，而且，他亦是地标食材——湖北省房县养殖娃娃鱼的形象代言人。团拜会后的团年宴，卢永良以六十有三的年岁，亲自执勺掌灶，为我们奉献了一桌价格不菲的楚菜大餐。一张能坐 16 人的台桌，凉菜、热菜、饭菜一应俱全，琳琅满桌，“红烧野生甲鱼”“酥鳞武昌鱼”“鹿之四宝”等传统荆楚名菜悉数登场，压轴大菜便是声名显赫的“红烧娃娃鱼”。

“卢永良大师厨艺工作室”的厨房是敞开式的，卢永良在厨房的一举一动，一招一式，近在咫尺的我们都可以看得真真切切。只见卢大师选了一条带皮娃娃鱼，剁成 3 厘米见方的块，洗净后用蛋清拌匀。置锅中火之上，下猪油将锅滑热，先将发好切片的党参、天麻、蒜瓣，一一入锅煸出香味，再将娃娃鱼块下锅一同煸炒，随后下入鸡汤（宽汤）、精盐、酱油、猪油加盖焖烧，用时大概七八分钟，至扒而不溶时起锅，用砂锅装盘上桌，用电磁炉加温，使这道菜始终保持一定的温度，目的是让“红烧娃娃鱼”始终口感鲜嫩，汤汁醇厚。

由于是亲眼得见卢大师烹制娃娃鱼的全过程，红烧娃娃鱼上桌后在吃过黑白分明的肥嫩鱼肉（其肥嫩的口感，有点像野生甲鱼，柔糯而有弹性），喝过滋味鲜美的鱼汤（鱼汤的鲜劲与甲鱼炖的汤可有一比，只是比甲鱼汤的腥气要轻许多），并且吃了用娃娃鱼汤泡的以京山桥米做出的晶莹透亮的白米饭，饭香拌着娃娃鱼汤的鲜醇,那个充盈口腔,齿颊留香的鲜美滋味，顽强地植进了我的记忆深处，久久难忘。

这一顿真正意义上的美食大餐，既让我饱了眼福，又满足了口腹之欲。现在，我可以说是名正言顺地品味了传说中的荆楚大菜——“红烧娃娃鱼”的个中三昧，见识了它的真章了。

12

清新适口吃毛豆

我打小时，曾经有过在汉口腹地的巷子里居住生活的经历，街巷生活给我印象最深的，是街巷人家夏天吃晚饭的温馨记忆。被称作全国三大火炉之一的武汉，夏天酷热难当，待在屋子里跟蒸包子似的闷热，没法待，那时又没电扇、空调什么的，小巷居民不得已就把生活的吃与住都挪到户外的巷子里，构成了那个岁月武汉街巷独有的风情。汉口街巷里弄长大的武汉作家董宏猷所著《小巷风情》一文，对街巷夏日晚饭曾有过精彩的描述：

……晚餐，也是在外面吃的，一家人围着床，或者小方桌，轮流地吃饭，然后洗澡，男人一律赤膊，女人也只穿圆领衫和短裤，绿豆稀饭是最受欢迎的了；

菜呢，少不了冬瓜汤、丝瓜鸡蛋汤、凉拌黄瓜、腌酸豆角、油炸臭干子或者水豆腐凉拌皮蛋。凉菜一多，小磨麻油便派上用场了，整条小巷，都弥漫着麻油的芳香……

在我的记忆中，小巷人家晚餐的餐桌上，凉拌菜式中上得最多的是凉拌毛豆，几乎家家的小饭桌上，都有凉拌毛豆的嫩绿身影，这一款汉味小菜在武汉人居家过日子的一日三餐中，是具有相当广泛性的，下酒咽饭佐粥当零食吃零嘴，毛豆都可以担当主角，且价格低廉，每个家庭都能消受得起；菜式制作也极为简单，大凡居家能够对付一日三餐的掌勺人，几乎无师自通就能做出凉拌毛豆的成品菜馔。

毛豆，又叫菜用大豆 ，直白地说，就是新鲜连荚的黄豆。以黄豆入菜，悠久的历史已经沉淀成为一个数量可观的中餐支菜系。

我们在这里不讨论黄豆菜系的丰富，单说毛豆入菜与我们生活方式的关系。

科普知识告诉我们，毛豆含有丰富的动物蛋白、多种有益的矿物质、维生素及膳食纤维。其中蛋白质不但含量高，且质量优，能够与肉、蛋中的蛋白质相媲美，易于被人体汲取利用，为植物食品中专注含有完全蛋白质的食品。毛豆中的脂肪含量明显高于其他品种的蔬菜，但其中多以不饱和脂肪酸为主，如人体必需的亚油酸和亚麻酸，它们能够改善脂肪代谢，有助于降低人体中甘油三酯和胆固醇。此外，毛豆中含有微量功能性成分黄酮类化合物，特别是大豆异黄酮，被称为天然动物雌激素，在人体内具有雌激素作用，能够改善妇女更年期的不适，防治骨质疏松。毛豆中的钾含量很高，夏天常吃，能够协助弥补因出汗过多而导致的钾流失，从而缓解由于钾的流失而引起的疲乏无力和食欲下降。

其实，爱吃毛豆不惟武汉人所专美，全国其他地区也常见以毛豆入菜。比如上海有糟毛豆，北方有盐水煮毛豆。都是吃毛豆，做法却不相同，体现出不同地域的文化特点。上海的糟毛豆像糟鱼似的，做法有些精细，把毛豆糟起来，当成正餐前的开胃菜碟——多了几分精巧雅致。北方如北京和河北的保定等地，则是把毛豆用盐水煮，就像盐水煮花生一样，既不剪枝也不修角，装盘时，盐水毛豆连枝带角，讲究原汁原味原样——多了几分北方人的粗犷。对吃毛豆有情结的武汉人，归总起来有两大类吃法，一种是剥了毛豆的豆米，或炒辣椒、干丁、瘦肉、榨菜；一种是最通常的吃法，把毛豆凉拌着吃。夏季时节相约三朋俩友到家里随意小饮，对于主家来讲，炒豆米或凉拌毛豆是能拿得出手的下酒菜。到大酒店正儿八经吃酒席，好杯中尤物者，似乎更钟情凉拌毛豆，还特别喜欢细吮凉拌毛豆下酒的那种感觉。

夏初是毛豆上市的旺季，也只有刚上市的毛豆最嫩也最好吃，有股子嫩嫩的微甜味道。夏天一到，集贸市场里的菜摊前，便显眼地堆放着一筐筐的毛豆了。嫩绿的毛豆似乎还残留着清晨的朝露呢，有一种俗称“鼓眼八”的毛豆，样子颇像少女惊愣的眼睛，粒粒饱鼓鼓的，透着浓浓的乡野气息。称上两斤，回去剪掉毛豆的两角，分量正好是一盘。在武汉的初夏，家家户户剪毛豆的情形，温暖而安静，可算得上是江城居民家庭生活的一道独特风景。剪掉毛豆的角，有利于在做凉拌毛豆菜馔时更好更快地入味，其实这也体现了武汉人办事脑子灵光的特性和生活智慧；然后，用清水洗净毛豆，沥干。置锅于旺火上，加适量清水,也可先在清水中加盐一齐煮沸,将毛豆放进沸水里，焯水至断生，捞起晾凉。依次将葱花、姜末、蒜粒放入大碗中，将芝麻油淋入碗中，加入胡椒、香醋、生抽、白糖、味精、调成汁,浇入装盘的毛豆上,要紧的是要把干辣椒下油锅煎得微糊，连油带辣椒一齐浇在毛豆盘中，然后把佐料与毛豆拌匀，最后配几片腌熟的红辣椒与绿嫩的毛豆交相辉映，于是，单看嫩绿与鲜红两种色彩的搭配，已经很是勾人食欲了，再加上小磨麻油的香味弥漫过来，直往鼻孔里钻，勾起馋虫蠢蠢欲动，此时此刻，你就是神仙恐怕也坐不稳了吧。

夏天吃毛豆是武汉人的最爱，也是待客的常用菜馔。只是现在夏天在大酒店的雅间里，吹着空调，吃着毛豆的感觉或反季节吃着大棚里生长的毛豆的感觉，远不及我小时候在小巷晚餐时吃毛豆的那个爽快劲儿，小巷晚餐吃毛豆，吃着不仅感觉清新适口，那吃的过程还透出有浓郁的老武汉生活味道，这种温馨的感觉，因了时过境迁，或是物是人非，总之现在很难在现实生活场景中重复，只能存留在我们的记忆中了。

当然，若真想找回爽爽地吃毛豆喝靠杯酒的那种记忆中的感觉，我有一个办法：待斜阳西下，华灯初上，街头巷尾的大排档开市，我们不妨在排档上当街一坐，点上一盘凉拌毛豆，炒一盘顺风，打一碗番茄蛋花汤，然后美美地呷一口毛铺小酒，哈哈，一天的劳累，近日的郁闷情绪，身体的疲乏等很快便消失得无影无踪了。

13

诗意『桂花肉』

在中国，不管是传统社会还是现代社会，桂花树都是个招人喜爱的树种。人们喜爱它终年枝繁叶茂，一年四季皆着绿色的树姿。桂花更是因其“浓、清、久、远俱全，清可涤尘，浓能透远，推之为上品……”，成为中国人心目中有诗意的花。在中国漫长的历史长河中，历朝历代的文人墨客吟咏桂花、桂花树的诗词歌赋数不胜数，并且佳篇连连，稍稍有点文墨的人，都会知晓几句吟咏桂花的佳句。

譬如唐王维的“人闲桂花落，夜静春山空。月出惊山鸟，时鸣春涧中”，李贺的“联翩桂花坠秋月”，虞俦的“桂子飘香月中闻”，李峤的“枝生无限月香”，宋之问的“桂子月中落”，白居易的“山寺月中寻桂子”，李商隐的“昨夜西池凉露满，桂花吹断月中香”，杨万里的“不是人间种，移从月里来”等等，不胜枚举。

桂花有诗意不假，但如果我说，以猪肉为食材制成的菜肴也富有浓郁的诗意，你信吗?

譬如，以桂花冠名的一款猪肉菜肴“桂花肉”，从菜式形状到色泽再到味道，既让人赏心，也让人悦目，还让人享受味觉之美，说它富有诗意大概不为过吧?

前几日，我去汉口的“艳阳天旺角”酒店参加中国烹饪大师卢永良召集的“第十五届中国美食节暨第二届中国餐饮产业博览会”筹备会议，到了午餐时间，卢永良设宴招待各位与会者。席间所上的20多道菜式，从色泽到香气再到味道，每一道都有讲究。我看原因也不复杂，一是入席的人，个个都是业界内行，作为烹饪大师的卢先生没有道理马虎待客。二是这家“航母”级的酒店，卢先生是其顾问，菜品好坏，关乎他的名声。毕竟，他有一大堆在中国烹饪界响当当的头衔顶在那儿，由他自己安排的菜式，必定是他的得意之作无疑。

由是，面对一桌讲究非常的菜品，我窃喜今天蹭上了一餐好饭。

桌上的每道菜，从食材的选用到做工再到装盘，都有说道的理由，但从“食无定位，适口者珍”的美食原则出发，我在本文只说道“桂花肉”——以我个人而言，比较喜欢这道猪肉菜肴。

我曾看过许多资料，都说“桂花肉”是一款浙江菜式，理由是这款菜品乃甜酸味型，有明显的浙江菜系特征。其实，把“桂花肉”归于湖北菜系也有道理，因为它在湖北也是有悠久的历史传承，起源在湖北的“南大门”咸宁，而咸宁有一张人所共知的地方名片：“桂花之乡”。八月桂花遍地开的“桂花之乡”，能够产生“桂花肉”这样的菜式，从逻辑上讲也应该是合情合理的吧？

在湖北咸宁坊间的传闻中，“桂花肉”的诞生与咸宁一位明代的女名人钱梅窗有关。

史实中的钱梅窗(1489—1544年)马桥(今咸宁咸安区)人。因她在兄弟姐妹中排行第六，人称钱六姐。六姐5岁入私塾读书识字，天资聪颖，工于诗词歌赋。稍长，喜欢与兄长的文友一起吟诗作赋。咸宁当地的《钱氏宗谱》载有钱梅窗诗作千余首，光绪年间《咸宁县志》称她为“邑才女”，后来被咸宁人尊为历史上的一代“才媛”。

作为大户人家的闺秀，钱六姐不仅精于琴棋书画，还学得一手好女红，烧得一手好饭菜。某年的一个中秋佳日，六姐之兄的一帮文朋诗友相聚于钱府。是日，丛桂怒放，丹桂飘香，似乎流动的空气也被桂花的香韵浸润出了盈盈的诗意。雅士聚集，不可无诗，一群文友便就地取材，以钱府院中栽种的桂花为题，吟诗作赋。诗会的游戏规则确定，每人必须是现场完成“作业”，形式上可歌可赋，不拘一格。

轮到钱六姐交“作业”时，太阳正当顶，已到午饭时间。六姐提议说，诗会饭后继续，我现在去厨房帮厨，先解决大家的饱腹问题再说。

文友们笑笑说：“好个六姐，真个滑头。”

众人各就各位入席坐定。钱家佣人开始上菜，鸡鸭鱼肉莲藕豆角，荤菜素菜一大桌，佣人向主人示意：菜已上毕，大家已可用膳。

众人正举杯动箸，六姐从厨房回到客厅，手里还端着一盘菜，说："且慢，我这里还有一道好菜。大家看好了，它是我今天的作业《桂花赋》"。大家凝神看去，但见这盘菜式色如糯米，米白中泛有微黄，菜式形状如同一朵白花，白花之上，星星点点，缀着朵朵新鲜桂花。众人伸箸一尝，满嘴猪肉的香味中夹杂着桂花的馨香。大家从没见过更没吃过这道菜，于是纷纷问六姐："此菜何名？"

六姐笑答："这道菜的学名是南朝范云的句子'南中有八树，繁华无四时'，它既是我的厨艺展示，也是我今天诗会所交的'作业'，俗名'六姐桂花肉'也。"

众人一听乐不可支，六姐当众上交的"作业"符合规则，创意独特，肴馔味美，寓意幻化，从形而下到形而上，都与桂花相关，大家一致的评价是一个字：美。

于是，大家公推六姐是今天诗会的花魁……

近五百年时光过去了，当年由钱六姐始创的"桂花肉"制法，由钱府传向咸宁的城乡，逐渐成了咸宁地区一道传统菜肴。一年中每到中秋临近，咸宁遍植的桂花开了，那些嫁姑娘娶媳妇的人家，便摆开酒席，宴请宾客，嫁娶的喜席之中，断不会少了咸宁名菜"桂花肉"……

我在"艳阳天旺角"所吃的"桂花肉"，是卢永良在传统"桂花肉"制法的基础上进行整合创新的结果。比如，咸宁地区的通山县有做捶肉的习俗，卢永良便将捶肉技艺引入到"桂花肉"

的烹饪中来，目的是让“桂花肉”有爽、嫩、滑的口感。

客观地说，“桂花肉”的制法有些繁复，对厨师操作上有一定的烹饪功底要求，其烹饪技法的核心运用，我的总结是两个字：一是捶；二是炸。

食材选用猪的坐臀肉，切成厚0.5厘米的长宽形状，用刀背在肉面上捶敲，使肉纤维松开，然后用刀面拍平，再用刀口排出菱形刀纹，使肌肉纤维不致断开。把肉切成片状。将切好的肉片放入容器里，加盐、料酒、味精、蛋黄，再加少量桂花蜜、少量水拌匀，撒入干面粉、干淀粉，挂糊。

炒锅在旺火上加入油适量，烧至七成热，将挂糊的肉片逐块散放入油锅中略炸。不时用漏勺在油中捞起肉块抖落，然后捞出。油烧至七成热，再投入肉炸，用漏勺上下多次翻动，使它受热均匀，色泽一致，成熟捞出。油再烧至八成热，投入肉块，用漏勺上下翻炸，炸至外表呈皱纹形，如同桂花般黄色，且质地脆硬时，捞出装盘，点缀新鲜的桂花上桌。是为“桂花肉”。

菜品“桂花肉”给我留下的印象，在于它的味道为复合型，有回味。肉质硬、香、松、脆、鲜；味道咸、甜、酸，闻之有淡淡的桂花香味，与植物桂花形似也？神似也？确也生出几分诗意。这款菜式，也能阐释卢先生一贯创导的“做文化菜、做故事菜”的司厨理念。

宴毕，听卢先生介绍：我们今天尝到的“桂花肉”，确切的名字应该叫“银桂肉”，植物中有金桂、银桂、丹桂、四季桂之分，菜肴当然也可以制成“金桂肉”“银桂肉”“丹桂肉”不同的款式，如有机会，再请你们品鉴“金桂肉”“丹桂肉”

不同的味道如何？

这是喜讯，这一餐吃了好东西还不算，下一餐好席又预约在先，如此消息对于一个以品鉴美食为乐事的职业好吃佬来讲，这肯定算是件值得上心的好事啊。

14

湖乡水韵『煮鳜鱼』

唐朝诗人张志和在其《渔歌子》写下的著名诗句，“西塞山前白鹭飞，桃花流水鳜鱼肥”流传久远，诗中所说的鳜鱼，也叫桂鱼，它是我国“四大淡水名鱼”中的一种。鳜鱼肉质细嫩，刺少而肉多，其肉呈瓣状，味道鲜美，乃淡水鱼中之佳品。

事实上，鳜鱼在湖北人的饮食习俗中，也是个非常讨人喜欢的鱼种。当然，湖北水多湖多的自然条件，也确实能够让湖北人非常容易享受得到鳜鱼的美味。仅凭这一点，就说明上天对湖北人有一份特殊的眷顾。

正因为把鳜鱼归为珍贵的食材种类，所以一个湖北职业厨师无论采取哪种烹调方法做成的菜品，都能称得上是“高大上”。翻开湖北饮食传统菜谱，诸如“松鼠鳜鱼”“清蒸鳜鱼”“红烧鳜鱼”“蕃茄浓汤鳜鱼”“糖醋鳜鱼”“青椒煮鳜鱼”，等等，都是出得了大台面的硬菜，即令是在高规格的宴席上，任何一款鳜鱼菜式端上餐桌，都不会为宴会的主家丢脸。

有一次，去武昌的“卢大师酒店”找中国烹饪大师卢永良商谈公事，事毕，已到中饭时间，卢先生做东招待我们吃饭。一桌菜由卢先生亲自安排，菜式有“金钱猪手”“桂花肉”“酥鳞武昌鱼”“紫包菜”“大骨藕煨汤”“酥皮羊排”“蔡妈煮鳜鱼”等等，哪一道菜都曾经过卢永良的点化，哪一款菜都有特点，似乎都有被我们评判品鉴的理由，但限于篇幅，本文只对特别符合我个人口味的“蔡妈煮鳜鱼”来说道说道。

“煮鳜鱼”在湖北有广泛的烹饪基础和历史传说，说来其制法也不花妙，源自鄂省湖区水乡人家的家常烹饪之法。大凡住在湖边的乡民，在河塘湖堰中捕捞起大小不一的鳜鱼，用树枝在鱼唇上扎个眼，用一根草绳穿了鱼唇，将鱼提回家来，开膛剖肚，去除内脏。在柴灶锅里滴上几滴食用油，将鱼两面炕成黄色，然后加一大瓢清水，撒上盐，把刚从自家菜园里摘下的青椒撕碎放进锅里，让灶火慢慢将鱼肉炖熟炖软，让鱼汤的白与青椒的绿,交融混合成青黄色的汤,就成了一锅香喷喷的“煮鳜鱼”。

由此说来，把“煮鳜鱼”归结为具有湖北本土湖乡风韵的家常菜式，大概不会有错吧？但是，我在“卢大师酒店”所吃到的“蔡妈煮鳜鱼”，从制作方法到装盘效果，都可以看出是卢永良从民间家常烹饪鳜鱼的方法上汲取了养料，加上他对鳜鱼食材的深层理解做成的菜式作品，可谓源于家常菜而高于家常菜了。

“蔡妈煮鳜鱼”端上桌很让人养眼：一个硕大的青花瓷碗，一条鳜鱼卧在鹅黄色的汤中，鱼身上覆盖着一层青椒。闻着鱼汤飘着的菜油香味，伸箸将鳜鱼的背脊搛一块鱼肉（正所谓鳜鱼吃脊），少刺，吃起来尤感细腻柔嫩，味道微甜。仅就吃这么一筷子煮鳜鱼的鱼肉，却完全可以感受得到这条鳜鱼食材的鲜活和煮鳜鱼时制作者对火候的掌控水准了。

在湖北餐饮业界，业内人士都知道卢永良擅长烹饪湖北特有的鱼菜品类，烹饪鳜鱼菜亦是他的强项之一。也难怪，卢永良祖籍湖北天门，打小在武汉的南湖边长大，对湖区人的生活习性，饮食风俗耳闻目染，了然于胸。更何况，卢永良特别善于从民间传说中找到创作菜品的源泉。

有关“煮鳜鱼”的菜式，民间一直流传着一个故事，这个故事，不仅体现了人民军队与人民群众的鱼水深情关系，而且为“煮鳜鱼”成其为名菜增添了几分传奇色彩。

相传 1928 年，以贺龙、周逸群、段德昌等为代表的共产党人，带领广大军民，通过武装斗争创立了以湖北洪湖地区为中心的湘鄂西苏区革命根据地。

湘鄂西苏区革命斗争历时 7 年。7 年苦斗，在这里倒下了 20 万名革命英烈；7 年鏖战，从这里走出了 67 位共和国开国将帅。

洪湖边上有一个叫蔡家榨的渔村，村民以下湖打鱼和榨油为生。村东头临湖边有一户人家，户主是位中年妇女，她的丈夫姓蔡，参加了红军，在一次与国民党军的遭遇战中牺牲了，成了寡妇。村人也不知道这位中年妇女娘家姓氏，便冠以夫姓，年龄大的喊她“蔡嫂”，年龄小的喊她“蔡妈”。

洪湖革命根据地经常遭到国民党军的扫荡，敌我间的战斗非常激烈，受伤的红军战士，往往被送到洪湖各个村子的农户家中养伤。蔡妈是烈属，阶级觉悟高，人可靠，对红军战士亲，于是，一批接一批的伤员，都被区委干部安排在她的家中养伤。红军伤员都是毛头小伙子，无微不至照料伤员起居生活的蔡妈，在他们眼中就是他们的亲妈。

蔡妈不仅为人贤惠，里里外外干活也是一把好手。每有伤员住进她家，不仅好生照顾，还想尽办法让他们吃好喝足，让他们早日养好身体，重返战场打敌人。穷家小户也没啥好东西招待伤员，蔡妈便吩咐自己的儿子下湖网鱼。儿子是个能干的后生，熟知鱼性，隔三差五下湖去，专捡肉嫩养人的鳜鱼逮。

每见儿子打回了鱼，蔡大妈便从村里的榨房打瓶菜油，在灶间烧上旺火，在锅里搁上菜油，把鳜鱼两面煎黄，加水，加盐粒，随手撕几个青辣椒，小火煮成鹅黄色的鱼汤。然后给每个伤员添上一碗鱼汤，逐个用汤匙喂他们。蔡妈就是用一碗一碗的鳜鱼汤，把一批批的伤员调养成了一个个生龙活虎的战士，使他们重返前线，杀敌立功。

新中国成立后的1955年，中国人民解放军首次授衔，曾在蔡妈家中养过伤的伤病员，只要还能活到新中国成立，军衔不是将军就是校官。有上十个在武汉军区工作的红军老战友聚会时，他们时常忆起蔡妈和她煮的鳜鱼汤，并约好在一个春节假期一齐去洪湖看望蔡妈。

1956年的春节，一行轿车、吉普车开到了洪湖蔡家榨村东头的蔡氏老宅，此时，老宅的主人已经不是蔡妈了，而是她的儿子。蔡妈在解放洪湖的战斗中，因在前线的战壕里抢救伤员被流弹击中而光荣牺牲。

一群将校军官齐齐跪在蔡大妈的坟墓前。蔡大妈的墓碑之下，供着一个大盆，盆中，是一条鳜鱼和煮成鹅黄色的鱼汤。这是一行将校军人昨晚的一致决定的结果：连夜派人从武汉部队的食堂，让厨师做好鳜鱼汤后，天亮之前赶送到蔡妈的墓前。

将军提议说：我们以后就把这道煮鳜鱼的菜叫做“蔡妈煮鳜鱼”吧，以纪念我们永远的母亲……

当你听了这个故事，再来吃你眼前这道“蔡妈煮鳜鱼”的菜肴，你还会认为“蔡妈煮鳜鱼”只是一道具有湖北本土风味的家常菜式吗？

15 食疗兼用“本草鸭”

早春时节，有几位与我相熟的贵州餐饮业的朋友，来武汉考察湖北本帮菜的市场行情，让我推荐几家在武汉经营本帮菜的餐馆试吃。正好我要去“农家小院”酒店办事，便带着贵州朋友一齐，去了在三镇以经营本帮菜立身的“农家小院”堤角店。

按照贵州朋友的要求，我点的都是湖北传统菜式，比如“排骨藕煨汤”“清蒸武昌鱼”“黄陂三鲜”“酱香猪弯弯”等，禽类菜式，我特地点了一款在“农家小院”久销不衰的招牌菜之一——“神农本草鸭”（业内里也叫“砂锅药膳鸭”）。

“农家小院”的“神农本草鸭”从品相到味道确实不错，黑色砂锅中卧着一只色泽黄橙油亮的鸭子，鸭身上点缀着几颗红色枸杞，散放着两根翠绿香菜，黄、红、绿三色搭在一起，颇让人养眼。用筷子搛起鸭肉，口感肥而不腻，除了咸鲜味道，鸭肉中还透出一种独特的药香味。

在我看来，“农家小院”的这款“神农草本鸭”确有值得说道的地方，排除我个人的偏好原因，我说此话的理由相当充足：一是这款菜的食材具有湖北当地特点；二是其烹饪方法使其味型比较独特；三是这款菜是一道食疗兼具的养生菜肴，而且有一个流传久远的传说故事。

“农家小院”的“神农本草鸭”是以湖北禽类特产——麻鸭为主要食材，加上湖北传统的烹饪方法而成。

麻鸭又称高邮鸭，原产江苏省高邮，是我国有名的大型肉蛋兼用型麻鸭品种。高邮鸭是我国江淮地区良种，系“全国三大名鸭”之一。麻鸭善潜水、耐粗饲、适应性强、蛋头大、蛋质好，且以善产双黄而久负盛名。湖北水系发达，水土肥美的地理环境，极其适合麻鸭的饲养与生长，著名的沔阳麻鸭是湖北麻鸭饲养品种中的翘楚，盛产于湖北省仙桃（原沔阳县）市沙湖、杨林尾、西流河、彭场等地区。1974 年湖北省科委组织有关单位制订品种标准时，命其名为沔阳麻鸭，现在已经成为地标产品。沔阳麻鸭所产的鸭蛋，为食用之精品，口感极佳，其质地具有鲜、细、红、油、嫩、沙的特点，蛋白凝脂如玉，蛋黄红如朱砂。“神农本草鸭”选用了湖北本地麻鸭为食材，才能够保证菜肴具有正宗的湖北味道。

烹饪“神农本草鸭”，很能考验一个厨师对火候的掌控水准。这款鸭菜烹饪方法步骤大抵如下：

将麻鸭褪毛洗净，用刀背将鸭脖捶软；在鸭食管处切开一个斜口，把鸭脖塞入鸭食管切口里边。用刀背将鸭腿捶软，在鸭屁股处也切开一个口子，把捶软的鸭腿塞入鸭身。

将黄芪、党参、山药、甘草、人参、当归等中药材打磨成粉，加入胡椒、精盐等调料，一并制成料包待用。需要指出的是，调节“神农本草鸭”菜肴味道的关键之处，就在于料包中加入的药材成分和药材之间的配伍关系，但这也是每家餐馆烹制“神农本草鸭”的独家秘笈，一个能够熟练掌握料包制作秘密的厨师，没有经过三个六月两个冬的磨炼，恐怕难成吧。

以砂锅作炊具，将处理过的鸭子放入砂锅，加清水，放入料包，大火烹制三五分钟，改用小火煨制约两个小时，揭锅盖，将汤汁浇遍鸭子全身，让汤汁的味道慢慢沁入鸭肉，然后再用大火收汁，锅内只余少许鸭油时，转入文火慢炖三两分钟，撒数粒枸杞，点缀香菜，连砂锅配酒精炉一起上桌。

如此这般，药食兼用的“神农草本鸭”也就具备了药味独特，皮薄肉香，回味久长的好口感了。

在我看来，“神农本草鸭”之所以能够广泛流传于食肆，不仅在于好吃，品相好看，还因为它有一个好故事。好菜品本身自己就能够说话，再加上附着了一个传奇故事，其影响的扩散范围就不好估量了。

从菜名上就可看出，“神农本草鸭”与炎帝神农有关。

神农氏本是五氏之一，故里在湖北随州，传说他出生在随州烈山的一个石洞里，身体透明，头上长有两角，即牛头人身。他看到百姓得病，便千辛万苦去都广之野的天帝花园，欲取瑶草为天下百姓疗病，恰遇天帝巡园，天帝感念神农的悲悯之心，赠神农一柄神鞭。神农拿着这根神鞭从都广之野走一路鞭一路回到了烈山。他执神鞭尝百草，以百味草药医治百姓百病，被后人奉为炎帝。今日湖北神农架山区，传说就是因神农搭架采药的地方而得名。

相传有一日，神农外出采药，晚上借宿在一个养鸭的农户家里。这户农家只有两口人，孤儿寡母，40多岁的母亲患病久卧在床，20来岁的儿子非常孝顺，除了在外劳作外，其余时间便奉伺病母。那时既无专业医生可请，也无治病的医药可买，儿子唯一能做的事情，就是杀鸭煮汤，为病中的母亲增加营养。

神农有感于农户儿子的孝道，便从药篓中找出草药，洗净后放进瓦罐，连同鸭子一齐熬汤，让病人吃鸭肉，喝鸭汤。第二天，神农带农户儿子进山，教他辨认草药，又告诉他哪种草药和哪种草药配伍，与鸭子同熬多长时间，待农户儿子一一明了，熟记于心，神农才离开农户母子，继续采药之行。

农妇遵嘱吃鸭喝汤，一周后，即可下地活动，再一周，病人竟能下田劳作。村人见久病在床的农妇竟能下地干活，皆称神奇，便问农户母子缘由，农户母子据实以告。村人找农户儿子讨要草药药方，农户儿子便将神农所教内容全盘告之。

以后，众乡邻家家户户以草药熬制鸭汤，吃鸭肉，所活年龄十之七八都过了古稀之年。人们为了纪念神农的恩德，便把这种用草药当配料烹制的鸭子命名为“神农本草鸭”。

当然，以麻鸭为食材制作鸭菜，即令不加药材，其本身就具有食疗效果。按照中医的观点，麻鸭性寒，五味甘，常食有益于心血管健康及通血等其他功效。一旦以药入鸭菜，其药用功能就更大了。湖北传统菜肴“神农草本鸭”，既为菜亦为药，药食兼用，食之既满足了口腹之欲，又滋补了身体，在现在普遍注重养生的现实环境下，它能受到市场的追捧，也是势所必然了。

16

魅惑花螺

这两年，我似乎与汉口万松园雪松路较上了劲：一个星期至少会去一次这个地方，去两次或以上亦为常事。

为什么？除了这个地方与我工作单位相距不远之外，更在于这里是武汉著名的美食一条街，在餐饮业内有湖北美食风向标之誉。以我做美食品鉴、评论的职业，隔三差五地以美食品鉴之名，去美食聚集圈的雪松路行吃喝之实，虽有拉虎皮做大旗之嫌，但也算是师出有名吧？

历经 20 余年市场完全竞争的淘洗，现在万松园及雪松路已是寸土寸金，餐馆林立，打着川菜、湘菜、北京菜、浙江菜、湖北本帮菜、日式料理、韩国烧烤、重庆火锅、西式甜点等不同招牌的各个餐厅酒楼，在这条街上争奇斗艳，翻云覆雨。一言以蔽之，但凡能够在万松园雪松路存活 5 年以上的餐馆，肯定有与众不同的两把“刷子”，不然，早就会遭遇毫无忠诚度可言的吃货们的抛弃而关张大吉了。

我去万松园街上一家做浙江温州菜的餐馆——“武汉温州君豪海鲜酒楼”的频度更密。原因之一，是这间餐馆的海鲜菜品非常符合我的口味，尤其是一道颜值超高的招牌小海鲜——“盐焗花螺”，其色香味的魅力，对我有欲罢不能、欲罢不忍的诱惑。

花螺在食材分类上归为海鲜，不是湖北当地的湖、河鲜水产。花螺在我国沿海均有分布，南海出产尤丰，喜欢在温暖的潮下带数米至数十米水深处活动。花螺肉质鲜美、柔嫩爽口，是国内外市场近年十分畅销的优质海产贝类食材。

从字名到形体，花螺算得上是有诗意的尤物。花螺的名字较多，在广东俗称花螺、东风螺、海猪螺、南风螺。在山东胶州湾，花螺又称香螺、黄镶玉螺。花螺与陆地上的蜗牛是近亲，其形体亦与蜗牛相近：圆胖而厚重，极具丰腴的美感。薄薄的壳上涂着好看的黄褐色，壳顶部则有淡淡的青灰色，其纹饰之斑斓堪与幼豹的斑纹相媲美。一个丰腴圆润的螺壳身上，青黄相映，如花似玉，花螺因故而得名。有作家曾写文赞美说：“花螺的一袭青黄，低调而内敛，犹似朝阳跃升前的天空；也如炊烟缠绵悱恻的颜色，每每目睹，不禁让人生出几分诗意的联想。”

花螺受今人追捧有加，不仅在于它有美貌的外表，还在于它具有很高的食用价值、营养价值和食疗价值。传统中医认为，食用花螺有滋阴明目、软坚、化痰之功效，有明显的益精润脏作用。螺肉含有丰富的维生素 A、蛋白质、铁和钙，对目赤、黄疸、脚气、痔疮等疾病有较好的食疗作用。

现在武汉人对吃贝类花螺已然表现出浓厚的兴趣，但究其尝吃花螺的历史，充其量不超过20年吧？改革开放以来，随着国家经济高速发展，人员流动越来越频繁，得改革风气之先的广东人大批北上，在武汉开疆拓土，花螺亦最早由粤菜厨师随着广东商人北上武汉，并以广东菜的形式进入武汉餐饮市场。许多年以后，以粤菜、鲁菜、川菜和湖北菜烹饪技法烹制的各色花螺菜式，已经成为深受武汉好吃佬们喜爱的小海鲜菜肴了。

花螺菜式像其他海鲜产品一样，落地武汉以后，经过不断地与当地人习惯口味之间的磨合、调整、改良，然后成为武汉菜系中的一款菜品沉淀下来。所以，以花螺为食材烹饪的菜式品种在现今的武汉餐饮市场，日渐其多。

花螺可用生姜加辣椒、香辣酱爆炒，菜品叫“酱爆花螺”。“酱爆花螺”偶尔可在大排档靠杯酒摊上寻到踪影，是宵夜的下酒尤物。也可用芥末加生抽、料酒、白醋、小米椒、花椒等炝浸花螺，菜品叫“香辣浸花螺”。武汉一家知名的餐饮航母酒店新海景的“香辣浸花螺”是其招牌菜，风行武汉三镇凡十年以上了。可以将花螺肉从壳内剔出，加辣椒、韭菜爆炒，菜名叫“韭菜炒花螺”，如此炒出的花螺肉，口感嫩脆，很有嚼头，是佐酒下饭的好菜。“韭菜炒花螺”甚至可以当零食吃，尤受时尚美眉们的喜爱。还有一种能吃出花螺肉原味的吃法：烧一锅开水，将花螺焯水，只需三五分钟即将花螺起锅沥干，吃时从螺壳里用牙签剔出螺肉，蘸上放有生抽、姜末、蒜茸、白醋等调出的蘸料，咀嚼鲜甜的螺肉，吸吮蘸料的鲜味，既尝鲜、又解馋，也很下酒。

我个人比较偏好“武汉温州君豪海鲜酒楼”对花螺的处理方法：以盐焗之。

盐焗本是粤菜的烹饪技法。焗是广东方言，用在烹饪上是指利用蒸汽和加热后的沙粒、盐粒等介质使密闭在容器中的食物变熟。所谓“盐焗花螺”就是在密闭容器中以烧热的细盐为媒介将花螺焗熟成菜。“盐焗花螺”制法并不复杂：花螺洗净，沥干水，放少许胡椒粉，洒花盐，腌渍10分钟左右，让花螺去腥入味。将细盐炒热，用一个生铁制成的铁盘盛盐待用。把腌渍好的花螺放在细盐盘中码好。然后将装有细盐、花螺的铁盘放在明火上烧烤，铁盘加盖，至花螺熟透时下灶。花螺连同烫手铁盘一同上桌。

“盐焗花螺”的出品漂亮至极：墨黑的铁盘中，细盐白净如雪。花螺呈一个圆圈一个圆圈有规律地排列着，像极冬天原野上一头头的小豹子静静地卧在雪地里。焗熟的花螺色调比食材花螺色调更为协调柔美，螺壳黄是黄、青是青，灰是灰，有琥珀之色，又有青玉之韵，色彩确实养眼入心。吃“盐焗花螺”有“文吃”和“武吃”两种。“文吃”是透出斯文劲儿地吃，特别是穿着入时的美眉多爱“文吃”：翘着兰花指用牙签挑出螺肉，蘸着倒了生抽的味碟，将右手弯成兔爪状，把螺肉送入口时，本能地用另一只手遮挡，还时不时抬眼不抬头地左右瞄瞄，唯恐自己的吃相让旁人取笑。“武吃”是直接用手，捏住露出螺壳的螺尾，把螺肉扯出蘸料直接往口里送。“武吃”者多为男性，我当属“武吃”之流。吃时，用手捏住螺肉的尾巴，慢慢将螺肉从螺壳中扯出，这个过程可以明显感觉到螺肉有如橡皮筋似的伸缩弹性。一小坨螺肉入口，感觉嚼劲十足，用现在网络语言表述是口感Q弹，有一股独有的鲜香之味充溢口腔。

常来“武汉温州君豪海鲜酒楼”的吃货们心知肚明，吃“盐焗花螺”还需配喝温州特产杨梅酒和绍兴的太雕酒最为相宜。温州杨梅冠甲天下，用56° 白酒泡温州产的杨梅，是为杨梅酒。喝杨梅酒吃“盐焗花螺”系为绝配。所谓太雕酒是十年以上花雕酒的称谓，用糯米酿制而成，口感柔和，香味纯净，是天下营养成分最为丰富的酒类。喝太雕酒吃“盐焗花螺”亦可称天下无双的组合。

“盐焗花螺”上场时颜值超高，让人心生喜爱，勾得我们忙忙地伸手尝鲜。待我们把整盘螺肉吃尽，没有螺肉的螺壳却仍然纹丝不动地排列在铁盘细盐中，仍然坚持着它的美丽，只是像换下了华丽的装束，在洗尽铅华之后，又以一幅换了风格的静物画面目摆在我们面前，呈现出另一种迷人的风韵。

花螺，不管是食材还是菜式，真是极尽魅惑之能事啊！

哦，难怪每一个初来“武汉温州君豪海鲜酒楼”吃过“盐焗花螺”的人，都会对貌美有味的这款小海鲜菜式留下难忘的印象呢。

17

忙里偷闲，到『煨汤世家』喝碗汤去

秋分节气一过，地处北纬 30° 左右的武汉，几阵秋雨飘洒，冷空气垂降，高风荡起，枯叶零落纷飞，夜间气寒凝露，有生活经验的“老武汉”住户，便忙着要煨那一铫养人的热汤，滋补一下熬过炎热夏季的身体亏耗，养心润肺，民俗谓之“贴秋膘”。

受地理环境的影响和饮食习俗使然，武汉人十分讲究喝汤。因此，煨汤成为武汉饮食的一大特色。在武汉方言的表达里，请人“喝汤”就是“请客吃饭”的同义语，此间甚至有“无汤不成席”“无汤不请客”“无汤不恭敬”的礼俗讲究。也由此可见，作为饮馔品种之一的汤，在武汉人日常生活中所占的地位，确乎非同一般。喝汤的人文意义，最能体现在街巷市民市井生活中的人际来往，尤其是来了客人上门，主家当然会用一碗热乎乎、香喷喷的排骨藕汤待客，以显现出主人对来客的热情与尊重。

作为武汉饮食文化名片的排骨藕煨汤，是与“两条鱼（武昌鱼、鮰鱼），一棵菜（洪山菜薹），一根卤鸭脖（精武鸭脖），一只小龙虾”齐名，且被全国各地饮食界广泛接受的著名菜式，为美食重镇的武汉赢得了荣耀。

那些被称为“老武汉”的人家，尤其是那些自信在煨汤手艺上还有“两把刷子”的人家，他们家不可能没有一口煨汤的铫子：有的是陶泥烧制的铫子，有的是没上釉色的瓦罐，最为典型的是有一口用煤渣烧制、颇有年份的黝黑铫子。反过来说，有黝黑铫子的人家必定嗜好喝汤。这样的人家，隔不了个把星期一定会煨制一铫好汤，让全家人口腹之欲得到享受。往往在秋冬季节，他们以猪排骨为主食材，加进几块切成滚刀形状的莲藕或萝卜为“勾头”，煨一铫“排骨藕汤”或者“萝卜排骨汤”。也有不怕辣的人家，买上牛骨头和牛瓦沟为主食材，煨汤时撒一把艳红的尖辣椒，加上萝卜做“勾头”，煨成一铫辣呵呵的“瓦沟萝卜汤”。一碗辣得够劲，热得烫嘴的牛肉瓦沟汤下肚，两颊光润，鼻尖潮红，额头冒汗，热气蒸腾，四肢有力，周身通泰。

如果是烈日炎炎的盛夏，同样是以猪排骨为主食材，加一大把海带或冬瓜当“勾头”，做成“冬瓜排骨汤”或者“海带排骨汤”，这样的汤，喝起来不显油腻，不仅使得“勾头”里含有肉香味美汤鲜，还能起到润心脾降虚火之功效。

武汉人对煨汤下足了功夫，使得武汉汤品种类繁多得数不胜数。较为常见的有瓦罐鸡汤、排骨藕汤、甲鱼汤、鲫鱼汤、墨鱼汤、海带排骨汤、龟鹤延年汤……其中的每一款汤品，皆为汤中杰作，远近闻名。举凡筵宴，不管是家宴还是上餐馆请客，压轴戏必定是要上一罐鲜醇香美的汤。“无汤不成席”早已成为大武汉一条不成文的食俗条文。

话又说回来了，汤虽好喝，但煨制汤的技术却颇多讲究，也不可能做到人人都会煨制一铫好汤。好喝汤却不会煨汤的人怎么办？会煨汤却没有大块时间花在煨汤上面的人又怎么办？

好办！我的办法是忙里偷闲上汤馆喝汤去！比如去一家开在汉口发展大道离“大武汉 1911”商圈不远的“望旺煨汤”喝汤，就是一项从没让我失望的选项。

“望旺煨汤”有点来头，是武汉一家有故事有传承的汤馆。

上世纪 30 年代，武汉诞生了一家著名的煨汤馆“小桃园”，这家汤馆培养了几代煨汤牛人。50 多年前，在武汉诞生了一位煨汤奇才，此人就是当时号称“武汉煨汤第一人”的“煨汤大王”喻凤山。喻老先生 13 岁便入厨谋生，加入武汉知名煨汤馆“小桃园”，然后成为“小桃园”的厨艺顶梁柱和煨汤技艺传人，以独具“鼻闻汤香断火候、判品质”的绝技，在业界享有盛誉。

“煨汤大王”喻凤山唯一嫡传弟子喻少林，乃凤山先生之子。作为“煨汤大王”的后人，喻少林子承父业，年少入门，在父亲的耳提面命之下，深刻领悟煨汤之精要，接过了祖传煨汤绝技的接力棒，续写了“煨汤世家”的光荣历史。1996 年，喻家父子在汉口球场路开了间只有 15 个台位的“旺旺煨汤屋”。餐厅正墙面悬挂着精制的“煨汤大王”四字，有喻凤山老先生为毛泽东主席等中外政要煨汤的简介，由于名师主理，汤香醇正，汤馆生意火爆，几乎每天都要翻台数次。后来店面升级，就搬到现址经营至今。

“望旺煨汤”在喻少林亲理之下，经过数年时间的沉淀，使“喻记”家传的煨汤绝技得以传承光大。

各种煨汤是“望旺煨汤”的主打品种。当然，如果要以我个人的喜好优中选优，我以为“望旺煨汤”的“小罐鸡汤”堪称神品。

事实上，来“望旺煨汤”喝汤的食客，十之六七是冲着“望旺煨汤”那一罐鸡汤来的。

有一次，我去“望旺煨汤”访汤，最惬意的事是喝到了正宗土鸡汤并能到厨房观看制汤的过程，尤为难得的是亲眼见到喻少林披挂上灶，看到他煨出一罐鸡汤的全过程。这个经历使我从喝到的鸡汤中咂磨出了别样的滋味。

“望旺煨汤”的鸡汤，说成是镇店之宝亦不为过。主食材选用的是湖北省内黄陂、孝感地区产的黄色老母鸡（俗称黄孝鸡）宰杀去毛，去掉头、脚、内脏（只留肫、肝、心），用清水洗净，斩成长方形小块。葱白洗净，姜块拍松。锅置旺火上，加熟猪油烧至八成热，放入葱白、姜块炒出香味，再放入鸡块、肫、肝、心、料酒、精盐爆炒至香气扑鼻且鸡块呈黄色时，盛入瓦罐中，一次加足清水，置旺火上煨开，再改用小火上慢慢煨炖，待汤汁浓稠时即成。喻少林似乎在施展魔术，差不多用了一个时辰，黑色的瓦罐里便盛着黄亮亮的鸡汤上桌飨客了。汤品上桌，我伸出汤匙慢慢地喝了一口，汤很鲜美，是土鸡的鲜香味，如果是用人工饲养的鸡，断然煨不出这种成色。喝上三五口，那滚烫鲜美的汤便安抚了舌头，暖了胃，口腹之欲一齐得到享受。

跨出“望旺煨汤”馆的大门，我想，幸亏大武汉有“望旺汤馆”这么一家汤馆，成功地接过了老字号汤馆“小桃园”的衣钵，喻家两代人伺奉着一罐一罐的汤品，成为江城有名的“煨汤世家”，让武汉这座以煨汤为饮食文化名片并引以为骄傲的美食之都，能有一个实在的诠释，不然，三镇好汤的盛名之下，遍地却难寻一家汤品出众的汤馆，这让武汉情何以堪焉？

18

武汉会所随谈

大概现在正是高风乍起菊黄螃蟹肥季节的缘故吧，一到了周末，都有几个会所给我发来请吃大闸蟹的短信。也是，现在的武汉，只要叫做会所的餐厅，就没有在这吃螃蟹的当季，不以吃大闸蟹为招徕的。当然，对于美食的诱惑，我的抵抗能力经常归零，于是，近段时间光顾会所餐厅的频次就有点高。

从这个会所进那个会所出的次数多了，让我突然发现，现在武汉的餐饮业界，悄然间叫会所的餐企是越来越多，会所这个延绵了几百年的产物，现如今又成了一个披着时髦色彩的香饽饽了。

现代所称的会所，在古代时是称会馆的，会馆专指历史上旅居异地的同乡，共同设立的食宿之处，以供同乡、同业聚会或寄居的馆舍。认真省察起来，会馆究竟最早出现于哪朝哪代，史学界的意见并不一致，有的学者认为会馆的源头是战国时代燕国兴起的“客舍”，有的学者认为会馆的起源是汉代为了解决同乡、同业人士的集会议事场所——“郡邸”，但又有人提出疑义：战国时的“馆舍”和汉代的“郡邸”与明时盛行并延续到清末和民国初年时期的会馆有本质上的不同，“馆舍”与“郡邸”都有浓重的官方色彩，几乎都是由官方投资修建，而清朝中晚期和民国初年大兴的会馆，不管是在会馆数量庞大、馆舍集中的北京，还是在会馆数量没有北京那么多的武汉抑或别的省会城市，总体上讲，会馆多由民间自发兴建，官方色彩不浓。

现在史学界比较一致的看法有二。其一，最早有会馆的城市是北京，北京的会馆始于明代，清代是北京会馆重要的发展时期，会馆到清末才走向衰败。武汉出现会馆要比北京晚许多，明成化年间，汉江由龟山南改道为龟山北注入长江，汉口镇粗具规模，由于地利优势，汉口镇作为贸易重镇，地位日益显要，成为长江中游最重要的货物集散码头，聚集了江苏、浙江、安徽、广东等地的商人，经营茶、麻、布、米、油、丝、绸……货物销往南北各地，乃至于出现了“本乡人少异乡多”“九分商贾一分民”的现象。这些外来商贾，按地域行业结成帮派，如湖南帮、宁波帮、四川帮、广东帮、江西福建帮、山西陕西帮、徽州帮、药帮、钱帮等，各帮活动和议事的地方便称为会馆或公所。清人叶调元所著《汉口竹枝词》曰：

一镇商人各省通，
各帮会馆竞豪雄。

石梁透白阳明院，
瓷瓦描青万寿宫。

作者自注云：

阳明书院即绍兴会馆，梁柱均用白石，方大数抱，莹腻如玉，诚巨制也。江西万寿宫，瓦用淡描瓷器，雅洁无尘，一新耳目。汉口会馆如林，之二者，如登泰山绝顶，“一览众山小”矣。

叶调元所谓“汉口会馆如林”，到底是多少？据1920年《夏口县志》的统计，汉口各会馆、公所约200处。

汉口的老会馆在改革开放初期还有遗存，比如位于汉口中山大道武马路段与长堤街之间的安徽街上的安徽会馆（现已拆除）就是清朝的建筑物，是安徽商人之家。只是此时的安徽会馆，已经失却了会馆的功能而改作了别的用途了。

其二，会馆的兴起与科举制度密切相关。明朝建立后，明成祖永乐皇帝将首都南京北迁北京，恢复科举考试。每逢大考的年份，进京赶考的学子们，少则数天，多者经年要在北京逗留，为解决这些赶考学子的吃喝睡觉的实际困难，一些先期来京当官和做生意的同乡，出于同乡情谊，相互邀请，筹措资金，购置房产，专供来京赶考的学子和其他来京谋事或旅居者食宿之用，所谓会馆由此而生。因为这些会馆当时主要是为接待学子们赴京考试而设，所以这些会馆当时也叫“试馆”。后来，不管是为进京赶考的学子提供服务，还是为经商者提供便利，总归是为了联络乡情乡谊，互相照顾同乡利益，才设立馆舍，所以又称为会馆。会馆发展的结果，使其越来越具有同乡会性质。

武汉的老会馆在“文革”时期几尽绝迹，从“文革”初期开始到现在一直存在的、且与会馆功能有相通之处的官办机关，是各省市自治区及湖北省属的各地、县驻武汉办事处等驻在机构，因为这些驻汉办事处，无一例外全是由官方投资，工作人员均是官家身份，它的作用更接近于战国时的“馆舍”和汉代的“郡邸”，服务于来武汉公干的各地官员，所以驻汉办事处与现代的新型会所有本质不同。

当新型会馆以会所的形式现世于武汉并兴盛起来时，也就是最近十多年时间的事。

这些会所的称呼或许不同，有的叫会所，有的叫俱乐部，有的也叫同乡会，叫法不同，其功能却大致相同：每到周末，同事、同乡、同学、同仁或志趣相投的朋友，在会所相聚，品茗、饮酒、品尝美食、琴棋书画，品鉴古玩、议事、交友、洽谈商务、打球、打牌等等，会所可以为相关人士提供聚会酬酢之用，也可以用来办理婚丧嫁娶的宴会，还可以提供住宿服务。可以说现代会所是人与人之间的交流、交际、交往、联络感情、畅叙友谊的平台和场所。

观察现在武汉的新型会所，归纳起来有这样几个特点，一是会所与各地在武汉的商会有千丝万缕的联系，许多会所甚至就是依托商会的力量兴办起来的；二是会所多以餐饮经营的业态形式存在，或者本身就是以餐厅经营为主的所在，比如位于武昌八一路的“湖北会所”、位于龟北路“汉阳造”的“艺江南会所”“龟缘会所”等更像社会餐饮企业，而且不约而同地都是经营食材稀珍，价钱昂贵的菜肴，往往在会所吃一餐饭，成千上万的花费一点不算稀奇。低端的会所或许有，但我没去过；三是会所相对具有私密性和半封闭性，多以会员制的形式经营，所以会所又叫会员制俱乐部，设有一定的进入门槛，不是谁想成为会员就能成为会员的，能成为高档会所的会员，总之，会所的大门，其实只向所谓成功人士敞开。

不管是回顾武汉过去的会馆，还是观察现在武汉的会所，我们不难发现，包括安徽会馆在内的老会馆在当时的老汉口出现，是由于当时社会的需要，而现代武汉新型会所的出现，是现代社会发展的需要，归根到底，人是社会的人，人与人需要结成群体，毕竟人是群体动物，需要互相支撑。而会所是提供人与人相互支撑的交际平台，所以，各种会所在今天又兴盛起来，其实就是经济形态和生活形态发展到了一定程度必然产生的结果。

19

督军炒鸭

我有一个朋友在武昌开了家精致家常菜会所，用餐的客人以新洲的阳逻、汪集、仓埠人为主，她跑到汉口请我喝茶，问我：“该用什么样的新洲特色菜飨客？”

我想都没想就答道：上“汪集鸡汤”“督军炒鸭”，肯定适销对路。

我语气坚定倒不是我盲目自信，而是来自心里确有底气。

有一段时间，我因工作需要每月都要去几次新洲的徐古镇，从武汉到徐古路途必须经过新洲的另一个街镇——汪集，而汪集则有两款美食地标菜式扬名于荆楚：“汪集鸡汤”和“督军炒鸭”。

我去徐古每次都是早早起床，七点不到便从家里出发，到徐古镇上办完事也不耽搁，即刻返汉，回途经过汪集，正好是中午饭点。也不用人指点，便习惯性地把车子往“米筛湖”酒楼门前一弯，找张桌子坐定，也无需细看菜牌，便嘱服务员快上四菜一汤：一罐“汪集鸡汤”，一大盘“督军炒鸭”，一碗柴火烧老豆腐，一盘清炒时蔬，一盘青椒炒土鸡蛋。每次用餐都把一盘油汪汪的“督军炒鸭”吃个底朝天，嫌一罐鸡汤的分量太少，一行人酒足饭饱，拍拍撑得溜圆的肚皮，心满意足地打道回府。

作为一款早就在武汉餐饮市场享有盛名的汤馔——“汪集鸡汤”，武汉本地的好吃佬大概无人不知，无人不晓，我亦有所涉笔，所以本文也就不用再去唠叨“汪集鸡汤”，只是说道说道好吃佬们可能有些生疏的“督军炒鸭”。

从菜名上看，“督军炒鸭”非常高大上，其实它乃地道的新洲汪集乡下的农家土菜。如果我说出“督军炒鸭”的另一个名字：“陶河炒鸭”，或许大家会有恍然大悟之感：哦，原来就是它呀，早有耳闻焉。当然，“陶河炒鸭”，为什么被称为“督军炒鸭”,这里面有个故事。至于是个什么故事,且容我后面再表。

汪集能够诞生美食地标“督军炒鸭”不是偶然的，确有其必然性。

我们知道，但凡能成为美食地标，都可以找到一条相似的路径或轨迹：好地方出产好食材、独特的加工方法、久远的历史传承、出类拔萃的菜品营养结构和味美绝伦的独到口感，诸多要素缺一不可。如果这款地标美食传播范围足够广泛，其间必有一个或几个故事或传说起作用……

“督军炒鸭”的形成与流传亦不例外。

位于新洲区腹地的汪集是个好地方。上天对汪集格外关照，这里地处北亚热带季风气候，四季分明，冬冷夏热，温润宜人，日照时数多年平均为1900小时左右，日照百分率为44%左右。也就是说，汪集优越的地理条件，有利于生物生长繁殖，所以汪集生物种类较多，资源丰富，尤其是水资源极其丰富。新洲境内最有名的河流——倒水河穿境而过，境内有涨渡河、米筛湖等多个湖泊。沧海桑田，地形的变化，使往昔湖底的淤泥裸露于地面，成为“种上一根木棍就能长出一驾马车来”的沃土，宜于水稻、棉花等农作物的种植。倒水流经的河滩，波光潋滟的米筛湖、涨渡湖，星罗棋布的沟渠塘堰，稻禾翻滚的青绿秧田，端的是水丰草盛，鱼虾丰饶，田螺众多，所以湖区汪集自古就是个鱼米之乡。乡人在栽禾种稻之余，利用当地水草丰美的自然条件，多将土产麻鸭或花鸭散养于大湖小堰，以增加收入。这些家养的麻鸭以小鱼小虾、螺蛳谷物为食，体形不胖不瘦，肉质松紧适度，以此种散养土鸭为食材，无论是用烧煨炖煮的哪种烹饪方法，都能做出美味鸭菜。

也由是，汪集的夏季有独特一景。此时骄阳似火，离汪集不到70公里的武汉中心城区，正遭受“躺下就是铁板烧”的酷暑煎熬，而在汪集的米筛湖、涨渡湖周边，这些被当地农民俗称麻鸭品种的鸭子，一群群悠游在倒水河的河滩和各个湖泊、池塘、稻田的水草繁盛处，它们戏水、啄食，自在快活。看到这幅图景所体现乡间生活的闲适气质，不能不让城里人心生羡慕。

民谚说，靠山吃山，靠水吃水。汪集地区农户普遍养殖的麻鸭，为农民餐桌上增添了可口的菜肴。乡里人家，但凡临时来了客人，即使没有做好上集镇割肉待客的准备，能干的农妇们也不至于慌了手脚：麻利地在自家菜园里摘了当季的时蔬，从厨房屋梁上取下去年冬至时腌制的腊肉、烘鱼，再去鸭舍里捉一只养了将近一年的麻鸭，杀了，把鸭毛拔净，切去鸭爪、翅尖，从鸭腹处剖开，掏出鸭内脏，把鸭剁成寸方的肉块。将鸭肉块在井水中浸泡片刻，淘洗掉鸭血，沥干。用酱油、盐等佐料腌制2小时左右。点燃土灶，烧热大锅，舀一勺当地出产的菜油和棉油混成的食用油，下大块生姜、辣椒，把剁成块状的鸭肉下锅，撒上整坨蒜瓣，洒几滴白酒，稍稍翻炒，焙干鸭肉水分，一次加足水，加酱油，点几滴陈醋，此时柴火灶内不宜大火，改由小火慢炖，隔一会儿用锅铲翻炒翻炒，让鸭肉块在锅内散开，使其最大程度地均匀受热。约炖至四十分钟，当厨房内满是鸭香，鸭肉呈油汪汪的亮色时，再把灶火拨旺，大火收汁，让人看一眼便生食欲的土灶“炒鸭”，即可出锅上桌飨客了……有“炒鸭”撑台面的一桌荤素兼备的生态农家土菜，绝不会给来客有轻慢之感。

在汪集的乡下，在米筛湖边，几乎每家煮夫主妇对烹饪“炒鸭”都很在行，因此，这片地区有非常流行吃“炒鸭”的饮食风俗。逢年过节，或者乡下人家碰上添丁进口、有人过寿，婚丧嫁娶的大事，必摆宴席过客，酒席之上，就不会少了“炒鸭”菜色的身影。据资料记载，清代乾隆年间，仓埠汪集（汪集行政属辖历史累有变迁，清代时汪集属黄冈县仓埠镇辖）就有养殖麻鸭的记载，资料上说，由于汪集湖区麻鸭长年放养在湖里，以食鲜活鱼虾、贝类及田螺为主，还有脆莲嫩菱等，所以汪集地区的麻鸭体大肉嫩，鲜嫩味美，为乡人食俗所重。

汪集地区农家土菜“炒鸭”能够像如今这般名动荆楚，其实得益于一个北洋时代大佬的无意推介，这个北洋大佬便是生于汪集萧家大湾，长在萧家大湾，在北洋时代的湖北当了五年省长的督军萧耀南。

萧耀南 1875 年出生于黄冈县孔埠镇米筛湖畔的萧家大湾（今属武汉市新洲区汪集街）。北洋政府时期，历任第二十五师师长，湖北督军、两湖巡阅使，湖北省省长等职。

年轻时，萧耀南曾两次参加科举，中了秀才，所以日后他执掌湖北军政大权，当了封疆大吏——湖北督军、两湖巡阅使、湖北省省长后，时人把他与同是秀才出身的北洋大佬吴佩孚并称为“秀才督军”。史料上说，萧耀南为人谦和，善于委曲逢迎，有心机，也会使手段，能笼络各方为己所用。萧耀南在任湖北督军期间，有镇压“二七”工人大罢工的巨大污点，但也不乏重乡情，终其一生回报乡梓的善举。萧耀南督鄂期间，曾捐资为全国道教十方丛林之一的武昌长春观，修建了藏经阁；在家乡新洲仓埠等地开当铺八个，投资购买太仓号轮船两艘，营运宜昌、九江等地航线，方便乡邻出行。

升官发财，自古连成一体。秀才督军萧耀南当然也发了大财，但他聚集财富和揽权的方法不是靠巧取豪夺，而是长袖善舞，靠请客吃喝在先，办事在后的柔性手段。因此，会吃嗜吃的萧督军最为擅长最为乐意的，便是以不同名目摆酒请客，在推杯换盏觥筹交错间，不动声色地达成目的。

1921 年 8 月 9 日，北洋政府任命吴佩孚为两湖巡阅使，任萧耀南为湖北督军。萧氏发达后，除了在老家萧家大湾大兴土木，建起了前后两进，有长廊连接的豪华府邸——萧公馆，还在汉口一元路昌年里口左侧建造了一座中西合璧的三层洋楼——督军府。相传，萧耀南对美食素有嗜好，是个美食大家，天底下下的山珍海味吃了个遍，但他最为钟情的菜式还是来自家乡的“炒鸭”。于是，他在汉口督军府宽敞的厨房里，叮嘱管家不仅布了数个烧煤的炉子，还砌有几口土灶。家厨班子中不仅有在汉口大餐馆拜师学艺的专业厨师，而且还有从萧家大湾带来的乡间厨子，专业厨师做淮扬、京津大菜，乡间厨子则专门做萧氏家乡包括土灶“炒鸭”一类的家乡菜。

当年萧氏权倾一时，汉口一元路的萧公馆门前，每日里轿车、马车排成长龙。萧公馆的宴会厅，每日宴请不断。凡有京官到湖北视事，或者有来汉阳兵工厂购枪的买家，再或者萧氏找心腹爱将议事，萧氏采用的办法一以贯之：在家摆开八仙桌，宴请十六方，而且逢席必上“炒鸭”。每次在席间，萧氏操着一口鄂东乡音不遗余力地盛赞“炒鸭”美味至极，各类入席捧场的官员或商人或属僚，要么出于阿谀奉承，要么真的吃得很对口味，总之是众口一词地对这道萧氏最爱——“炒鸭”赞誉有加。乃至于萧氏在湖北掌权的5年间，在湖北官场为官为吏者，莫不以能到萧家吃“炒鸭”为荣，并以到萧家吃“炒鸭”的次数，暗喻萧督军对某属下的宠爱程度。吃萧氏“炒鸭”多者，升官发财，吃萧氏“炒鸭”少者，怨天尤人。久而久之，来自米筛湖边萧家大湾的农家土菜——“炒鸭”，在湖北官场迅速传开，官员私下里就把汪集乡下的“炒鸭”叫成了“督军炒鸭”……

造化弄人，不管萧耀南再怎么工于心计，“套路”再深，肯定也想不到他身后还能为家乡的美食“炒鸭”，做了行之有效的义务宣传，而且宣传的效果极佳，他成了让家乡“炒鸭”成功走向外埠的重要推手！

诚然，作为一款菜式，有故事有传说非常重要，但首要的一条则是好吃，所谓美食的色香味形器意养，味当第一。我多次吃过汪集镇上“米筛湖”酒楼的“督军炒鸭”，这款菜式以米筛湖散养的农家土鸭为食材，大土灶生铁锅，柴火作燃料，大火炒，小火油焖，成菜时，色泽油亮，但不油不腻，非常好地保持了鸭子的本味。“督军炒鸭”不愧是该店的招牌菜式，不管是当地请客的主宾还是途经汪集的路人，凡在酒楼落座，几乎每桌都会点上这道“督军炒鸭”。以我之见，“陶河炒鸭”“汪集炒鸭”“督军炒鸭”，不管怎么命名，其实都不会改变此菜的家常菜本质属性，但生活经验告诉我们，家常菜式却有滋味绵长的巨大特点，容易被食客喜爱并经得起岁月的检验。

北宋范仲淹说过：常调官好做，家常饭好吃。乡土风味的“督军炒鸭”能够俘获许多人的味蕾，也印证了范仲淹的这句名言所说不谬，经得起历史长河的淘洗。

20

脱颖而出的“怪味烧饼”

先后有几个在武汉小有名气的吃货，正经八百地告诉我一条食讯：汉口一元路的怪味烧饼很有个性，已经在吃货圈很“火”了一段时间。当时我还不以为然。心想，不就是稀松平常的烧饼吗？武汉老城区哪个街头巷尾的旮旯空里，会少了一个卖烧饼的摊子？

我们时常所见的烧饼摊子通常由两部分构成：一部分是用汽油桶改装的烘烤烧饼的炉子，炉子下面是一个手推车；一部分是在木盒子上支起一块案板，以作揉面团，擀面饼之用。炉子和案板后面，永远站着一个操着淮北口音的烤饼人。上学的学生和沿街做生意的商贩，在中餐与晚餐之间，花上两三块钱，买个或甜或咸状如鞋底的烧饼压个饿气，这种经常出现的场景，是武汉都市日常生活中司空见惯甚至被我们熟视无睹的画面。

所以，听说怪味烧饼在武汉悄然成了明星烧饼，我就很好奇：烧饼这么个普通便宜的小吃玩意，究竟被弄出什么花来？

猴年春节前，我去参加汉口一元路附近一家企业的新春团拜会，这家企业离卖怪味烧饼的小店只有百十米距离。于是我提前从办公室出发，为的是在开会之前先去怪味烧饼店一探究竟。

这间开在汉口一元路和胜利街交叉路口的小店，其生意火爆的程度让我有些吃惊。毫不夸张地说，这家店子的所谓怪味烧饼是武汉时下卖得最火的烧饼，没有之一。

做烧饼的是一对中老年夫妻。从他们制作的烧饼形状上看，亦属传统烧饼范畴，成椭方圆形、像一大号皮鞋底。炉具却与我们时常看到的桶状烤炉有异，是方方正正的铁皮烤炉，从侧边开膛门。为移动方便，炉底还装着两个手推车轱辘。但从烧饼的出品口味上讲，就非常有卖点了。怪味烧饼的制作工序相对复杂：在揉面时会刷一层自制的馅料，这样烤出来的烧饼会带有独特的香味；在擀制成型的饼皮上撒上芝麻，整齐的码放在铁板上，放入炉中烘烤，一炉二层，每层八个。烤上几分钟，能闻到阵阵扑鼻的面香味时，烧饼就可以出炉了。

刚出炉的烧饼色泽金黄，香气扑鼻，十分诱人。如果不熟悉怪味烧饼制作程序的人，大多以为这就是成品了。其实不然。怪味烧饼之所以称怪，就在这烧饼出炉后的几步操作程序上藏有玄机：烤饼师傅根据顾客需要的口味，在刚出炉的烧饼上刷一层秘制的酱料，有芝麻、孜然、辣椒等，以形成不同口味。如果碰上喜欢更加怪味的吃客，烤饼师傅便趁着烧饼还残留着烤箱内的温度，在饼面上撒上一层细白砂糖，让烧饼的余温融化部分砂糖，使之粘在饼皮上，然后切成长方块。如此这般，一份带着咸鲜香辣，还有点小甜蜜的怪味烧饼就大功告成了。

怪味烧饼要趁热吃，口感脆脆的，有些烫口。味道咸里透辣，辣里带甜，孜然香和秘制的酱料香味混为一体，让人味蕾大开，让人直呼吃得过瘾。

我去怪味烧饼店的时候，是下午两点半钟，等买烧饼的人早已排起了长队，在我的前面，排队的人大概有 30 多位。排在我前面的一位是个戴眼镜的美女，看样子是个 90 后，据称是这间烧饼店的常客。她告诉我，从清晨到傍晚，这里永远都在排队，常常有人从武昌坐车到这里，排上半个小时的队，只为吃上一个烧饼。还有不少开着豪车、衣着拉风的帅哥美女，慕名而来买上十个八个，除了自己解馋，也为带回去在同事、朋友面前“牛逼”一把。这样跟你说吧，我们喜欢吃这里的怪味烧饼的情感，与追我们喜欢的明星的感觉差不多。

噫，真是世事难料，烧饼这个在我们中国古老而平实的传统小吃，今天悄悄换了套马甲，居然成了时尚的吃食明星了？

烧饼在我国有久远的历史，距今至少有两千年的传承。饼在古时，是谷物、粉面制成的食品的统称。杨雄在《方言》中说：“饼谓之托，或谓之餦或谓之馄。”

许慎在《说文》中说：“饼，面餈也。”刘熙《释名》说：“饼，并也。溲麦面使合并也。胡饼作之大漫冱也，亦言以之也。蒸饼、汤饼、蝎饼、髓饼、金饼、索饼之属，皆随形名之也。”《饼饵闲谈》中说：“饼搜餈麦面所为，或合为之。放炉熬者名熬饼，亦曰烧饼。入笼蒸者名蒸饼，入汤烹之名汤饼，其他豆屑杂糖为之曰环饼，和乳为之曰乳饼。”

按照朱伟先生的考证，中国最早的饼有汉饼、胡饼、蒸饼、汤饼四种，汉饼就是《饼饵闲谈》中所说的烧饼。这四种饼先有蒸饼，然后有汉饼、胡饼。胡饼据说是金日磾（西汉大臣，本来是匈奴休屠王的太子，汉武帝时归汉）归汉时带来的，因饼形如“大漫沍”，像甲鱼外壳之形，极似今天新疆地区常见的馕，且饼面上又有胡麻（芝麻）而得名。汤饼出现得最晚。

古时的烧饼，其实也包括了胡饼，之所以称胡饼，是因为胡饼的面上沾了芝麻（芝麻是从西域传入我国的物种，故称胡麻）而已。《齐民要术》上记有烧饼方：“面一斗，羊肉两斤，葱白一合，豉汁及盐，熬令熟，炙之，当面合起。”烧饼入炉烘烤，与我们现在看到的普通烧饼的区别，只是有馅与无馅的差异了。

经过两千年岁月的传承演变，烧饼在我国大江南北是个普及率相当高的吃食，只是各地的烧饼叫法各有不同，形状各异，也有无馅与有馅之别。无馅的烧饼居多，有馅的烧饼是少数存在。烧饼在新疆地区叫馕，个头大概可称为烧饼之最。烧饼在北京叫火烧，是北京最常见的小吃。在长江流域的许多地方，烧饼也叫锅盔，形状像超大号的鞋垫。在淮北、河南、苏北地区流行的烧饼式样，状如鞋底，无馅，分甜咸两种。烧饼在武汉也称炕饼，做炕饼的手艺人，多来自淮北。个头最小的烧饼是安徽的黄山烧饼，状如豆腐泡大小，色如蟹壳黄，有馅，馅料多为霉干菜与肥肉丁的混合物，烘焙的方法与制作点心相同，黄山烧饼便于贮存与携带，是徽州名食。

一元路的怪味烧饼，怪在对我们常见的烧饼的味型作了较大尺度的改良，传统烧饼只有咸甜两类，怪味烧饼除了咸甜基本味型之外，还有孜然、辣椒、辣酱等不同口味，满足了80后、90后消费人群喜欢重口味的饮食消费需求。说怪味烧饼也不怪，前文中《齐民要术》所论的烧饼制作方法与怪味烧饼是不是有异曲同工之妙？

一个被社会主流消费群体认同、追捧的饮馔产品，哪怕是传统久远，平常无华的饮馔品种，亦能够成为风靡一时的明星食物，这也证明，传统的饮食品种，比如烧饼，只要糅合更多的现代元素，古老的吃食也会重新焕发新春！

21

一罐鸡汤待亲朋

餐饮行业有句老话："围裙一围，天下一家"，意思是餐饮同行的关系天生就有几分亲近。上半年夏初时应广东餐饮同行之邀，我随武汉餐饮同仁一行去广东学习考察一周，离开广州时，约定广东同行在方便时，也来武汉走动走动。

几个月后，广东同行如期来汉。在考察了多个武汉特色餐馆后，广东同行想找一家有特色的汤品酒楼看看，欲把广东汤品与武汉汤品作番比较。

他们都是餐饮方家，对每一款湖北名菜都了然于胸，当然知道湖北名菜中特别有"一铫汤"和"一罐汤"名世。

所谓"一铫汤"是指"粗砂铫排骨藕煨汤"。"一罐汤"则在过去专指一家叫"小桃园"餐厅的"瓦罐鸡汤"。湖北的"排骨藕煨汤"是地标美食，名气极大，但主要以家庭为主煨制，经营性的餐厅酒楼煨出的排骨藕汤，让打小就被排骨藕煨汤烙上家庭亲情记忆的武汉人，都伸出大拇指称赞夸好者，则三镇鲜见。而“瓦罐鸡汤”就不同了。虽湖北老字号名店“小桃园”因拆迁之故业已关张，但经营“瓦罐鸡汤”的餐馆数不在少，中心城区的“望旺煨汤”就不说了，远城区江夏与咸宁接壤的贺胜桥镇，是因煨出了“瓦罐鸡汤”才爆出大名；又如新洲的汪集镇，过去名不见经传，因近20来年专司“瓦罐鸡汤”而被全省的好吃佬所熟知。

为满足广东同行的要求，考虑再三，我把他们带到远城区新洲汪集的美食街，这条街以汤食为特色，经营有鸡汤、鸭汤、鸽汤、鱼头汤、蹄花汤等20多个品种，汤品不可谓不丰富。我带队选择坐落于这条美食街上的“米筛湖”酒楼，因我熟知这家酒楼有两款招牌菜很具当地风味，一款是“督军炒鸭”，另一款是“米筛湖鸡汤”。

“督军炒鸭”我曾写过，这里不再赘述。只在此文说道说道选材地道、烹饪方法古朴、有故事有传说、让广东同行兴味盎然的“米筛湖鸡汤”。

当然，之所以敢把广东同行带到“米筛湖酒楼”寻汤，我也是打有准备之仗——对该店的“小瓦罐煨鸡汤”知根知底，颇有信心。这间餐馆的鸡汤出品，食材选自汪集地区农家散养的黄孝鸡种，柴火土灶、大生铁锅翻炒，以土陶瓦罐为器皿，一口罐瓦煨一只鸡子，加天然甜味的深水井之水煨制，所以煨制的鸡汤，鸡肉鲜嫩，汤色有如泡出的上等铁观音茶般清亮润透。

有一段时间我因筹备一项烹饪比赛的赛事活动，去新洲区政府所在地——郏城的频率不低，汪集离郏城不到10公里路程，每每午餐时，新洲的朋友便载着我们去汪集美食街上吃饭。在“米筛湖酒楼”落座，我们也不看菜谱，专挑新洲的特色菜式点：“捶鱼面”、“陶河炒鸭”（督军炒鸭）、“袁林封肉”、“砂锅炖涨渡湖黄颡鱼”，仓埠“柴火豆腐”，再配两盘青菜，最后上一罐鸡汤，一桌菜该有的鸡鸭鱼肉一应俱全，每次都吃得肚皮鼓胀还不肯停箸，尤其把装汤的陶罐翻个底朝天，只嫌汤罐太小，然后揉着肚子暗骂自己没出息，见了美食不知克制。

我对“瓦罐煨鸡汤”情有独钟自有道理。它是新洲腹地汪集地区的传统汤食，且滋补功效突出。这个地区水系发达，湖清水秀，林茂草深，田畈连片，自古是鱼米之乡。米筛湖是汪集境内的一个湖泊，湖边几乎每户农家都散养一种在武汉周边地区常见的黄孝鸡鸡种，这种鸡，鸡肉嫩滑，肥瘦兼具，鸡爪呈土黄色，鸡毛亦以黄色居多，所以也叫“黄孝黄鸡”。农家养鸡目的极其明确，一来鸡食随处可寻，饲养成本低，用于产蛋，可以增加家庭收入，有活钱可用；二来可为接待人客作准备，但凡不是年节而来客来人，杀鸡煨汤，能显示主人的情到礼周。当地乡民深受儒家文化浸染，处事讲究传统礼仪，民风淳厚，待人热情，凡有亲戚之间偶尔走动，或有贵客临门，不杀鸡宰鸭，不下湖捉鱼摸虾，不上街割肉买酒，似乎不足以显示主人中规中矩的热情待客之道。

汪集地区农家普遍饲养黄孝鸡，是一种农耕生活的传统行为，中华民族在世界上最早将野鸡驯养成家禽，其历史可上溯到新石器时代，古人称五禽，并以鸡为首屈一指补元气的食品。

以鸡入菜，在滋补类菜肴中一向占有优越地位。中国的鸡种上百，常见的有三黄鸡、狼山鸡、九斤黄、清远鸡、来航鸡、乌骨鸡、文昌鸡等，几乎全国每个地域都有适合当地地理状貌，气候条件的鸡种。有资料统计，以鸡入馔，肴馔之数可以千款计，且各具风味。鸡菜烹饪方法宜烧、煮、煨、卤、酱、熏、烤等等，但我个人认为，以尊重烹饪食材，品鉴菜肴的自然味道，保留食材营养成分论，把鸡之食材用来煨汤或者煲汤，则最能体现鸡的滋补养生价值。

自古天下农民生活皆大不易。一个农村家庭杀了鸡等于堵塞了一条来活钱的财路，所以煨制鸡汤是汪集当地农家待客的重头戏。一旦决定留客吃饭，主人便去禾场上抓鸡，把鸡杀了，烧开水拔毛，剖开鸡的胸腹部，剁块，然后点燃柴灶，滴少许本地榨房榨出的花生油或者菜油，下姜片爆香，然后下鸡块入锅，翻炒至鸡骨透香时，再装入泥土瓦罐，舀一瓢从井里挑回的冷水，撒上盐，将瓦罐用木盖盖上，放进灶膛，把烧过的柴草灰偎埋在瓦罐旁，让瓦罐中的鸡汤在炒菜大火，焖饭小火的自然转化间慢慢煨熟。

当着客人面倒出香气四溢的瓦罐鸡汤，往往是一桌席面最后的上菜程序，主人用勺子给客人舀小半碗鸡汤，搛一根鸡腿，让客人吃鸡肉喝鸡汤，再喝上三两杯水酒，做主人该做的事都做了，主人的高规格招待会让客人感觉颜面光鲜。在农耕时代，一罐鸡汤浓缩成诠释农村人际关系的物事，能衡量出人际关系的亲昵与疏远，即令是现在的汪集乡下，这个习俗仍然顽强地存留。所以，城里人若有机会去武汉周边农村做客，千万不能轻视农家主人端出的一罐鸡汤。

“米筛湖土罐煨鸡汤”是地道的农家菜色不假，但它又是一款湖北名馔也不假，它的出名，或许与北洋、民国时代的两个大佬有关，这两个北洋、民国大佬，一个叫黎元洪，一个叫万耀煌。

曾两任北洋大总统，有“共和磐石”之誉的黎元洪系黄陂人（现划为大悟县），本与米筛湖的“瓦罐鸡汤”没有关系，但历史上有一件事让他与米筛湖的这罐鸡汤有了缘分。当然，那是后话。

而民国大佬、国民党陆军二级上将、民国时的湖北省省长万耀煌（1891—1977年）与“米筛湖鸡汤”的关系就紧密得多。万耀煌出生在新洲米筛湖畔，兄弟姐妹七人，他排行第三。父亲万振中不善理财，致使家道中落，万家生活贫困。在他窝在乡里，没有当兵没做官没发达时，喜喝“瓦罐鸡汤”却一年四季都难得喝到口，童年的味觉记忆深深地嵌入脑海，他对故乡的“瓦罐鸡汤”喜爱终身。相传他发达后曾与部下闲聊：希望能够每天喝上“瓦罐鸡汤”，是他当年投身戎武、打仗玩命，吃苦耐劳，努力向上爬的不竭动力。

相传，1911年武昌起义爆发后，万耀煌绕道上海回武昌参加革命，被任命为湖北军政府作战参谋和战时总司令部作战参谋，在汉阳前线参与指挥义军与清廷部队的战斗。起义军失利从汉阳渡江撤回武昌，当时起义军的领导人黎元洪惊慌失措，离开武昌向东南方向撤退。后来清军在袁世凯的授意下与起义军达成停战协议，代表起义部队一方需要盖上义军领导人“黎大都督”的印章，而此时黎元洪已东去葛店，离开武昌二三十里，万耀煌奔跑几十里，终于在葛店追上了黎元洪一行，取到印信在协议上盖章，从而使停战协议生效。

黎元洪从葛店返回武昌，稳稳当当地做起了“大都督”。后来国民党元老张知本曾撰文称万耀煌“葛店追黎有大功”。

情商极高的黎元洪从心里对万耀煌有感激之情，总想找个机会报答一下。某日，黎元洪给品阶不高的万耀煌下了份请帖，专请万耀煌在都督府吃饭，宴上山珍海味一应俱全，还专门上了一罐煨鸡汤——那是黎都督在了解万耀煌对“瓦罐鸡汤”有偏爱后，专门差下属去了万耀煌的老家，找了当地的乡土厨子，在当地农家买了鸡子，并让乡土厨师带上煨汤的罐子，乘专车回府，专为万耀煌煨了一罐土鸡汤。

黎元洪的这一罐鸡汤让武昌官场对万耀煌另眼相看，同时，全湖北的官场都知道了万耀煌爱喝来自米筛湖老家的“瓦罐鸡汤”。

广州同行在听我讲完了黎元洪、万耀煌这些历史名人与“瓦罐鸡汤”的故事后，对已经上桌的“米筛湖鸡汤”表现出十二分的热情，每人面前的鸡汤被喝得一干二净，临离开酒店，广东同行每人提上了一提罐头盒装的“米筛湖鸡汤”，准备带回广州给家人当礼物。

汪集当地人历来有把“瓦罐鸡汤”待客的习俗，我们也当一回汪集人，也借用“瓦罐鸡汤”表达对广州同行的热情态度。人类的情感总是相通的，自我们去广州，广东同行来武汉后，有来有往间，我们与他们的感情就亲如一家了。

22

饕餮美食牛肉宴

新近认识了一位厨师出身的餐馆老板黄浩，是个开四川风味火锅店的。他开的两爿店子，一家在武昌，一家在汉阳，生意都很红火。去年岁杪，他诚邀我去他的火锅店小坐，我一向对吃火锅兴趣不大，便找理由推脱。他看出我对吃火锅没有兴致，又说：“那请你到‘解牛歌’吃牛肉宴，怎样？”

黄老板这一下算抠到了我的痒处。

一个以品评美食为职业的好吃佬，确实经不起自己所喜欢美食品类的诱惑，这不，一听到有新鲜玩意可资品鉴，我立马露出了一副馋嘴猫的嘴脸，赶紧定下赴约的日子。

在此之前，虽然整天与各种美食打交道，各种风味的牛肉菜式我没少吃，但整席的牛肉宴我却没有吃过。

当然，在当下一个物资供应丰富的现实环境下，牛肉食材肯定不是什么稀罕物，用牛肉食材做出的菜品，不管是居家的餐桌还是餐馆的宴会席面，不同风味的牛肉菜式，都算常见菜品，吃上一款两款牛肉美味，只要是经常出入餐厅酒楼的人，都不缺少这种美食体验。

但如果我要问，有多少人吃过一桌全是以牛肉为食材制成的牛肉宴呢？大概是点头的少，跟我一样摇头的多吧？

择了一个得闲的周末，与几位业界朋友一齐去了黄浩开在青山鄂州街上一家专做牛肉宴的餐馆——“解牛歌”，享受了一席美味牛肉宴。

“解牛歌”的店名取得有些学问，按照店家的解释：庖丁解牛，技艺高超，“奏刀騞然，若不中音”，刀入牛身游刃有余，似歌一曲。传古人神技，扬中华文化，数载磨一剑，深领解牛烹牛之韵，精选驰名中外的鲁西上品黄牛，得以呈牛之饕餮美食，故而取名“解牛歌”。从店名上，我们可以感受店家对烹饪牛肉菜式的自信，也可以清楚明了这家餐馆的主打，就是各种各类的牛肉菜式。从营销学角度考量，“解牛歌”的销售主张可谓简单鲜明，一语中的。

从端上餐桌的菜肴，大概可以看出“解牛歌”店家对成语“疱丁解牛”的现实诠释：七七八八摆满了一大餐桌，竟没有一款菜肴与牛无关：牛骨头鸳鸯火锅、大块牛骨头、牛肉丸、凉拌牛腰、凉拌牛板筋、夫妻肺片、卤牛心、卤牛杂、卤牛肠……很明显，这是一桌价格不菲的牛肉宴。

我们一齐同来的吃客，个个都是餐饮业内的资深专业人士，大部分是经营餐馆有年的老板，顶不济的，也是像我这样的资深好吃佬，总之，今天一桌客人个个长有一条特别能识鲜辨味的舌头。当我们逐盘尝过桌上的每款牛肉菜，个个喜形于色，由衷称好。

实事求是地说，以我个人观点，眼前的这些牛肉菜式哪一款都好吃，假若搬上武汉各个知名餐饮航母的宴席餐桌，都算是佐酒下饭的好菜。尤其是卤牛心，凉拌牛腰，我之前没有吃过，只觉得卤味纯正，菜品内外透香，且有嚼劲，用来佐酒最为相宜。大约平日只有二两酒量的人，有凉拌牛腰、卤牛心下酒，大快朵颐，多喝个两把酒，多半也不会醉。

但每个人都有不同的喜好，同来的朋友各有各人钟情的菜式，问及整桌牛肉席中哪道菜品味道为今天之最，朋友们求同存异，大部分人评出那一口鲜美异常，口齿留香的牛骨头火锅为今天一席牛肉菜品之最佳。

这一口牛骨头火锅，的确可以从中看出“解牛歌”对制作牛肉菜式的造诣，可以看出这口牛肉火锅不是胡乱搭配的“拉郎配”。每块牛骨头都敷有精瘦精瘦的牛肉，牛骨头显然是经过卤制加工过的，连肉带骨头的味道，有辣、有咸、有微麻，有药材的香，有难舍的鲜，最后的回味是微甜。把牛骨头弄成如此诸味汇成的复合味型，可以想象得出，那卤料的配比就绝不是一件简单的事情。

一问黄浩，这一锅牛骨头火锅来历果真很不简单，是从四川老一辈厨师那里传承而来，只不过在传承的过程中，结合了武汉当地人的饮食习惯，作了大幅度的改良而已。

牛骨头火锅的源起还有一段故事。

相传唐朝时，一位屡建战功的贵族之家，诸事如意，却人丁不旺，偌大庭院，进出只有一个贵族独子。做上辈的人，希望下辈人与上辈人一样，从小练功习武，练成绝艺，日后开赴疆场，报效国家，然后建功立业，封妻荫子，光耀门楣。怎奈20多岁的贵族公子，天生体质虚弱，经常胃口不佳，动不动腰酸背痛，辗转于床侧。此情此境，家人指望他练功习武，几近奢望。无计之下，家人只好寄望他的身体慢慢好起来，于是遍访名医，贵族公子屡屡用药，却始终不曾见效。

一日，贵族公子偶遇药王孙思邈，药王见其求治心切，赐予良方：命他以牛骨熬汤，一日两餐，喝月余。公子严格照办，果真痊愈。自始，公子习武练功，每日以牛骨头熬汤补进，凡五载，终于学有所成。待国家征召，入武仗剑，奔赴边疆御寇，屡建战功，得胜回朝，大受皇帝奖赏，封其为神武大将军。

牛骨头汤成为贵族人家的保留菜单，每日不绝于餐桌。

经贵族人家的不断传扬，于是牛骨头汤的做法慢慢在民间传了开去，经过一千多年的流传，被后人不断改进、加工，牛骨头汤成为了可喝、可涮，既美味又养生的牛骨头火锅……

也由是，让我们今天享受了一桌以牛骨头火锅领衔的牛肉饕餮盛宴，我们味蕾所得到的享受，将会成为一种永远的记忆。

23

湖泗『合菜面』

也许是天性使然，我非常喜欢在植物生长旺盛的季节，去武汉周边乡镇村头赏绿踏青。我谓之为“吐气”。武汉周边乡镇，我很喜欢去江夏的湖泗，原因是湖泗的主要产业为种草植树，所以湖泗的丘陵湖泗的田地，目光所及，一片翠绿，生机盎然，煞是养眼；更不用说碧草绿树释放出浓度含量较高的氧气，深吸一口气，胸腔像被过滤了一次，让人能够品出空气里丝丝的甜味。另一个原因与我嗜吃有关，去湖泗游玩，可以吃到当地的特色菜——“合菜面”。对于吃地方风味的食物，我总是乐此而不疲。

到远城区江夏“南八乡”之一的湖泗任何一户农家做客，你都能吃到当地人津津乐道的一道大菜——“合菜面”，能够领略到湖泗素朴的乡风和湖泗人的厚道，湖泗人拿“合菜面”

待客，与武汉人用“排骨藕煨汤”待客一样，表达的是对来客的热情与尊重。

湖泗现在叫镇，地处江夏区境内东南部，位于江夏、大冶、咸宁三县市交界的边缘，是一个一鸡唱响三地和的所在。其乡风民俗，受咸宁地域文化的影响甚深，当地方言与武汉人所操的方言不是一个语系，很难让外地人听懂。这大概也是“合菜面”的影响力没能北上武汉，而是南下咸宁的原因。事实上在武汉的餐馆的确吃不到“合菜面”，而在咸宁市的大小餐馆却都能吃到这款可称菜肴也可称主食的食物。

我把湖泗“合菜面”称为大菜，不是说做“合菜面”使用的食材有多么高端名贵，而是指“合菜面”原本就是个超级大杂烩，做这道菜的主料涵盖了粮食、蔬菜、豆制品和肉类，需要用到炒熟的面条、苕粉丝、豆腐角切成的丝、芹菜杆丝、土猪肉肉丝和用土猪肉熬成的卤汁，再加入调料如八角、五香粉、酱油、卤汁等一锅烩。而且盛菜上桌时，不是使用小盘小碟小碗装盘，而是用与小锅般大小的汤碗，堆上满满一碗，“合菜面”往桌上一搁，有一股子迫人的霸道气势。

“合菜面”在湖泗地区流传了有300余年之久。它的诞生，与灾荒饥馑的年代有关。相传，明朝末年曾导致闯王李自成揭竿起义的那场漫无边际的灾荒，它的魔掌也曾覆盖到湖泗地区。平常年份尤其是风调雨顺的年景，湖泗地区也算得上是鱼米之乡，收谷收麦，百姓的日子还混得过去。明末崇祯二年，湖泗地区一反常态的久旱无雨，是为百年不遇的大旱，白晃晃的太阳把大地烤得冒烟，把田里的稻子晒成了枯草，水田龟裂开了成年人脚指头般粗细的大口子。到了秋天,无论是水田还是旱地，基本上颗粒无收。许多农户家的粮柜，无论当家人怎么计算节省着吃，都难撑到明年新粮入仓。于是，好些乡人只好打算另谋他途，掩上柴门，卷起铺盖，流浪他乡，以乞讨度日，以期顶过灾荒。

家住湖泗湖郑湾、一位行医一辈子的老郎中出面阻止了大家的外出乞讨。他的理由很简单，湖泗地区遭了灾，邻近的县乡何尝又没受灾？那里的人家还不是与湖泗的农人一样，缺吃缺喝。当自己的日子都过不下去，哪里还会施米舍粥给讨米要饭的人呢？他主张还是要在本乡本土自己想法子，靠自己的力量扛过艰难的日子，挣扎着活下去。老郎中带头把自己家所有的粗粮细粮全部拿出来，然后集合所有人家的粮食，再想办法。榜样的力量是无穷的，一户、两户，所有的村民都把粮柜打开，取出仅有的粮食，这些粮食的品种有粗有细，五花八门，全部交由老郎中调配使用。老郎中担负起了全村人的生命重托，把平生行医的本领都使出来，带人四处寻药草，剐树皮，扯野菜，然后把它们与各种粮食混合在一起，做成大杂烩似的饭菜取名“合菜面”，依据全村男女老少人口数量，定人定量，每日只吃一餐，细水长流，维系着全村人生命的延续……终于，全村人终于熬过了灾荒，熬过了新年，等到了夏季新粮下来，乡人缓过了一口恶气，延续了生命。从此，湖泗人把“合菜面”视为“救命饭”，每有大事，必做“合菜面”。“合菜面”救过村人的性命，或许才是湖泗人喜欢“合菜面”的深层原因。我想那时的“合菜面”，是不能叫做菜或称作主食的，应该就是我们在“文革”时吃过的“瓜菜代”似的忆苦饭，从美味的角度上讲，根本无从谈起。随着时间的推移，尤其到了近几十年，农村的变化带来农家收益的提高，原来只有过年过节才能见到的荤腥，现在每日都能吃到。“合菜面”的食材内容于是也发生了巨大变化。“合菜面”甚至演变成了乡风乡俗中办红白喜事时第一道必上的大菜了。

从烹饪方法上讲，“合菜面”有点像东北菜的“乱炖”，加什么食材也没有一定之规。其中必加的豆腐角，是湖泗的特产，风味独特，凡吃过湖泗豆腐角的人，很难忘记那种独特味道。挂面干炒，至焦而香；卤汁入味，肉丝鲜嫩，“合菜面”进入了粗菜精做的阶段了。甚至，村民们把能不能够做得好“合菜面”，视作农户主妇能干或不能干的标尺，一个能做好“合菜面”的主妇，能够让她的男人在村里很有面子。

杜甫说，“花径不曾缘客扫，蓬门今始为君开”。湖泗人好客，每有城里人来做客，正式开席前，先去做“合菜面”，邻里的小孩或妇女，都喜欢去厨房讨些“合菜面”吃。没有哪一个湖泗人家会拒绝邻里乡亲讨吃“合菜面”，而舍吃的厨师，看见有人讨吃“合菜面”，往往喜得合不拢嘴，因为讨吃的人越多，说明做“合菜面”这家人的人缘关系好。盛“合菜面”的盆子越大，说明家境越好。一款吃食，成为衡量人际关系、考量家庭富裕程度的尺标，这种现象也具象地体现了传统农耕文明的特征。

我在贺胜桥的“和平酒店”第一次吃“合菜面”时，是“不识庐山真面目”的。客观地说，“合菜面”看相并不好，一大汤碗的“合菜面”端上桌来，炒面、苕粉近乎酱黑色，色泽一点也不鲜亮。但经主人介绍，然后伸箸一尝，才知道这道菜的味道颇厚。仔细一想，这道菜厚味的原因，大概在于制成这道菜的食材及主食品种繁多，荤素皆有，其制法又是卤，又是炒，非常繁复，且耗时良多，好吃是必然的。不然，它怎么可能成为传承了 300 多年而至今不衰的地方风味吃食呢？

24

“腐败”的美味 “臭羊肉”

如果做一项武汉人饮食习惯的问卷调查：“羊肉放臭了，还能吃吗？”

收回的问卷，估计十之八九的答案是“不能”。

这许多武汉人的答案对不对呢？

我的结论是，又对又不对。

以武汉中心城区居民长期形成的饮食习俗论，答案没错。因为武汉自古坊间有“臭鱼不臭肉”之说，意思是鱼虾之类臭了，可食；而猪、牛、羊、鸡、鸭、鹅的肉臭了，食不得也。一般的肉类只要是放臭了就不能吃，煮到锅里会越煮越臭，保不齐还会有毒，唐代大诗人杜甫就是因吃腐臭的牛肉而辞世。所以，在武汉人的饮馔常识中，鸡、鸭、鹅、猪、牛、羊等诸肉，最好食在新鲜。过季错时食之，也有，但多经过腌腊、烟熏的保质处理。及至现在，每年冬至时节，城市居民们仍忙着腌肉腌鱼，待过年或开春后食之，就属于过季食肉的例证。

但以事实为依据，大多数武汉人的答案又不对。现实情状是，武汉远城区新洲的阳逻、仓埠、汪集、邾城一带，就有嗜食臭味颇重的臭羊肉的饮食习俗，多少年过去了，也没听说有谁吃过臭羊肉中毒送医院的例子。每年进冬后，对臭羊肉情有独钟的新洲人，上餐馆吃饭，如若没尝到臭羊肉亦臭亦鲜的独有味道，大有食之无趣，味同嚼蜡之感。令我百思不得其解的是，新洲民间习俗嗜吃臭鲜美味臭羊肉，只是一个独立的个案存在。我手头没有可资查阅的资料，考证其习俗源自何时，为何兴盛？我所知道的是，新洲周边的县市，除了红安、麻城都没有普及这种习俗，更不用说，新洲周边县市的餐馆能够吃到闻起来臭，吃起来有异香的臭羊肉了。

别看新洲离武汉不足百公里的距离，且从行政隶属关系上说，新洲还是武汉下辖的一个远城区，其方位在武汉市东北部、大别山余脉南端、长江中游北岸，东邻黄冈市团风县，西接武汉市黄陂区，南与武汉市洪山区、鄂州市华容区隔江相望，北与红安县、麻城市毗邻交错，为武汉东部水陆门户。但从湖北省饮食风俗区域上划分，新洲与武汉中心城区分为两类：武汉为汉沔风味系统，新洲为鄂东南风味系统。汉沔、鄂东南风味系统的基本味型大致相近，均以咸鲜为主，但小的差异也比较明显，比如，武汉中心城区居民闻着臭羊肉都会掩鼻，但阳逻、仓埠、汪集、邾城一带的人却趋之若鹜，奉为人间至味，并同时喜食臭腐乳、臭皮子（霉千张）、臭鳜鱼等“腐败”的美食，皆不厌其臭，用无臭不欢来形容这些地区人们的饮食习惯，不算过也。如果按照餐饮业对菜品酸甜苦麻辣基本味型的分类，我对上述地区居民习惯将食材进行“臭化”处理而食之的味型喜好，以“臭鲜”总结之，恐怕不是离题万里吧？

比如我熟悉的新洲仓埠古镇上的老居民，不少人以臭羊肉、臭皮子为人间美味，甚至有许多人固执地以冬至时节在集贸市场上购回大别山上放养的整头或半边山羊肉、羊腿，稍稍洗涤后即往透通而阳光晒不到的屋檐下晾着，为过年氛围的第一要件。在仓埠长大的孩子，每个人都心知肚明，每到大人大方地买回羊肉往屋檐下一挂，就意味着新年近了，心里的小算盘拨拉得飞快：再等过上十天半月，就有让人垂涎的臭羊肉可吃啦。

仓埠人大多嗜吃臭羊肉，仓埠的煮夫主妇且无师自通地学会一手烹饪臭羊肉的手艺。做年夜饭或寻常日子家里有客人走动，仓埠人家便将颜色酱紫的臭羊肉从屋檐取下，将羊肉切成麻将牌大小的块状，然后用淘米水浸泡一夜，让紧缩的羊肉发胀舒展。烹饪臭羊肉时，火候掌控很重要：先将锅置灶火之上，倒入些许食用油，将大蒜、辣椒、生姜煸香；羊肉入锅翻炒；然后一次性加足清水，改小火盖上木锅盖，炖煮二三小时。在炖煮过程中添加花椒、八角、辣椒、盐、味精、料酒等调料入味，中途还需添加切成滚刀状的白萝卜或胡萝卜，待羊肉骨酥皮软，萝卜软糯，羊肉透出的臭味亦不再明显，汤汁浓稠时，即可起锅上桌。这一大锅连骨带汤，吃起来仍略有（大部分人都可以接受）臭味的新洲地方美味臭羊肉，总能令仓埠妇孺老幼大快朵颐，只吃撑到肚儿圆圆才肯停箸。

从不接受到认同“腐败”美食臭羊肉，我经历了一个渐进的心路历程。

20年余年前，我在一家新闻单位供职，去新洲县（现为新洲区，1998年撤县设区）的机会不在少数。有年的冬天，我与报社一个同事结伴去新洲采访，那时新洲出面接待各媒体的对口单位，是县委宣传部新闻科。到了午间饭点，新闻科的头招待我们去一家餐馆吃饭。当我撩起门帘一脚跨进餐馆，从大堂迎面扑来一股如臭腐乳似的气味，差点把我熏倒，我情不自禁地掩鼻，屏住呼吸，问服务员：什么东西这么臭，东西坏了还卖给顾客吃？

服务员一听我的汉腔汉调，知我不懂，笑笑说：这是我们新洲特产臭羊肉啊，闻起来臭，吃起来香得很咧，不信，你等下尝尝就知道了。

我们分宾主落座。客随主便，点菜的一应事务，当然都由新闻科的头代劳。他是当地土生土长的干部，对新洲的风土人情了然于胸，所点的菜色鱼肉蔬菜一大桌，其间少不了有一砂锅臭羊肉炖萝卜。

服务员端着一锅热气汤汤的臭羊肉炖萝卜沿通道走过，砂锅里冒出袅袅热气，沿途散发出一股虽不刺鼻却感受得到的鞋臭味。

臭羊肉上桌，我磨蹭着不肯伸筷子，心想，这么臭的羊肉能吃么？

新闻科的头大概看出了我的心理活动，说：其实臭羊肉与臭干子是一个调调，闻起来臭，吃起来香，吃起来鲜，我们新洲人就好这一口。你们入乡随俗，试着吃我们本地特产吧。

我将信将疑地夹起一块羊肉，用鼻子嗅嗅，确有微弱的臭味，但山羊具有的膻味经调料的彻底覆盖，完全没了，能闻得到羊肉的奶香味；看看羊肉的颜色，色呈酱紫，油亮诱人。入口食之，感觉肉质松酥，柔嫩滑润；舀一勺汤汁，汁液浓稠，异香缠绵，颇有回味。臭羊肉的鲜美滋味，盖过了其他鱼肉菜色的味道。这一餐吃得果真如新闻科的头所言，臭羊肉臭肉不臭味，闻起来臭，吃起来香，吃起来鲜。不用说，风味独特的臭羊肉给我留下了深刻印象。

在吃过了三两块臭羊肉后，我打心里接受了臭羊肉的味道，什么时候想起要去新洲，都有想吃臭羊肉的冲动。这些年，无论是因公还是因私，我每年去新洲尤其是仓埠的次数不少，不管是何季节，我每次去仓埠都能在一个叫“仓埠山庄”的农家庄园吃到臭羊肉，节令对路的时节就不说了，即令不是当季，“仓埠山庄”也有办法“臭化”处理羊肉——仿照制作臭鳜鱼的办法：将山羊肉买回，稍稍洗涤，裹上食品薄膜，放入冰箱中，让羊肉捂在薄膜中发酵，待见羊肉表面起涎，稍有臭味时，即开始“腐败”了，即从冰箱中取出羊肉，晾在通透阴凉处阴干。如此这般，不分春夏秋冬四时八节，食客如若想吃臭羊肉了，点上一客，炖上一锅即可。

实话实说，我每年多次去仓埠的理由，除了有正经事要办外，也有经受不住包括臭羊肉在内的当地特色美食勾引的原因。但客观地说，不是冬至季节在仓埠所吃到的臭羊肉，其味道比冬至时节吃到的臭羊肉要稍稍逊色。但我转而一想，不是当季也能吃到臭鲜美味臭羊肉，该知足了！

俗话说，少得不如多得，多得不如现得，有，毕竟聊胜于无啊，夫复何求焉？

25

厚味「滑鱼块」

翻看各种版本的湖北名菜谱，都没看见“滑鱼块”菜式的记载，这让我颇为不解，正宗地道的湖北菜式“滑鱼块”为什么就没能入湖北名菜谱编撰者的法眼呢？是它的草根家常菜的定位登不上大雅之堂，还是它的品相不佳不能代表湖北菜在名菜谱上露脸？

我以为家常菜式“滑鱼块”，无论是味型、食材、烹饪方法都有称道之处，更不用说在武汉居民餐桌上的极高普及程度，还没有几款鱼菜能与之媲美呢。

过去有专家学者对湖北菜的特点是六字定位：“油大、味大、芡大”，现在有些专家学者，比如中国烹饪大师卢永良教授，根据湖北菜特点的流变总结是十字定位：“原汁、味浓、纯正、微辣、咸鲜”，这个定位，已被业界普遍认同。对湖北菜的定位，不管是六字定位还是十字定位，湖北菜有“味浓”的共性，是毋庸置疑的。联系到湖北菜味道浓厚的特征，似乎没有多少理由不让味厚芡浓的“滑鱼块”在湖北名菜谱中占有一席之地。

“滑鱼块”在寻常百姓家的餐桌上常能照面的原因，在于它食材普通，烹饪方法也不繁复，在武汉居家且上了些年纪的“煮男”或“煮妇”，大约都能操起锅铲把做一碗“滑鱼块”。

“滑鱼块”的食材是用湖北湖塘河堰养殖数量很大，集贸市场天天能买得到的草鱼。按照水产学家的分类和药物专家的说法，草鱼系鲤形目鲤科雅罗鱼亚科草鱼属。它有名目繁多的名字：鲩、油鲩、草鲩、白鲩、草鱼、混子、黑青鱼，东北人称它为草根。常栖息于平原地区的江河湖泊，喜居于水的中下层和近岸多水草区域，是典型的草食性鱼类。因其生长迅速，饲料来源广泛，是中国淡水养殖的四大家鱼之一。草鱼含有丰富的不饱和脂肪酸，对血液循环有利，心血管病人适宜食用。经常食用有抗衰老、养颜的功效，而且对肿瘤也有一定的防治作用；对于身体瘦弱、食欲不振的人来说，草鱼肉嫩而不腻，可以开胃、滋补。明代李时珍在《本草纲目·鳞三·鲩鱼》记载：“俗名草鱼，因其食草也。江闽畜鱼者，以草饲之焉。”这也是草鱼被称之为草鱼的最权威的记载了。湖北是千湖之省，草鱼常见，这就为“滑鱼块”菜式的普及奠定了基础。

“滑鱼块”的烹饪方法简单，近乎“水煮盐拌”，技术含量不算太高。最早享用“滑鱼块”，我估计还不是城里人的盘中餐，而是武汉周边湖区打鱼人的下酒菜。渔民驾船出湖打鱼时，船上一般只带一点姜葱蒜调料和大米，拿什么下饭？就指望湖里的鲜鱼了。这就叫山民靠山吃山、渔民靠水吃水。现捕上来的草鱼，稍作处理，切成大块，然后架上铁锅，加点姜蒜，舀一勺湖水煮鱼，搁点盐，鱼熟汤白，那个鲜美滋味，连神仙闻到了，恐怕也得咽口水。这种杀活鱼用湖水煮熟的办法，被好吃的方家誉为“湖水煮活鱼”。“滑鱼块”大约是在“湖水煮活鱼”的基础上演变而来，因为融进了专业厨师的烹饪技艺，“滑鱼块”的口感更嫩滑、汤汁更鲜美，味型更饱满了。

虽然“滑鱼块”是居家常吃的菜品，却在武汉各大中型酒楼难觅踪迹，专业人士解释的原因，是卖这款菜不划算，毛利率低，丢头大，因为是家常菜，又卖不出大价钱，主打湖北菜的餐馆，少有愿意做“滑鱼块”飨客的。现实的情形是，若想尝鲜吃“滑鱼块”，往往只能在大排档和夫妻小店里才能如愿以偿。

当我在汉口硚口路美食一街上的“笑乐轩”酒楼吃到“滑鱼块”时，我就判断出这家店子老板是个“老武汉”，一来对老武汉传统菜情有独钟，二来经营眼光独到，人无我有，避免同质化经营。后来去“笑乐轩”吃饭的次数多了，跟“笑乐轩”老板周武熟络起来，证明我当初对这家餐馆老板的判断不错。“笑乐轩”的“滑鱼块”，用传统技术烹制：把草鱼肉切块，加少许盐、胡椒粉、淀粉、生抽拌匀，略腌几分钟。姜切丝，小葱切段待用；锅内放油，烧热，下姜丝稍煸后，下入鱼块，翻炒数下，加生抽、醋、盐各少许，倒入一碗水，翻匀，煮开；酌量加一勺猪油。待锅里的鱼汤颜色开始泛白时，倒入调好的水淀粉，撒入葱段和少许胡椒粉，烧开起锅。

能够把“滑鱼块”烹得味浓鲜香，有几个关键点，一是用好姜、醋、料酒，祛除草鱼的土腥味；二是适量加入水淀粉，才能保证“滑鱼块”爽滑的吃口。

客观地说，作为一款名菜，“滑鱼块”也有缺陷，就是看相不佳，由于碗大汤宽，鱼块淹没在鱼汤里，鱼汤略呈酱色，鱼肉的嫩白并不能一眼瞅见，看相一差，往往就给菜肴减分。好在“滑鱼块”确乎是汤浓鱼鲜。对于品菜来讲，味道好，才是真的好，吃出菜肴的好味道，看相不佳的小缺陷，也就被食客忽略不计了。

26

汉风汉味『热干面』

听说过这样一则故事：一个武汉小伙子，参军去南疆三年，一直没有回家探过亲，后来参加中越自卫反击战上了老山前线，被敌人的一颗子弹射中，倒在同乡战友的怀里。武汉小伙子留给战友的遗言，使战友泪水盈眶："我随么事（什么，武汉方言）都不想，只想吃一碗热干面，多放点芝麻酱……"战友拍加急电报，要家里人邮寄了一包晒干了的热干面，供在死去战士的碑前。

始于1968年开始的大规模上山下乡运动，使大批武汉知青背井离乡到乡下插队落户，开始了"接受贫下中农再教育"的漫漫岁月。农村日复一日的单调生活，不能不让知青们无限怀念故乡武汉的生活点滴。多年以后，我曾经问过这些当年的知青，在农村最怀念武汉的什么？他们几乎众口一词地说："要说怀念，最怀念武汉的热干面。”这些知青说的确乎实情，当年有知青们创作了一首歌就叫《热干面之歌》，被湖北全省的知青们广泛传播，唱《热干面之歌》，成为知青们打发无聊时光的一种文化生活方式，借以慰藉思乡之苦。知青们一遍又一遍地唱《热干面之歌》，颇有点望梅止渴的意味——那是许多知青怀念故乡的写照。武汉的小吃热干面，成了许多人集体怀念意识的具象表达。上述的解放军战士与热干面的关系和武汉知青对热干面的怀念，足以见得热干面与武汉这座城市有太深的渊源。

就像成都不能没有茶，长沙不能没有臭豆腐，昆明不能没有米线一样，武汉，不能没有热干面。武汉人与热干面，自热干面诞生之日起，就结下了浓得化不开的缘分。

关于热干面的起源，坊间一直流传的是这样的版本：清朝末年，家住汉口花楼街的一位李姓太婆，用自家的住房做门面，做着水煮面的小本生意。一个很热的三伏夏日，李太婆做的水煮面没有卖完，觉着把没卖完的面条倒掉实在可惜，就把面条捞起，摊在案板上。夜半时，猫从案板上经过，把搁在案板上的香油瓶绊倒了，香油便淋在摊在案板上的面条之上。第二天清早，李太婆见浸在香油里的面条，越是舍不得扔掉，便自家把面条煮来过早。李太婆惊奇地发现，被香油浸过的面条，不仅没有馊坏，而且吃起来别有一番风味。自此，李太婆开始有意识制作热干面供应街坊过早，来李太婆店子里吃热干面的人越来越多，有人问李太婆，这个小吃叫什么名字，李太婆想，这种面条又热又干，随口一说：“这是热干面。”

在不经意中，李太婆完成了热干面从创造到命名的全过程。

使热干面登上大雅之堂，是上个世纪30年代的初期，武汉出现了一家专门经营热干面的餐馆“蔡林记”。1930年，家在汉口满春路口的蔡明纬夫妇打出“蔡林记”的招牌经营热干面，店名的由来是因蔡家门前有两棵葱郁的大树，独木不成林，便取名“蔡林记”，寓意蔡记生意兴隆。正如他们夫妇所期盼的那样，“蔡林记”因面好、调料地道、味正，吃法独特而声名大噪。“蔡林记”的命运在后来的80余年里，虽然像翻烧饼似的多有反复，但是作为经营热干面的正宗代表，“蔡林记”至今天仍被武汉人首肯。

“蔡林记”的创始人生前肯定没有料到，他故世之后，其子孙在继承蔡氏热干面传统衣钵上的观念分歧实在是太大，甚至为争夺“蔡林记”品牌的继承权，蔡氏后人对簿公堂，在三镇闹得人声鼎沸，成为市民茶余饭后的谈资。由“蔡林记”80余年前发端的一棵老树，如今绽开了根根枝桠，现在蔡家后人在武汉经营热干面形成了多品牌共存的格局，市面上能看到热干面经营品牌有“蔡林记”“蔡明纬”“蔡汉文”“蔡热记”“麦香园”等等，我不知道这种现象该用枝繁叶茂来概括，还是用各行其是来界定？喜乎？悲乎？

武汉这座城市，在我看来，从做小生意谋生的角度计，经营热干面的小吃是具有普遍意义的生意选择。以我的经验，大凡经营热干面的老板，只要是能说一口地道的武汉方言，且在40岁左右的“灵醒”（干净、利索，武汉方言）嫂子，她做的热干面就不会差到哪里去。汉阳西大街中段，有一条不大不小的横路，叫青石桥。街口有一个经营小吃的餐馆，叫青石桥餐馆。

卖热干面的正是个40岁上下的女人，微胖，我暗地给她起了个诨名曰“胖嫂”。她下的热干面，颜色金黄；溜溜光光；条条根根，清清爽爽，用筷子夹起，能够试出面有些弹性，可见她煮面、焯面时，火候掌握得恰到好处。除了面好，佐料也很地道，热干面出了下面的捞子装碗后，一定要拌上绿葱，酱萝卜丁、胡椒粉、精盐，浇上芝麻酱、陈醋……最重要的，还要浇上一小勺香油，这样能保证热干面每一根面的清爽与劲道。“胖嫂”递过来的热干面，香味撩人，能使人的胃口大开。端过碗，迫不及待地把面拌匀，挑起一筷子面就往口里塞，于是能够体味到热干面的香、辣、咸、酸、干……诸种味道。面吃完了，伸过碗去，她从熏得漆黑的鼎锅里，打一勺滚烫的下面水，把吃剩的面汁冲成“神仙汤”，一口气喝下去，只觉得余兴未尽，恨不得还想再来一碗。顺便说一句，常喝下面水，有治疗胃病的功效，尤其是胃酸过多的胃病患者，坚持吃热干面，喝面汤，确有好处。吃热干面治胃病，是民间食疗方，想一想也有道理，热干面与面汤，均含碱性，酸碱中和，对治胃病应有一定效果，也当顺理成章吧。

真得感谢那位家住花楼街的李太婆，她做梦都没想到，热干面的发明权归她所有，更不会想到，热干面会成为武汉人过早小吃的最爱，并打上了汉风汉味的烙印，为武汉作了代言，继而影响了这个大都市的文化性格。

27

仓埠「臭皮子」

在看电视纪录片《舌尖上的中国》时，我特别喜欢第三集《转化的灵感》中的一组镜头，高清摄像机拍摄的毛豆腐画面，略微泛黄的毛豆腐身上披着一层洁白的细绒毛，在特写镜头里，显得纯粹而宁静，伴着男声画外音的解说，“安徽南部，独特的地理环境和温润的气候促成了人们恬淡保守的气质，也孕育出了特有的食物——毛豆腐。”……这组画面让我吞了口水，联想起了在武汉远城区新洲的一个小镇——仓埠吃霉千张的体验经历。

仓埠离汉口中心城区大约70公里的路程，每年我都会去几次，并在仓埠结交了多位朋友，每次到仓埠都受到朋友们的热情款待，镇上的餐馆轮番尝遍。去的次数多了，对仓埠产生了感情，仓埠的朋友就赏给了我一个“荣誉镇民”的“虚衔”。

据我的观察，仓埠最有名的出产有两项，一是从北洋政府时代到民国时代盛产将军，在不到 40 年时间，仓埠一个小镇竟然产生了 47 位少将以上的铁血军人。全国有红安、兴国、麻城等多个“将军县”，但没有一个镇是被称“将军镇”的，如果有，我想“将军镇”的荣誉非仓埠莫属；二是仓埠当地出产的“臭皮子”具有臭鲜浓郁的特殊风味，仓埠人喜爱异常，并且远近驰名。当把我对仓埠的观察结果说给仓埠朋友听时，得到了他们的高度认同。

关于仓埠的将军，我在一篇小文《仓子埠》中说过了，这里只谈仓埠的“臭皮子”。

“臭皮子”是仓埠人的方言称谓（湖北红安、麻城一带也是如是称呼），也就是《舌尖上的中国》电视片中所说的毛豆腐，其实称其为霉千张或者霉千张筒的地域更为广泛，也有称霉千层的。武汉方言称为霉千张。霉千张在江南各地均有出产，比如绍兴市上虞松厦镇的霉千张是著名特产，制作历史悠久，以鲜洁、清香、素淡而闻名，是豆制品中的佳品。红安“臭皮子”亦为当地著名特产，相传起源于宋朝初年，本为寺庙素食，后流入民间广为传播。霉千张与腐乳、豆豉、黄酒、泡菜一样，都是中国人以“发酵”的手法，用一些坛坛罐罐，加上经年的经验积累和敏锐的直觉，打造的一个有别于新鲜食物的吃食新境界。据专家考证，霉千张的发端与豆腐的发明，相差千年有余，大约是在宋初。两千年前，淮南王刘安在术士门客游说之下，于八公山下，用黄豆和盐卤来炼丹，结果炼丹不得，却有意外之喜，收获了雪白细腻的豆腐。有了豆腐的发明，我们的先人一路走下来，又有了干子的发明，继而发明了千张等豆制品，然后通过时间的转换，用坛罐作盛器，以新鲜的豆腐和千张等豆制品作原材料，在合适的季节、合适的气温下，引导微生物们按正常的发酵路子演进，加上时间的元素，制成了臭豆腐、霉千张等这些与新鲜豆腐、千张味道迥异的风味美食，丰富了我们日常三餐家常菜的菜谱。

包括霉千张在内发酵食物的最大特点，在于闻起来特臭，吃起来特香。在一种吃食身上，能够这样把嗅觉闻到的极臭与味觉上尝到的极香两者高度统一起来，确乎体现了中国人的生活智慧。

仓埠人制作“臭皮子”，与江南各地制作霉千张的方法大致相同，都要经过制成千张、酸化、卷筒、进霉箱、霉程、倒箱，然后成为霉千张的过程。据仓埠镇集贸市场上多年自制“臭皮子”售卖的老人介绍，“臭皮子”制作过程大抵如斯：选用整张新鲜千张，切成长方形。取生产豆腐的酸下脚水，将切块的千张一张张分散，置于50℃左右下脚水中浸泡一刻钟左右，浸泡时间长短视气温高低而定。气温高，浸泡时间短；气温低，浸泡时间长。将经过酸化的千张置竹筛布上，沥去浮水。用手工卷成千张筒。将卷筒千张一条条摇在霉箱中霉制，保温发酵。视气温高低，2 ~ 4天不等，千张筒上隐约可见白色毛霉菌丝；品温上升，此时倒箱，将上下霉箱颠倒堆垛。第二天，毛霉长满千张筒。将霉箱散开降温，再过1 ~ 2天，菌丝变淡成黄红色。出箱，即成霉千张。仓埠集贸市场上出售的“臭皮子”，外表与《舌尖上的中国》里的画面一样，都有一层细密的绒毛，软软的，吹出一口气，细绒毛便向一边倒伏。把“臭皮子”上手，感觉湿润润滑腻腻的，离鼻子还有尺多远呢，一股子霉臭味便直冲鼻腔。

我们现在能够轻易把制作霉千张的整个工艺流程复制出来，其实这个过程被我们的先人探索了不知多少年，这其中要逾越障碍，营造条件，把握机缘，经历挫败，才达成让食物转化为美食的境界。

总体来讲，汉口城里人也比较喜欢吃霉千张，只是烹制霉千张的菜式方法单调了些，不管是吃餐馆还是居家做饭，霉千张的通常做法，离不开烧霉千张、干煸霉千张、炕霉千张几样。似乎仓埠人对“臭皮子”的理解要深刻得多，除了常规的烧霉千张，干煸霉千张、炕霉千张之外，他们更擅长将“臭皮子”打汤。把霉千张与菠菜、小白菜搭配，制成味道纯粹的素汤；把霉千张与肉丝或肉片搭配，制成荤汤。不管是素汤还是荤汤，霉千张的鲜美之味都在汤中占了主导地位，不用放胡椒，也不用添加味精，霉千张在汤里释放的鲜劲，会让每一个品尝霉千张氽汤的人，味蕾得到极大享受。

我到仓埠镇上的餐馆吃饭，尤其喜欢喝霉千张和蚕豆米、鸡蛋花、瘦肉丝氽出的汤。此汤不仅好喝亦好看，蚕豆米嫩绿，鸡蛋花淡黄，几筒霉千张米白，汤中撒上绿葱，色调搭配协调漂亮，还没喝上几口呢，先就饱了眼福了。送一匙汤入嘴，滋味的那个鲜劲，难以言表，这种鲜，不是用味精、鸡精调味品调制出来的味道，干净而纯粹，喝过几口，其味觉记忆极为深刻，很难忘怀。

说句没出息的话，我一年去几次仓埠的原因，除了惦记仓埠的朋友外，还与喜欢吃这里的“臭皮子”有关，从正面理解，这也体现了美食确实有巨大的吸引力吧。

28

汤包百年『四季美』

你知道下面几句话的意思吗？

轻轻提，慢慢移；
开个窗，缓缓吸……

如果我不说破，或许这会让你看得云里雾里不知所云。但对那些常去“四季美”吃汤包的好吃佬而言，回答这个问题实在没有难度：这不就是吃“四季美”小笼汤包的规范步骤吗？也即是有经验食客吃汤包的标准之法：先用筷子夹住捏制汤包时捏出的似鲫鱼嘴形的包子口，用筷子轻提轻抖，以此检验汤包皮是否擀成边薄中间厚的样态，试试汤包皮的柔韧劲道程度；动作徐缓地将夹着的汤包移进装有生姜、生抽、陈醋的味碟，唯恐失之操切的动作，会让皮薄馅多的汤包在移动过程破皮流汁；轻轻咬破汤包的表皮豁出一个缺口，让滚烫的热气从缺口中散发，以免吃汤包时烫嘴；然后噘起嘴唇慢慢吸尽汤包里面的汁液。最后再吃汤包的皮和肉馅。

事实上，唯有如此才能真正领略到“四季美”小笼汤包的固有滋味，才能体会到“中华老字号”——“四季美”何以能在将近百年的汤包经营过程中，能够诞生出武汉餐饮行业的翘楚——“汤包大王”钟生楚、徐家莹和数位白案烹饪名师的个中缘由吧。

我一直持有一个观点：作为一客从下江引入武汉的小吃品种，汤包能在三镇扎下根来，且在武汉小吃之林中占有重要的一席之地，继而在湖北全省开花结果，其间，专司汤包经营的“四季美”功不可没，其作用堪与“蔡林记”之于热干面，“老通城”之于三鲜豆皮，“谈炎记”之于”水饺”（馄饨）相提并论。或可这样说，由于“四季美”从上世纪 20 年初代始至今的近百年间，历经烽火硝烟、政权更迭、社会变迁、公私合营、“文革”时期和改革开放等不同历史阶段的沧桑风雨，却依旧初心不改，一门心思放在汤包技术的吸收、改良和单品经营上，才使得汤包这个从清末年间由江苏流传至武汉的小吃品种能在楚地生根、开花、结果，甚至现在能腰杆硬气地作为一张风味独特的小吃名片，承担起向外展示武汉这座特大城市厚重饮食文化的重任。

熟知“四季美”发展轨迹的老武汉都知道，这是家有故事有传说的餐馆，其汤包也是一款有故事有传说的吃食。

1922 年，汉阳（今蔡甸区）人田玉山在汉口花楼街东段的交通巷侧巷创立了“四季美”汤包馆（当时称为“老四季美”）。田玉山颇有经营天分:14岁就以10串本钱，摆开小摊卖牛杂碎。15岁改卖水果，只用了五六年时间，便自称为“王”，在摊点上大模大样地挂上了“水果大王”的牌子。尔后又将水果摊位改作饮食经营，经营品类四样：春炸春卷，夏卖冷饮，秋炒毛蟹，冬打酥饼，一年四季都有受街坊邻居喜爱的吃食供应——老字号“四季美”店名由此诞生。

1927年，开在花楼街30余平方米的“老四季美”经营转型，主营汤包兼制各种汤面、煨汤、软拖黄鱼、花三鲜等江浙菜点。田玉山先后从南京请来徐大宽、张老六、李干庭等白案名厨，准备专门经营镇江小笼汤包。小笼汤包原本是江苏镇江一带的著名小吃，1861年汉口开埠，涌入汉口做生意的下江人猛增，汤包也由扬州、镇江等地随之传入汉口。在不算太长的时间里，在汉口一地就有数家下江馆子经营镇江汤包。现在“四季美”也正式加入汤包经营竞争的行列中来了。

真正使“四季美”小笼汤包成为武汉著名风味小吃，还是名厨钟生楚坐镇“四季美”以后的事了。1956年“四季美”公私合营，业态发展成为酒楼经营模式，其门店地址迁至汉口中山大道与江汉路交会处，一改窝在陋巷狭小门店经营的格局而在气派非凡的四层楼居中大展拳脚，“四季美”真是“秋风萧瑟今又是”，旧貌展露新颜。

钟生楚综合了“四季美”几个前辈厨师徐大宽、张老六、李干庭等制作汤包的经验，又根据武汉人喜咸重油的口味习惯，在传统的镇江汤包做法上，加以改变革新，并形成严格的汤包制作标准。他对制馅讲究，选料严格：先将鲜猪腿肉剁成肉泥，然后拌上肉冻和其他佐料，包在薄薄的面皮里，上笼蒸熟，肉冻成汤，肉泥鲜嫩，七个一笼，食之则佐以姜丝酱醋，滋味异常鲜美。为了满足不同顾客的需要，“四季美”的花色品种陆续发展为三鲜、虾仁、蟹黄、香菇、鱿鱼、海参、甲鱼、鸡茸等多个品种，并成为具有武汉地方特色的风味饮食产品。钟生楚因而成为三楚遐迩的一代“汤包大王”，“四季美”也当仁不让地成为武汉汤包经营领导者品牌。“四季美”小笼汤包不仅是受大众欢迎的风味名食，也是贵宾宴会上的美味佳肴。党和国家领导人毛泽东、刘少奇、邓小平等曾多次品尝“汤包大王”钟生楚亲手制作的汤包。朝鲜人民的领袖金日成也特来品尝。他们对“四季美”汤包给予很高的评价。不仅国人从四面八方纷至沓来，外国友人也闻风而至，日本友人向井芳树吃过“四季美”小笼汤包后，盛赞有加，竟称其为“天下之绝品”。

能够成就百年老字号的金字招牌，仅靠一代人、两代人的努力显然不够，还需要一代又一代人不断地发扬光大，才能使其招牌锃亮，生辉熠熠。

时代向前发展，“四季美”把传承光大品牌的接力棒，郑重地交给了现在的“汤包大王”——徐家莹手上。

徐家莹是 1983 年钟生楚所收的关门弟子。在现在这样一个社会进步，市场繁荣，生活节奏加快，消费水平提档升级的大时代背景下，如何光大师门绝技？如何延续“四季美”的辉煌历史？徐家莹的做法，总而言之是传承而不守旧，创新而不忘本。她秉持“四季美”技艺传统，还是在汤包出品的品质上下足功夫，让“四季美”的经营回归市场本质。经她之手的“四季美”变化是多样的，形成了品种齐全、花色各样、应有尽有，尝不胜尝的喜人局面，满足了现代社会中外顾客不同口味、不同消费水平的需要，使传统的一品、一馅、一味、一型汤包变成多品、多馅、多味、多型的风味特色。具体而言：馅料品种由过去单一鲜肉汤包，改为鲜肉、香菇、鱿鱼、财鱼、海参、蟹黄、甲鱼、鸡茸、鲜菌、虾仁、雪菜和时鲜蔬菜等不同的馅料；汤包的外形有金鱼、企鹅、花轿、秋叶、五色、五叶等18个花色；其味有鲜、咸、甜、麻、苦、辣、怪等8种味型；汤包价格有高、中、低三种档次之分。于是，食客好评如潮。

自古以来，小吃在正式宴席中充任的角色，是配角绿叶而不是主角红花，徐家莹却给小吃正了一次名：让汤包堂而皇之地跻身于筵席并充任主角。她首创推出汤包筵席，就是让汤包唱主角，其他热菜、饭菜、汤馔、酒水当配角。这一富有开拓性的创举，很快为广大顾客欣然接受。食客赴汤包筵席，即能吃到不少于12种味型各异的汤包，品尝汤包与品尝南北菜肴风味相得益彰，收获别样的美食体验过程。

正如《故宫的古物之美》的作者祝勇所说，被封为“遗产”的文化，是死的文化，因为只有死者，才能谈得上“遗产”。只有把文化交还给日常生活，文化才能活回来……近些年，国家高度重视非物质文化遗产的继承与发展，不同级别的“非遗”评定工作开展得有声有色。而各级“非遗”评定机构对“非遗”项目申报有一个硬性要求：那就是“谱系清晰，活态传承”。作为武汉市非物质文化遗产项目的传承单位——“四季美”就是把文化交给了日常生活，至今不仅是活态传承，而且是鲜活出彩，实在让人额手称庆。

如今，“四季美”在武汉著名的美食聚集区如吉庆街、户部巷、万松园雪松路等地都开有店铺。去年的酷暑盛夏时节，我随央视二套节目组在雪松路“四季美”店里拍摄《中国宵夜总攻略（武汉篇）》素材，到了晚餐饭点，我提议说，为节省时间计，晚饭无须转场，就在这里吃汤包将就。编导们也都同意我的提议，于是，摄制组全体人员点了鲜肉、香菇、鱿鱼、财鱼、海参、蟹黄、甲鱼、鸡茸、鲜茵、虾仁、雪菜不同馅料的汤包，七七八八摆满一大桌，然后搁上姜丝、生抽、陈醋味碟，严格依照店面墙壁上贴着的汤包“食经”——“轻轻提，慢慢移；开个窗，缓缓吸；吃肉馅，咬包皮”的步骤，专捡自个儿喜欢的馅料汤包下口。我依次吃了鲜肉、香菇、海参、蟹黄几个汤包，其外形相似，皮薄如纸，做工讲究；其馅料各自不同，馅料鲜香，氤氲之气，一阵阵迎面扑来，煞是诱人。几个央视编导都是北方大汉，经年累月在全国各地拍摄各色美食，算是见过大阵仗、大世面的人，此番吃过“四季美”汤包后，他们发了一声感叹：汤包百年“四季美”，曲高和不寡，历久而弥新，不是浪得的虚名，确实是怀有绝技啊！

我深以为然，忙不迭地连连点头。

29

匙吻鮰全鱼席

由于沾了老天爷赐予武汉“百湖之市”的光，武汉江河湖塘的鱼鲜出产丰富，“无鱼不成席，无鱼不称鲜”就自然成为武汉人的饮食习惯。嗜吃鱼菜以至于变着花样地吃鱼，几乎是能吃会吃的“好吃佬”们一个共同的饮食特征。当然，好吃佬们能够享有这个口福，还得益于湖北菜本身就具有“水产为本、鱼菜为主、口味鲜醇、南北皆宜”的特点。

鱼菜在武汉餐饮市场上有旺盛的消费需求，餐饮企业作为为市场消费提供产品的一方，为了满足消费者对鱼菜的需求，似乎只有采取两种手段才能达成目的。一是从鱼菜的食材上寻找出路，不仅要继续以湖北本地传统出产的鱼类作为食材，而且还要花大力气扩大到更大地域范围去挖掘鱼类食材，并以传统出产和挖掘的鱼类食材为基础烹制菜肴。二是在烹调鱼菜花样品种的方法上加以创新，施用不同的烹饪手法把本地传统出产和新引进的鱼菜食材，制成花样繁多的鱼菜品种，用以满足餐饮市场对鱼菜的多层次需求。

近日受朋友邀请，到新近在汉口建设大道赵家条附近开业的“楚鱼王”试菜，“楚鱼王”主打鱼菜，朋友安排我们一行人吃了一桌匙吻鲟全鱼宴，使我们感受到了“楚鱼王”对鱼菜食材资源的挖掘努力和烹饪鱼菜技艺追求的心迹。

按照渔业专家的分类，通常把鱼类分为冷水性鱼类、温水性鱼类和热水性鱼类三种。我们湖北人通常食用的如鲤鱼、草鱼、鲫鱼等因适温范围比较广，被划分在温水性鱼类的范围；近些年引进的罗非鱼、淡水白鲳、彩虹鲷等因适应的水温若低于15℃，这些鱼类就不能存活，所以把它们划归到热水性鱼类的范围。冷水性鱼类对水温的要求，须低于20℃水温，否则难以存活，这类鱼种尤以生活在8℃～12℃之间最为适宜，所以叫冷水性鱼类。

大型淡水鱼种匙吻鲟属于冷水鱼的范畴。

匙吻鲟鱼不是湖北的本土出产，原产于北美洲，其显著特点是吻呈扁平桨状（俗称鸭子嘴），特别长。匙吻鲟全身是宝，肉质尽可入菜，鱼鼻、鱼脸、鱼骨、鱼尾所成之菜，各有风味不同；鱼子可做酱，在欧美市场上售价不菲；鱼皮能制成皮革，可制成男女饰包。匙吻鲟的优游姿态，有很好的观赏性，因此匙吻鲟还可以作为观赏鱼出售。当然，现今的餐馆大多是把匙吻鲟当作鱼类食材对待的，匙吻鲟肉质鲜美，吻部富含胶原蛋白，营养丰富，是宴席佳肴。上世纪80年代末开始将匙吻鲟引入我国，长江流域的湖泊、水库、池塘都适合于匙吻鲟鱼的生长，其产量逐年增大，于是，越来越多的餐馆将匙吻鲟搬上了餐桌，正因如此，我们今日才能在餐桌上吃到以鮰鱼为食材做成的全鱼席宴。

鮰鱼全鱼宴席由脆爽鱼鼻、香酥鱼皮、红扒鱼脸、山药鱼骨煲、刺身鱼片、翅汤鱼片、红烧鱼身等菜式组成。品尝鮰鱼全鱼席，至少能总结出有这样几个特点，其一，是选用的主料单一，搭配的辅料极少，大概厨师这样做的目的是为了最大限度地保持鮰鱼本身具备的地道鲜味，不至于让辅料的滋味盖过了主料的味道；其二，虽选用的是同一食材，却要做出不同味道的菜品，势必要用不同的烹饪技法才能保证菜式的不同味道，鮰鱼全鱼席就使用了红烧、扒、炖、氽、酥、煨等多种烹调手段，而多种烹饪技法的熟稔运用，如果主厨者仅只师承某一菜系的师傅肯定是做不到的。因此而言，如果要做鮰鱼全鱼席，非常能够看出制菜厨师有多种菜系烹饪技法吸取的烹饪功底。其三，席面美观，色彩好看。菜上桌子，席面上红的、黄的、黑的、白的菜式，用不同形状的器皿盛放，摆放成席，视觉上极有美感，甚至有艺术化的效果，甫一亮相，菜还没进口呢，就让人生出来好感。

对嗜吃鱼菜的人来讲，吃鮰鱼全鱼宴席，就是要尝鮰鱼那个食材本真的鲜，韵那个慢慢品的味，那么，吃“楚鱼王”鮰鱼全鱼宴席则能够达到要求。如果是喜欢大块吃肉，大碗喝酒的主，来吃鮰鱼全鱼席，这桌席因细肉细皮，小盘小碟，吃起来不太过瘾，可能会有些失望。我想吃鮰鱼鱼菜的最佳选择，还是与鸡、鱼、肉、豆制品、蔬菜等其他菜式搭配为好，这样搭配的席面，所能照顾到的消费层次，就全面得多了。

30

武汉，大年三十『团年饭』

在武汉独特的民风中，讲究节令习俗，是居民日常生活的一项重要内容。

武汉人的节令习俗，从年初的正月初一，至岁杪的大年三十，几乎月月有节庆，而不管哪个节庆具有什么不同的性质，最后的表现形式，归根结底落实在饮食的吃喝层面，要说有所差别，只是不同的节令所吃的品种不同罢了。

腊月三十，是武汉人最为重视的节日，俗称“过年”。不管政府如何规定从何时开始放年假（政府有时规定过年放假从正月初一算起，有时规定过年放假从大年三十算起），武汉居民传统上都把腊月三十看成是过年的开始。

腊月三十这一天，一个家庭最重要的活动，是家人欢聚一堂，吃一顿丰盛的团年饭，也称“团年”或“谈年”。

与老武汉居民过去吃年饭必须在家里操办的传统有所不同，现今武汉人的团年饭，已经分为在家里吃和上餐馆吃两种，而且上餐馆吃年饭的人家比在家吃年饭的人家为多。

但以我个人的感受，在家吃团年饭，更能显示吃年饭的传统意义和过年的正式意味。

过去每个家庭制作团年饭都颇为讲究，一般由家里公认厨艺最好者执掌炒勺，从烹饪技法上讲，多半会用蒸、煮、炒、烧、炸、煨、煎、炖等传统的湖北烹饪技艺烹饪菜肴。

在家里吃年饭，席面一般要上“三全”（全鸡、全鱼、全鸭）、“双糕”（鱼糕、肉糕）、“三丸”（鱼丸、肉丸、藕丸或豆腐丸）等，必少不得的还要有一大碗汤，最常见的是排骨藕煨汤或萝卜排骨汤。近来时兴在桌间置一火锅和上一两个干锅，让席间热气腾腾，更增添了节日的欢悦气氛，民间称为“红红火火”。

武汉传统的年味大餐有四样讲究：一、“看鱼”不能吃，即餐桌上一定要有全鱼，但不能吃，象征年年有余；二、八宝饭，是象征“八方进宝”的吉祥菜；三、要有“汤”，一般可做排骨藕煨汤，比喻为“聚宝盆”；四、丸子，寓意“团团圆圆”，诸事圆满。

年饭的开饭时间多在天黑之前，有的人家一直吃到转钟，把吃年饭和年三十的守岁合二为一，寓意是“越吃越亮”，祈望全家日子越过越好，好似芝麻开花节节高。

也有人家把年饭选在晚间开吃的。不管是在天黑之前或天黑之后吃年饭，饭前人们先会在门前屋外点上一挂鞭炮（武汉现在已经禁鞭），放完鞭炮即关上大门准备开餐。

在大家围坐饭桌之前，规矩大的人家还要先叫饭祭祖，摆上几副碗筷（筷子要搁在碗上）请祖宗入席。祭祖仪式之后，大家才开始上桌吃饭。全鱼这道菜是不能吃的（称为看鱼），以祈年年富裕。至晚上八点，春晚开演，一家人一边把盏，一边观看春晚。

既然是“谈年”，还得边吃饭边聊天，家庭成员有一搭无一搭的拉家常，谈话的主题，不外乎家人的工作、收入状态，小孩的学业，长大成人子女的婚恋等等，总之是回顾过去展望未来，家人间相互表示祝福。一家人边吃边谈，欢声笑语，其乐融融。

酒过三巡，菜过五道，长辈还要给儿孙们发“压岁钱”，祝福儿孙们快快长大。40年前，年饭席上长辈发给儿孙的压岁钱，5元、10元都是了不起的大钱，现在长辈给儿孙发的压岁钱，最少上百，多的有上万的，从长辈们给晚辈发压岁钱的出手，可以看到中国经济在这40年里，确实是发生了翻天覆地的变化。

人文学者、华中师范大学教授姚伟钧先生根据武汉人的过年习俗，曾列出了一桌颇具武汉传统风味的团年饭菜谱——“吉祥如意宴”，比较有过去老武汉人年饭桌上所置菜式的共性：

1. 黄冈藕丸
2. 滚汤鱼丸
3. 关山黄焖丸子
4. 肉糕
5. 滚刀腱子牛肉

6. 红烧土鸭

7. 秘制大雁鹅

8. 大碗烧土鸡

9. 家常粉蒸肉

10. 农家煎豆腐

11. 天门糊茼蒿

12. 手撕野山笋

13. 农家土鸡汤

14. 豆油皮炒木耳

15. 口蘑菜心

16. 百合蒸南瓜

17. 清炒红菜薹

18. 烧全鱼

主食：北方水饺或八宝饭。

武汉人年饭桌上为什么要上18道菜？因为“18”的发音与武汉方言“要发”谐音，有祝福发财的吉祥如意之意。

现在越来越多的武汉家庭选择在餐厅酒楼吃年饭，尤其是老人上了年龄（年饭做不动了），而小辈们又怕做饭麻烦的人家，多半会选在餐馆吃年饭。显然，在餐馆吃年饭的程式与平日吃宴席没有多大的差别，热闹气氛也没在家里吃年饭浓烈。要说在餐馆吃年饭与平日在餐馆吃宴席的差别，在于吃团年饭所点的菜式多了些喜庆的讲究而已。

每年岁末，武汉各个稍有规模的餐馆酒店都会推出团年饭订餐，据有关资料统计，武汉现在各个餐馆推出的团年宴席式样，已达 110 种之多。各个餐厅酒店尤其是做本帮菜的餐馆酒店的“团年饭”，每席定价从几百元到几千元，绝少有上万一桌的团年宴席。如果是广东菜的“团年宴”，价格不菲，那就另当别论了。

下面是一份在餐馆酒店吃年饭的喜庆食单，结合了武汉传统风味与现代人的饮食要求而设，如果没有特殊要求的一般武汉家庭，这席菜单，无论是从味型要求还是消费档次，也基本上能满足家庭的团年之需了。

（一）彩碟：喜上眉梢。

（二）围碟：油淋鸡片、广米青豆、油炸豆干、凉拌泥蒿。

（三）热菜：白灼基围虾、花仁焖甲鱼、松鼠桂鱼、羊肉火锅、美味全家福、翡翠蹄髈、泥藕焖老鸭、蒜苔炒牛肚、蒜茸粉丝蒸扇贝、酱油粉蒸肉、泡菜牛蛙、清炒菠菜。

（四）咸汤：阴米煨猪肚。

（五）甜汤：红枣银耳羹。

（六）点心：佛手酥、喜字糕。

（七）主食：农家米粑。

（八）水果：时令鲜果。

（九）采花毛尖各盏。

有美食伴随着我们的锦绣生活，夫复何求？在此祝福各位读者年饭吃得称心如意，春节过得愉悦祥和。

31

「谈炎记」里谈「水饺」

倘有外地朋友来汉造访，为尽地主之谊，免不了要请外地朋友过早，若过早吃武汉小吃“水饺”，总是要与外地朋友多费一些口舌，告诉他，武汉之此“水饺”非北方之彼“水饺”。以我的待客经验，这是非常必要的。十个北方人，估计有九个半不知道武汉人称之为“水饺”的吃食，不是他们经常吃的饺子——武汉人称的“北方饺子”，而是北方人称的“馄饨”。

武汉人对馄饨的另类称谓，时常引起外地人尤其是北方人的误解，看见小吃摊上写着“水饺”的招牌，便嚷嚷着要来个三两、四两——他肯定是把“水饺”当成北方饺子了。武汉人称的“水饺”，北方人称的馄饨，是中国的传统食品，源于中国北方，南北各地都有这玩意，只是各自的叫法不同，称谓混乱而已。北方称包面，南方叫云吞，四川叫抄手，江浙叫馄饨，还有的地方叫清汤……现在各地的小吃食谱上的学名还是以称馄饨名者为多。武汉人偏习惯地称之为“水饺”——这似乎没有多少道理，如果真要找一点道理，不妨这么说，1400 余年前的北方饺子，在史书上是称馄饨的，西汉扬雄在《方言》中提到：“以其馄饨之形”，“饼谓之饨……或谓之馄”，简单地说，汉时的饺子在中原是叫馄饨的。此时的馄饨，形如弯月，起初是用于祭祀，到了宋代，每逢冬至节，市镇店肆停业，各家包馄饨祭祖，祭毕，全家按长幼顺序分食祭品馄饨。史料记载，当时富贵人家的一盘祭祀馄饨，有十多种馅子，谓之“百味馄饨”。南宋后，馄饨转入市肆食店作点心卖了，这才有了的广泛普及。古时的国人认为馄饨是一种密封的包子，没有七窍，所以称为“浑沌”，“浑沌”与“馄饨”谐音，故民间经常将“浑沌”与“混沌”通用，久而久之，人们便把武汉人称的“水饺”吃食唤作“馄饨”名称且逐步固定下来了。

“水饺”是武汉人喜爱的传统小吃品种，尤其是过早、宵夜的主食品种之一，在本地非常具有普遍性，也有很久远的历史。清代道光年间的叶调元在《汉口竹枝词》里写道：“芝麻馓子叫凄凉，巷口鸣锣卖小糖；水饺汤圆猪血担，深夜还有满街梆。”可以说明，吃“水饺”宵夜是彼时市民很普遍的现象。三镇的市肆，历来就有挑担沿街叫卖“水饺”的习惯。新中国成立前，在众多卖“水饺”的经营者中，就分有黄陂帮、孝感帮、武昌帮、汉阳帮、咸宁帮等几个帮口，挑担卖“水饺”的人手敲竹梆，串街走巷，一边敲梆一边声韵悠悠的喊“水——饺——咧”“水——饺”余音在街巷里袅袅，良久不绝。卖“水饺”所花本钱不多，属小本买卖，做工也不算太复杂，于是做“水饺”生意的帮口之间竞争激烈，经过市场的洗礼，从众多“水饺”担子中脱颖而出并能名满三镇的，则是一家叫“谈炎记”的字号。

1920年，黄陂人氏谈志祥来到汉口讨生活。与许多黄陂人来汉谋生的手段一样，他也选择了挑担卖“水饺”养家糊口。谈志祥担子上的煤油灯罩上，横写着“谈言记”，竖写着“煨汤水饺”几个字，后来为图吉利，火上加火，将“言”字改为“炎”，从此，“谈炎记”的招牌一挂就是70余年不变。1940年，谈志祥的儿子谈良山子承父业，接过父亲的“水饺”担子，挂起了“谈炎记煨汤水饺”的招牌，尔后又改挑担经营为坐堂经营，“煨汤水饺”的牌子改成了“水饺大王”的牌子，谈良山也就成了“水饺大王”而享誉一方。以至于在偌大的江城武汉，很少有人不知道汉口有家馆子叫“谈炎记”，很少有人不知道“谈炎记”里有风味特别的“水饺”的。

能从众多“水饺”担子中脱颖而出，不是件容易的事情。经营“水饺”生意起点不高，也随处可见卖“水饺”的挑子。然而，不吃“谈炎记”的水饺，便比较不出它与众多经营“水饺”担子的区别，体会不到它特有的韵致，难以品出它独有的鲜味。简单地说，“谈炎记”水饺的主要特色，一是味道鲜；二是皮子薄；三是佐料全。因为我住的地方离“谈炎记”很近，经常有光顾“谈炎记”的机会。一来二去，与厨师混熟了，他们让我入操作间，看他们做“水饺”。于是才知道了“谈炎记”为了能让自己的“水饺”有特色而付出的相应代价：为了味道鲜，便格外讲究配料。猪油用花油、炼时把葱把、姜片投入油中一起炼，葱姜香味便吸进油中；水饺馅不全用猪肉，而是配入30%的牛肉，这样既好包皮又好吃；擀皮子的功夫不是一般店家都学得会的，每一张皮子擀得匀而薄，且有“精神气”，不易扭烂扭断。多擀不行，少擀不够，以销定产，不用隔日皮子；“谈炎记”佐料供应舍得下本钱，猪油、盐、香油、虾米、葱、榨菜、五香、荆冬菜、酱油、胡椒、味精，全选价高质优产品，这样料理的一碗“水饺”，味道自然是好极了。

武汉有句俗语：一热三鲜。“谈炎记”下“水饺”就注重一个“热”字。下“水饺”的水不仅要“宽”，还要烧开到翻滚沸扬的程度。猪蹄、骨头熬制的原汁原汤也要开锅滚烫，顾客来了，现下现吃，需要几碗便下几碗。吃“谈炎记”的“水饺”，感觉得到此处的“水饺”与挑担卖的“水饺”就是不一样，浮在碗里的“水饺”，个个似鱼泡，大小匀称，式样美观；大碗盛汤，热气腾腾；吃起来便觉皮薄馅嫩，汤鲜味长，爽心润腹，口留余香……吃过一次“谈炎记”的“水饺”，“水饺大王”的名气便会扎在食客的心里了。

2012年“谈炎记”成功申请武汉市非物质文化遗产，百年老字号“谈炎记”已然为武汉小吃“水饺”作了代言，“谈炎记”显赫的名声，会让来武汉旅游观光的外地人觉得，来了武汉而没去“谈炎记”吃上“水饺”，那不是白来武汉了吗？

32

红酒白鱼暮归

也不知道从什么时候起，武汉就有了“无鱼不成席，无鱼不成鲜”的习俗？以鸡鸭鱼肉入馔的菜肴，鱼菜算得上是武汉人最为喜爱的菜式种类了，所谓“萝卜白菜一大桌，不如鱼刺吮一吮”，这句俗言俚语，更是把武汉人对待鱼菜的嗜吃态度，表现得淋漓尽致了。

一方水土养一方人。由于有大江大湖的地缘优势，武汉人不仅能吃到一般常见的河鲜出产，还能吃到在其他地方显得非常珍贵的鱼类，比如，一离开水，很快就会死去的刁子鱼，在其他地区尤其是搁在北方，算得上是上等名贵的鱼种，一般的餐桌上能够吃上刁子鱼非常不容易，而在武汉经营本帮菜肴的餐厅，能吃到刁子鱼却是稀松平常。由此看来，武汉人能够随心所欲地吃鱼，而且还能吃到好鱼，不能不说是武汉人特别有口福了。

刀子鱼是具有区域性特色的淡水鱼种，主要生长在长江流域，形如柳叶，人们便习惯地把它叫成刀子鱼、白鱼、白刁鱼，俗称刁子、麦秆刁、昌刁、刁杆、翘嘴鲌等。刁子鱼对生长的水域有较高的要求，通常适宜在比较大的水体如大湖泊、大水库的中、上层水面生活，并且对水质的干净程度非常敏感。刁子鱼从外形上看有点像鳡鱼，但性情较温和，在生殖期有江湖回游的习性。野生的刁子鱼生长速度不快，生长的个子也不大，由于刁子鱼在古时人工无法饲养，而且鱼被捕捞起水后难以存活，肉质细嫩，味道鲜美，出品又少，物以稀为贵，古人便把刁子鱼划归到名贵鱼的种类去了。

古代流传下来的典籍可以证明，食用刁子鱼在我国有久远的历史，古人不仅很早就尝到了刁子鱼的鲜美滋味，而且对刁子鱼的食疗功能很有研究。唐代的孟诜所著《食疗本草》说白鱼“助脾气，能消食，理十二经络舒展不相及气”；宋开宝年间的《开宝本草》说白鱼“主胃气，开胃下食，去水气，令人肥健”；清咸丰年间的王士雄所著《随息居饮食谱》说“白鱼，甘温，行水助脾，发痘排脓。多食发疥，动气，生痰”……都表明古人对食用白鱼与调整人周身的气血关系有很高的认知。

刁子鱼还是古代文人墨客描摹和歌咏的对象。各个朝代流传至今的古诗、词中，不乏有歌咏白鱼的名篇。唐代大诗人杜甫云：“白鱼如切玉，朱橘不论钱”“白鱼困密网，黄鸟喧嘉音”；唐诗人白居易说：“青青芹蕨下，叠卧双白鱼”；宋代大词人苏轼说：“明日淮阴市，白鱼能许肥”“烂烝香荠白鱼肥，碎点青蒿凉饼滑”；“宋末三杰”之一的文天祥有“鸾凤不相待，白鱼困密网”的诗句；元人王冕也有“过淮浑酒贱，出水白鱼肥”佳句传世。在我看来，有那么多文人墨客捧场，刁子鱼多多少少会被点染有氤氲之气了。

作为一款并非小众化的肴馔，刁子鱼能够大面积地出现在现今餐厅的餐桌上，应该是近些年的事情，原因在于刁子鱼已经可以进行人工养殖，湖北省丹江口市就是以人工饲养大白刁而闻名。上个世纪五六十年代兴建的丹江水利枢纽工程，拦截了两条发端于秦岭的水系——汉江和丹江，将原本是林木葱郁、群山含翠之地蓄水而成了亚洲最大的人工淡水湖，库容 290 亿立方米的丹江口水库，优良的水质纯净无污染，成为人工饲养大白刁的天然好地方，丹江口水库出产的大白刁 2008 年被评为中国国家地理标志产品。由于刁子鱼的食材有了充足的供应，湖北的厨师们才能够把刁子鱼做出不同风味的菜式。大白刁可以做香煎大白刁、红烧大白刁、酱烧大白刁等多款菜式，当然最能够体现刁子鱼本味的做法，是清蒸。前年的国庆节放假期间，我曾到丹江口库区游览，受到友人的盛情招待，吃到过直接从湖里捞起的刁子鱼做成的清蒸大白刁，其鲜美的味道让我久久难忘。能够清蒸的刁子鱼一定得是活鱼，而刁子鱼很难伺候，捕捞出水的刁子鱼不久就会死去，死了的刁子鱼以清蒸的方法成菜就不太合适了。限于刁子鱼的保鲜问题还一时难以解决，各个餐厅的厨师在做刁子鱼菜时，多半会以香煎、红烧、酱烧手法成菜，但刁子鱼食材优质，只要司俎得法，不管是香煎、红烧还是酱烧大白刁，成菜的味道就不会差到哪里去。

以我个人的经验，吃红烧大白刁，去与汉口新华路市人社局大楼为邻的“老街坊”餐馆是个不错的选择，“老街坊”是家经营恩施土菜为主的农家菜馆，所做的红烧大白刁，亦是农家制法，选用1斤左右的大白刁，洗净的鱼用盐腌制2小时左右，大锅，中火，给少许油，先后放入1～2条刁子鱼，煎熟一面，然后翻过鱼身，煎其另一面，待鱼身呈油黄色时，把鱼扒在一边，爆香辣椒和姜片，把调料放入锅里，加入少许水，煮一下，让调料与水融合成汁，让汁浸透进鱼肉里去，大火收汁，然后放在一口宽汤大锅内，以微火炖着，如有餐客点用，便起锅盛在腰形瓷盘里边，撒上寸葱，上桌飨客。红烧大白刁色泽红润，汤汁鲜香，佐酒下饭，都算良肴。尤其是酒后用饭时，添加两勺浓鲜鱼汤，就汤下饭，就算平常饭量不大的人，也会增大饭量，不愿停箸。

如果抽空去做户外野游，有幸能到饲养大白刁的湖边，体验一把渔民的生活，撒网捞鱼，然后湖水烹活鱼，这就学了一点苏东坡的洒脱，真个如苏东坡所言“青蓑黄箬裳衣，红酒白鱼暮归”，那就是神仙过的日子了。

33

『胡适一品锅』

一只大铁锅，口径差不多二尺，热腾腾地端上来，里面还在滚沸，一层鸡、一层鸭、一层肉、一层油豆腐，点缀着一些蛋饺，紧底下是萝卜、青菜，味道好极了。

这是《雅舍谈吃》的作者、著名文人梁实秋先生在品尝了一款安徽绩溪的山乡农家土菜后的评语。备受梁实秋先生赞誉的这款菜肴，是徽菜的代表菜式之一，名叫“绩溪一品锅”，又名“胡适一品锅”。

绩溪是地处皖南古徽州的一个靠近黄山的县份，真正是个山清水秀、人杰地灵的所在。绩溪的山清水秀就不去说了，它紧挨在号称“天下第一山”的黄山不远，自然景态的秀美，大凡到过了绩溪的游人，都有过真切的体会。要说绩溪人杰地灵，我列举一下从近代至当今，绩溪都出了些什么样的杰出人物，就可证明我之所言不虚。晚清时，绩溪的湖里村出了个富可敌国的红顶商人胡雪岩；上世纪的民国时代，绩溪上庄出了个“五四”时期新文化运动的标志性人物胡适先生；二十一世纪的现今，绩溪坑口村出了中共中央总书记、国家主席胡锦涛。也就是说，地域面积并不宽广的安徽绩溪，在近代至当代一百多年的不长历史，却出现了天下最富的顶级商人、影响深远的顶级文人和共和国的顶级政治家。所以把“山清水秀，人杰地灵”的词语用来形容皖南的绩溪，可见是恰如其分。

古徽州的文化底蕴深厚，聪明的绩溪人非常善于借助名人效应来扩大地域的影响和推广自己的饮馔品种，比如，绩溪人把本地的山乡土菜“绩溪一品锅”贴上了著名文人胡适的标签，将其更名为“胡适一品锅”，从菜名上看，大俗的乡村土菜立马转身成为大雅的文化菜式，继而演变成了徽菜的代表菜品，跨省出国，扬名天下，就是一个很好的例证。

据说，“胡适一品锅”颇有些来历。

“胡适一品锅”是在安徽菜式“绩溪锅子”或“绩溪一品锅”基础上改良的结果。“绩溪锅子”或“绩溪一品锅”的缘起有两个版本。有资料记载：深受儒家文化浸淫的绩溪人，民风淳厚，绩溪当地山路崎岖，鲜有宾客。如有远方来客，好客讲礼的绩溪人便倾其所有拿出家里上好的野味与家珍，汇成一锅，用来款待宾客，浓郁的乡情和美味的肴馔，一齐受到宾客的交口赞许。这一口由绩溪人做成的大锅菜因地得名为“绩溪锅子”，久而久之，好客的绩溪人与好吃的“绩溪锅子”，慢慢流传开去，渐渐演变成安徽名馔。这是有关“绩溪锅子”起源的第一种版本。

徽州自古就是徽商的发源地，商人以天下为家，每年农历新年的正月间，绩溪商人便辞别故里，各自东西，闯荡天下。到了次年的寒冬腊月，商人们才从四面八方回到阔别已久的家乡。难得的亲友团聚总该以家乡菜佐酒，家人为了表达团圆之喜，同时考虑到冬季寒冷，于是将鸡鸭鱼肉豆制品青菜组成的原料，一层层围叠起来做成火锅，寓意是祝愿来年生意红火。八仙桌上，放着热气腾腾的大铁锅，锅里荤素兼备。宴席上各人说着自己的见闻，谈论着生意上跌宕起伏，觥筹交错，千杯不醉。耗时长久的宴席，一种惬意温馨的情趣，弥漫在浓浓的乡情之中。这个火锅被取名为“绩溪一品锅”。这是有关于“绩溪锅子”或“绩溪一品锅”起源的第二种版本。

胡适先生是绩溪上庄人，对“绩溪锅子”情有独钟。胡适夫人江冬秀女士，原籍就在与上庄只有一山之隔的江村，擅长烹制“绩溪锅子”。胡适在任北京大学校长时，校内的教授多为浙江籍人士，不是浙江籍的教授是少数。胡适常在家中设宴款待客人，尤其在招待非安徽籍客人时，当家菜就是这“绩溪锅子”。每每“绩溪锅子”端上桌的时候，胡先生总是要郑重介绍一番：“此菜是本人的家乡名肴，务请诸君赏光，品尝一下，是地道的家乡味道。”胡适在任驻美大使期间和上世纪五六十年代客居美国时，每有贵宾来访，胡适常亲自下厨，为客人烹制“绩溪锅子”，客人问这菜名叫什么，胡适回答说是“绩溪一品锅”，这里边有中国的文化，寓意是“官一品接一品升，日子一天比一天好”。由于有名人的推介，“绩溪锅子”在国内及海外华人圈里广有声名。后人感念胡适先生在推介徽菜走向世界、促使“绩溪锅子”成为一道名菜作出的杰出贡献，就把“绩溪锅子”更名为“胡适一品锅”。

安徽菜式与湖北菜有很深的渊源，武汉人对吃安徽菜也很喜欢，但现在安徽菜式对湖北菜式的影响日见弱小。所以“胡适一品锅”在武汉餐厅里并不多见。去年冬月间新开街的吉庆街上，在上世纪90年代初因拆迁而中断经营的老字号徽菜馆“新兴大酒楼”复市，对外飨客的招牌菜式就有“胡适一品锅”。胡适先生一直是我尊崇的学人，以胡先生名字命名的菜肴，加上看过梁实秋先生对“胡适一品锅”的描绘，让我对品尝“胡适一品锅”有些期待。一日，有老友从四川回汉，为他接风，又了解到新开街的吉庆街他没去过，于是拉上回汉的朋友，先逛吉庆街，然后吃“胡适一品锅”。

如同所有外地菜式落户武汉所走过的路径一样，变脸为时尚餐厅的“新兴大酒楼”出品的“胡适一品锅”也经过了改良。“胡适一品锅”用砂锅作器皿盛菜，与煤气炉一同上桌，此菜五颜六色，色泽养眼，红、绿、黄、白各种色调丰富明艳。此菜的食材也丰富，有鱼圆、鸡块、肉圆、香菇、西兰花、猪肚、冬笋、鸡蛋饺一锅烩。“新兴大酒楼”的“胡适一品锅”已经彻底变身为火锅，适应了武汉人的口味，一热三鲜。现在季节还在正月间，气温不高，热气腾腾的菜总是受人欢迎。吃了“胡适一品锅”的菜，喝了“胡适一品锅”的汤，品评一番，这款菜虽然没有特别的滋味让人久留余味，但总体上味道也说得过去。但说句大实话，眼前略显精致的“胡适一品锅”已经失却了山乡的自然风格，已经没有了梁实秋先生笔下“胡适一品锅”的乡土气息，倒更像是一道武汉本地居家市民家中过年经常做的一道湖北菜式“全家福”。

所以我的感觉，慕胡适之先生之名来“新兴大酒楼”吃一次“胡适一品锅”也不算冤枉，但若让食客对这款菜式的消费产生忠诚度，巴心巴肝地总想着再来吃的理由就不是很充分了，因为现在市面上有许多的火锅品种与“胡适一品锅”相近，菜肴品牌传播的规律是，不具备唯一性，也就没有了核心竞争力，这是不言而喻的浅显道理。

34

生吃『炝虾』

绍兴是古时越地，今浙江省的一个城市，在现代和当代名头响亮，多半是沾了鲁迅先生的光。绍兴是鲁迅先生的故乡，先生在许多文卷中，深情地描写过故乡的人物风情，包括吃食，比如穿着破烂长衫吃茴香豆的孔乙己，让几代读过先生著作的读者，对绍兴的风物人情印象深刻。

当然，绍兴也没丢鲁迅先生的脸。现如今，绍兴是人气旺盛的旅游目的地，大凡去过绍兴的游人，无不对绍兴的人文环境和自然风光赞赏有加，无不对吃过的绍兴菜肴赞不绝口。

绍兴的人文环境这里就不说了，且说说绍兴菜肴的独有韵味。绍兴菜是组成浙江菜系的重要支系之一，绍兴菜系的传统，以“糟、霉、醉、酱”为主，鲜咸合一，烹调常用鲜料搭配腌腊食品，佐以绍兴黄酒制成，由于有鲜明的个性，绍兴菜式一直在全国林立的菜系中占有一席之地。

一个武汉人,若想尝一尝正宗的绍兴菜是个什么味道,其实,现在也不必劳师远征到绍兴,在自家门口就能够享用。绍兴风味菜登陆三镇武汉,已经有不少的年头了。

在改革开放的这40年,浙江商人乘势而起,不仅把浙江的经济搞得风生水起,而且放眼全世界,四面出击,哪里有发展的空间,哪里有聚集人气的地方,哪里就有浙江商人的身影。汉口六渡桥从上个世纪20年代开始,一直就是武汉人气超旺的商业中心,现在,在六渡桥的周边,聚集着大量的浙江商人。据统计,常住六渡桥的浙江商人,有十万之众。生活经验告诉我们,一个从小长大生活长久在某一个地方的人,总是难以改变自小养成的饮食习惯。现居住于汉口腹地六渡桥附近的浙江商人们,有的来汉时间已经超过了25年,按说早已经被武汉的饮食习惯所同化,但业已形成的固有饮食口味,很难从骨子里得到改变。也因如此,经营浙江风味菜肴餐厅的老板,总是追随着浙江商人开疆拓土的身影,一路尾随而来,把餐厅开设在浙江商人频繁活动的半径里,忠实地为从浙江老乡服务。于是在汉口前进一路、自治街等浙江人口居住密集的地方,就开设有经营纯正浙江风味的餐馆,如“温州人”酒家、“乐清湾”酒家、“绍兴老酒”等多家浙江风味酒家。

我交往的朋友圈子里不乏有浙江商人,与我同岁的温州乐清人李碎宝先生是与我交往比较频繁的温州商人之一。每每我去造访李碎宝兄,他都会领我等来人去汉口自治街“绍兴老酒”用餐。“绍兴老酒”主打绍兴菜和温州菜,多半售出的酒是绍兴特产绍兴老黄酒，其实统称的绍兴酒分为四个品种：元红酒、加饭（又名花雕）酒、善酿酒、香雪酒。以我的观察，“绍兴老酒”以有绍兴建筑风格的店面装修、主打绍兴菜和温州菜、再加上吧台上展示的多款绍兴酒，这三个开餐厅饭店的主要元素，构成了“绍兴老酒”浓郁的地方风格和特色。

老实说，对于浙江菜式，我并不算非常懂行，对温州菜式和绍兴菜式，也不算特别钟情。到“绍兴老酒”吃饭，我点的菜式，往往更接近于湖北菜的风味，比如，“绍兴老酒”的“炝虾”，是我每次来此用餐时的必点菜品。

“炝虾”又叫“醉虾”，全国的多个菜系中都收录了这款菜式。在不同菜系中，“炝”或者“醉”虾的工序大同小异，只是“炝”或“醉”出来的虾的味道因加入的调料品种不同而已。而且，这款菜式并不是今人的创造，在古代文献中早有记载，我们国人吃“炝虾”最少也有上千年的历史。唐代刘恂所著《岭南录异》中，有“南人多买虾之细者，生切绰菜兰香蓼等，用浓酱醋先泼活虾，盖以生菜，然以热饮复其上，就口跑之，亦有跳出醋碟者。谓之‘虾生’。鄙俚重之，以为异馔也。”清代的顾仲《养小录》中也有记载：“鲜虾拣净，入瓶，椒、姜末拌匀，用好酒炖滚泼过。食时加盐、酱。”这就非常接近现今“炝虾”的制法了。鲁迅先生在《答有恒先生》等文中写到“醉虾”，说一盘醉虾放在席上“活活的”，“虾越鲜活，吃的人便越高兴，越畅快”。从以上所引用的文献可以说明，我国食用“炝虾”之风，不仅传承千年而没中断，而且吃这道菜的人口分布地域也非常广泛。

“绍兴老酒”烹制的“炝虾”，走的是绍兴风味的路子：选用汉水产的活虾洗净、剪须，然后置入广口的玻璃瓶中，再放入适量的米酒和绍兴酒、胡椒、姜末、白糖、盐、酱油、白醋、陈醋、乳汁，也可以根据各人的口味不同再加进芝麻酱、辣椒酱等调料。佐料加毕，把广口瓶盖上盖子，然后将广口瓶晃荡一番，这道“绍兴炝虾”便告做成。

由于“炝虾”里边加入了多种调味品，所以这道菜式的味道极其奇妙，可酸可甜可苦可麻可辣，其味道完全可以依据品尝者的口味习惯而定。但是虾子本身的鲜甜嫩爽本味，并不因调料的味道而改变。有意思的是，“炝”或者“醉”过的虾似“晕”还“醒”，虾肉几乎是生的，白白的虾，染上了一层酱汁，稍有变色。伸出筷子时，有的虾子还在瓶中蹦跶，有的虾子竟从瓶口跃起，有的虾子夹在筷头了，却张须跳起，挣脱开来，把佐料汁溅人一脸，引得吃虾人开怀大笑。生吃“炝虾”，感觉是生脆鲜嫩，清爽醇香，别有情趣。

吃“炝虾”就白酒应该是最好的搭配。现在的江河湖塘，水质污染已成问题，从水质已有问题的河湖中取虾，其虾难免有不干净之嫌。倘若因生吃虾处理不当，落个拉肚子的下场，就不太值当了。所以吃“炝虾”就白酒，既可灭菌，还可以寒热平衡。如果真想品绍兴的风味，那就吃“炝虾”就绍兴酒好了，点上元红酒、加饭酒、善酿酒、香雪酒四款中的任一品类，都能享受到绍兴人生活习俗中的乐趣，那也算没有白费来“绍兴老酒”吃上一餐绍兴菜肴的工夫了。

35

赏心悦目的“五彩汤包”

周末，有几位江西朋友来武汉考察小吃市场，我陪他们去逛汉味小吃第一巷——户部巷。到了户部巷，他们各自散开，去看自己感兴趣的小吃品类，我则一屁股坐在号称“家传绝技，三镇第一”的“良物华美”汤包店里不再动弹，把这里当作他们逛完户部巷后的集合地点。

其实，我对“良物华美”汤包感兴趣也不是一天两天了。这次陪外地朋友逛户部巷，正好顺道吃一次“良物华美”的“五彩汤包”，也算是搂草打兔子——顺便。

汤包，顾名思义，是一种包子，但是有馅并含汤的包子。资料上说，汤包起源，最早可以追溯到三国时期，传说当时京口（即今江苏省镇江市）的渔民为了祭奠孙权夫人，效仿诸葛亮发明馒头的故事，用蟹黄馅做成汤包当祭品，弃入长江祭奠亡人。

按说，汤包在武汉没有什么稀奇的，虽然汤包的原产地不在武汉而在长江下游的江苏省，有名的汤包也多产自江苏的多个地区，比如，南京六合的龙袍蟹黄汤包、江苏靖江的蟹黄汤包和江苏淮安的文楼汤包，淮河以南的九州香汤包等，都是汤包品种中的大牌。

19世纪末汉口开埠，涌入汉口做生意的下江人猛增，汤包由下江的扬州、镇江等地流传到了武汉落地生根，再经过武汉人百多年的不断改良演变，汤包也成了在武汉有百年以上传承历史的传统小吃品种了。

相较于武汉小吃热干面、面窝、烧饼等便宜的过早品种，汤包当属高大上的过早品类。如果把时间上溯30多年，一个普通的武汉居民，若一月内能够吃上一次汤包，绝对算得上是奢侈的口腹享受。

上世纪三四十年代至八十年代末，热闹的汉口江汉路上，有家叫做“四季美”的汤包店，以偏重下江风味的蟹黄汤包为主打，独领武汉汤包市场风骚几十年，诞生了钟生楚、徐家莹等几代家喻户晓的“汤包大王”。

由于旺盛的消费刺激，现在的市场情状是参与汤包市场竞争的餐馆数量越来越多，经营汤包的品种也越来越丰富。

经过20余年的市场淘洗，有家以经营“五彩汤包”而成立的汤包馆进入了公众的视野，这家铺子的名字叫“良物华美”。“五彩汤包”的发明人叫程华山。现在，这家叫做“良物华美”专门经营汤包的店子，在武汉爱吃汤包的吃货中享有很高的声誉，原因在于，“良物华美”的汤包出品，一是准确地把握了武汉人喜爱的汤包馅的味型——微咸味中透出武汉人熟悉的鲜。二是根据现在消费群体的变化，让汤包表皮穿上了五颜六色的衣裳，使得汤包变得斑斓悦目起来。

程华山自小痴迷武汉小吃，尤其对汤包情有独钟，按现在网络语言表述，程华山是个“汤包控”。20年前，程华山提前从单位办理了退休手续，一门心思地想制作出有“老武汉味道记忆”的汤包。为此，他遍访名师，反复试验，待“程氏汤包”基本定型后，程华山便在武昌街道口未来城开办了第一家“良物华美”汤包店。3个月后，程华山又研制出了“五彩汤包”，五颜六色的汤包皮全由果蔬汁调出，比如，用番茄汁调出红色的汤包皮，里面包的番茄馅；用木瓜汁调出黄色的汤包皮，里面包的是香菇馅；用紫薯汁调出紫色的皮，里面包的是鲜肉馅等等。

程华山根据消费人群的需求变化，对传统的重油重味汤包馅、皮制作进行了改良，这种改良的结果，一言以蔽之，除了调制好符合现代武汉人口味的馅料以外，再配上漂亮、轻盈、结实的外衣，色香味俱佳。其出品的汤包，外形如灯笼似的好看，汤包皮薄得透明，精致得有如景德镇的瓷器，看似吹弹不破，筷子夹起汤包却颇有精神，不破不散；馅料以清淡为主，不油不腻。因此，“良物华美”的汤包，老少咸宜。

程华山在汤包制作上很有名气还真不是浪得虚名，而是对自已经手的汤包出品，从食材采购、擀面皮、包制、上笼屉蒸等每道工序，自始至终的严格要求。

譬如，面粉一定选择品牌面粉厂出产的高筋粉。发面使用“半烫面”（将近一半面粉用开水烫熟）兑发面，加进少许精盐，揉成团。擀出的面皮，必须薄如蝉翼，同时还得有劲道，标准是以上笼屉蒸汤包时，汤包不易“露馅”和“掉底子”为度。在包制汤包时，要用手轻揉，均匀地捏出 18 ~ 22 道皱褶，使包好的汤包像一朵朵绽放的菊花。在汤包皱褶的合拢处，须预留一个状如“鲤鱼嘴”的小孔。蒸熟的汤包像一个一个的小灯笼，皮薄如纸，雪白晶莹，几近透明，用手指轻弹，便可见汤包里的汤汁在轻轻晃动。汤包蒸熟后的馅呈球状，悬浮于汤中，用嘴对着蒸熟的包子顶端的“鲤鱼嘴”吹口气，馅芯能在包子中慢慢转动。

你看，“良物华美”出品的汤包，是不是接近于一件件精致的工艺品了？

到了中午饭点的时候，江西朋友们一个个陆续结束了户部巷的小吃考察，先后到“良物华美”汤包店会合。我提议说，中饭不需转场，就在这里吃汤包将就。朋友们也都同意我的提议，于是，点要了四屉汤包，两屉原味汤包（白色），两屉“五彩汤包”。原味汤包与我们平时在各个美食城吃到的汤包差别不大，要说有所差别，大概在于“良物华美”原味汤包的馅味更鲜，肉味更香吧。

而“五彩汤包”的特点就十分突出了：一屉汤包，有红、黄、绿、紫色的木瓜汤包（黄色）、西红柿汤包（红色）、碧绿汤包（绿色）和紫薯汤包（紫色），色彩斑斓，让我们的眼睛得到了美色的享受。还有香菜馅的、香菇馅的、虾仁馅的、猪肉馅等不同馅料的汤包，让我们的口腹之欲也得到极大的满足。

今天在“良物华美”吃到的汤包宴，真切地让我们一行人留下了美味的记忆。

36

盐焗蛏子

近段时间吃温州菜的频率有点高。

有两三个批次现居住于北京、深圳、天津的温州籍朋友来武汉公干，我的武汉温州籍朋友出面接待，每次都邀我作陪。宾主双方都愿吃温州的家乡菜，无意间成全了我近日多次品尝温州美食的体验。

别的方面不论，生活在“九省通衢”这个美食之都，武汉市民有一个最大的好处，就是足不出武汉三镇，却能够遍尝全国各地的风味食品。比如，从地理条件上讲，武汉是个标准的内陆城市，远离东海、南海、黄海、渤海，离哪个海边都至少有一千多公里，按说在武汉吃海鲜应该是个奢侈的口腹享受吧，但是武汉的好吃佬们沾了地利优势的光，不仅能够吃到滨海地区人常吃的活鲜海产品类，而且价格也并非高得离谱。

浙江温州是个海滨城市。所谓靠山吃山，靠海吃海，温州人常吃的温州菜式中，海鲜占了相当一部分数量。随着为数不少的温州商人在武汉居住或经商，经营温州风味的餐馆，紧随着温州人开疆拓土的步子，不仅在武汉站稳了脚跟，实现了与武汉本土饮食文化的融合，而且还将温州的菜式风格，影响了非温州籍的食客，让他们从不习惯到习惯温州菜的味道，进而到喜欢上温州菜的风味。

我应该算是一位喜欢温州菜式风味的武汉土著。

紧邻汉口万松园路武汉城市勘测设计院，有一家温州人开的“温州君豪酒店”，这家温州酒店开在这里，是因为离它不远的汉口青年路，是一个成规模的印刷市场，这些开印刷厂的老板，清一色是浙江人，其中大半是温州人。在一个温州人聚集的窝子里，开一家温州餐馆，家乡人做道地的家乡菜，飨家乡客，受家乡人的喜爱，也就顺理成章了。温州人招待同乡的客人，都愿意去这家“温州君豪酒店”，所以，有些武汉本地人来这儿就餐，一进店门，还以为进错了地方，产生了错觉，因为身边的人，不论男女，都讲一口十句让武汉人听不懂半句的温州话。

温州话难懂，温州菜却好吃。尤其是对海鲜有偏好的吃客，常吃本帮菜之余，换个口味，吃一吃温州菜确是个不错的选择。

温州风味酒店的格局，都是把活鲜海产品搁在大堂里当堂展示，食客对着鲜活实物点菜。海产品要用海水养活，武汉又没有海水，餐馆要用盐兑淡水制成海产品能够存活的盐水，我觉得这是不小的学问。每每从展示海产活物的玻璃缸前走过，我都要啧啧称奇一番。

接待温州同乡客人的宴席，势必要点一款叫做蛏子的海鲜，而且最好是以盐焗的烹调方法烹制，以我对温州人食性的了解，十个温州人，十之七八喜欢吃“盐焗蛏子”。当然，我也喜欢“盐焗蛏子”，不然，每次让我代客点菜，也不问问客人的意愿，我都会利用职权之便，先点上“盐焗蛏子”，再论其他。

传统中医认为，蛏子肉味甘、咸，性寒，有清热解毒、补阴除烦、益肾利水、清胃治痢、产后补虚等功效。《嘉祐本草》中记载：蛏子肉“补虚，主冷痢。煮食之，主妇人产后虚损、胸中邪热烦闷气”。《泉州本草》中记载：蛏子肉“清热解毒，利小便，消水肿”。蛏子在海产品种中，不算稀罕物，是个大路货。资料上说：“蛏子，学名缢蛏，属软体动物，系瓣鳃纲，真瓣鳃目、竹蛏科，贝壳脆而薄，呈长扁方形，自壳顶到腹缘，有一道斜行的凹沟，故名缢蛏”。温州沿海多滩涂，养殖蛏子有得天独厚的优势。近年，温州、宁波等地已经实现了人工养殖，蛏子也就成了温州的大众海产品。严格的讲，最好的蛏子，不是出自温州，而是出自浙江宁波的长街一带淡水与海水交汇的地方，这里饵料丰富，滩涂质地肥沃，因而蛏子生长快，个体大，胎嫩肉肥，色白味美，被命名为“长街蛏子”，清代的《宁海县志》记载：“蛏、蚌属，以田种之谓蛏田，形狭而长如中指，一名西施舌，言其美也。”温州滩涂所产的蛏子虽不能比肩“长街蛏子”的名气，但温州蛏子也算得上是海特产品的中上之品。

蛏子通常在武汉有两种烹法，一种是辣椒爆蛏子，一种是用盐来焗蛏子。蛏肉可以拌凉菜，最宜夏令。温州人喜欢清淡，有点忌惮辣味，所以，温州人吃蛏子时，多选择“盐焗蛏子”。辣椒爆蛏子则经常在海鲜排档上可见,海鲜酒楼则做“盐焗蛏子”居多。

按照辞典上的解释，“焗”的原本意思是地方上的一种烹饪方法，系利用蒸汽使密闭容器中的食物变熟。“盐焗蛏子”则是在密闭容器中以盐为媒介使蛏子变熟。做“盐焗蛏子”的方法不算复杂：将蛏子用小刀在后背划开，让水分流出，并静置沥干其水分。在锅中倒入细盐（传统的温州做法是用海里的粗盐）铺平，中火炒至发烫，放入花椒、香叶、八角，炒出香味待用。把沥干水分的蛏子，开口朝下，背部朝上，摆放锅中。盖上锅盖，关火，利用锅中盐的温度焖上 10 分钟左右即可。

“盐焗蛏子”装盘很有形式感：蛏子齐整地摆成圆圈，焗熟的蛏子呈淡墨色，细盐白净如雪。淡墨配白色的色调，有点像摄影技术里的“高调”拍摄，线条明快，也有国画中浅墨着色与“留白”构图的意味。用手剥开蛏壳，蛏肉白润，肉味鲜甜,依稀闻得到些微大海的咸腥味道和嗅得到花椒、八角的味道。温州人吃蛏子,爱喝老酒,我个人看法,喝白酒吃蛏子更为科学，蛏子寒性太大，一般人的肠胃，受不了蛏子寒性的侵扰，多食会闹肚子。吃蛏子时，尤其是武汉本地人，如果佐以度数较高的白酒，热寒相抵，正好中和，有益于饮食健康。一些海鲜好食者，喜欢在宵夜时喝啤酒吃海鲜，这样寒性太重，久食会伤脾胃，不是好的饮与食的搭配。毕竟，享受美食，一定要有益于健康，如果美食享受有损于健康，这样的美食享受，就有点得不偿失了。

37

秋尝“鸭子煲”

春去秋来，又走过了一个生命的年轮。中秋一过，透出凉意的秋风，开始扫落街头梧桐树叶，到了这会儿，我们就能体会到古人所说的“一叶知秋”的味道了。

武汉这座城市气候的特点，是春夏秋冬四季分明，每一季都有可人之处，但我个人还是更喜欢武汉的秋天。一个原因是，武汉的秋天天高云淡，气温宜人，人体感觉要比春夏冬三季舒适。还有一个喜欢秋天的原因，寒意渐浓的秋天还是老饕们的美食季，因为与夏天渐行渐远，人们可以不那么节制自己的食欲，身体也在秋天发出信号：为了弥补夏天身体的亏空，也为了准备抵抗即将来临的冬季严寒，应该趁着这宜人的秋天，补一补自己的身体，也就是老话说的“贴秋膘”了。

也是，武汉的夏天酷热难耐，现在虽然有各种降温设备的帮助，使人待在室内时感觉还不难受，但只要走出屋外，每个人的身体都能感受到与酷夏火辣辣的太阳和高比例湿度抗争的惨烈，高温高湿之下，吃无味，睡难香……漫长的夏天过去了，人的身体消耗了太多的能量，秋高气爽的时节来了，有生活经验的土著们就会变着法子，做些滋补身子的菜肴，给身体适当“加油”。老百姓的生活充满了智慧，他们从生活中总结的经验，用一句谚语就把事情说清楚了：秋后入平补。从多重因素考量，我以为最符合平补要求的食材是鸭子，而以鸭子入菜最能滋补身体的菜式，恐怕就数老鸭煲汤了吧？因为老鸭汤不仅能滋补身子，润去秋燥，而且价钱便宜，随时能在集贸市场上买得到。

事实上，三镇市面上的餐馆，是经常有“砂锅煲老鸭汤”飨客的，甚至还有专以这道看起来很家常的菜式，扬名于业界，譬如位于汉口硚口居仁门一个名叫“仁聚德鸭子煲”的餐馆，就是靠做“鸭子煲”出名，经营了20多年不变的“鸭子煲”，给食客留下了深刻的印象，以至于人们经常忘记了店名叫“仁聚德鸭子煲”，而是直接称之为“鸭子煲”了。

认真说道起来，“鸭子煲”不算是湖北的传统菜式。传统的湖北菜素以烧、蒸、煨、炒的烹饪方法居多，鲜见有以“煲”的技法成菜。采用“煲”的方法成菜，则是粤菜传统的烹调方式。按照这样的思路理解，说“鸭子煲”是从粤菜菜式里面演变过来的，大约不为错。事实上，现在我们时常所称的“煲菜”其实有两层意思：一则指煲为一种陶制器皿，也有唤作砂锅（四川称法）的，既可以用来盛装菜肴，当成容器，也可以当作炊具加工菜肴，烹制食物；二则是指一种源自广东地方的烹饪方法，即以砂锅为炊具，以小火慢慢炖熟菜肴和食物的技法。不管是作为一种容器、炊具还是技法，“煲”已经完全融入了湖北人的饮食生活，则是不争的事实。

与秋意正浓的季节相对应，近来本人倒是与老鸭汤颇有缘分，不到一个星期，连续两次造访“仁聚德鸭子煲”，品尝了老鸭汤。据行家说这家店子的“鸭子煲”与别家餐馆做的“鸭子煲”的区别有二，一则在于此店采用的是产于福建连城的白鸭。连城白鸭，又名白鹜鸭、乌嘴鸭，是我国优良的地方鸭种，具有独特的“白羽、乌嘴、黑脚”（《连城县志》）的外貌特征和生产性能，遗传性能稳定，是我国稀有的种质资源。二则在于此店业已形成的一套煲老鸭汤的方法：将白鸭打理干净，取出内脏后切块；使用烧煤的小火炉，每个小炉上架一口砂锅作炊具，水烧开后倒入鸭块、加入备好的老姜、小火煨炖两个小时左右，加葱、姜、精盐、枸杞、红枣、宽粉，再煨炖二十几分钟即可连砂锅一同上桌。

老实说，仅从品尝的角度，养了一年的鸭子和养了两年的鸭子，只用舌头去辨别两者之间的差异，我做不到，但以 20 多年的品牌经营作为参照，我相信“仁聚德鸭子煲”的老鸭汤选用的食材应该是饲养了两年以上的老鸭。“仁聚德鸭子煲”的老鸭汤端上桌来，大大满满的一砂锅，汤色莹白细腻，汤上浮有一层淡淡黄黄的鸭油，浓度有如新鲜的牛奶，几颗红红的枸杞和红枣点缀于汤中，很是勾人食欲。鸭汤里面，浸润着鸭肉、鸭腿。鸭肉还没吃到口，鸭汤还没沾上唇，就这么看上一眼，已经是让我馋涎欲滴了。先喝一口老鸭汤，三匙两匙进嘴，鲜香得让人称奇，浓而不腻。再咀嚼两块鸭肉，立时，鸭汤的白滑，鸭香的氤氲，占据了大脑的整个思维，不得不让人牢牢地记住这“鸭子煲”，是真值得称道的老鸭好汤了。

“仁聚德鸭子煲”的老鸭汤作为招牌菜，连续不断地经营了20多年，这让我联想到了两个问题。一是作为器皿的“煲”，真是个好东西，且不说它已经出现在中国人的生活中已有5000年，有悠久的历史，而且被无数代的中国人用生活实践予以检验，这一点从古代仰韶文化和三星堆文化的发掘中能够得到证实。五千年后，我们当下的生活仍在继续证实。以现代人的视角看去，“煲”是一种非常环保的器皿和炊具，它是泥土与火交融的结晶，是人类道法自然的产物。用“煲”盛菜和烹饪，对保持菜肴的品质，尤其是保证食材的原有味道，“煲”实在是可圈可点。由于“煲”具有热容量较大的物理特性，离开热源后，热量释放缓慢，“煲”的优越保温性能就体现出来了。由此看来，选择“煲”来做盛器和炊具，是极具生活智慧之举。从这个角度上说，“仁聚德鸭子煲”推出的这款招牌菜是踏在正确的步点上了。二是现在越演越烈的餐饮行业大竞争，其焦点是落脚在一家餐馆有没有一款两款足以倾倒各路食客的当家特色菜上面，如果有，那就是“山不在高，有仙则名，水不在深，有龙则灵”。而这一款两款特色菜，作为菜品出品方的落脚点，就在于你首先要对推出的菜品无比热爱，而且深信不疑，不光是一时的深信不疑，而且是经年不变的深信不疑，用你对招牌菜式的热爱情愫，长时间地感染食客，这样你才能踏踏实实地立足本地，面向世界。我想，这个道理，不仅餐饮行业如此，其他行业亦然。推而广之，其实人生要想获得成功，何尝又不是如此呢？

话说远了，但确实是因近来两尝“仁聚德鸭子煲”老鸭汤，心有一得，不吐不快，多说三两句，且与各位看官分享。

38

萝卜当家

“一招鲜，吃遍天”，是餐饮业内公认的开店秘诀。于是，不管是开航母型餐馆，还是开一间只有几张桌子的夫妻小店，无论大小餐馆老板，对于开店能够让生意红火的秘籍，个个心领神会；能够拥有几道哪怕只是一道具有独到风味特点的招牌菜，大概是他们每个人都梦寐以求的愿景吧。

毫无疑问，做菜是厨师的本职工作，对于一个专业厨师而言，能够做出供顾客食用的菜式而不讨人嫌，这个不难，但要想能够做出确有独到之处，既能让同行认可、又让顾客喜爱、且又能为光大餐企品牌提供产品支撑的招牌菜式，那就是件很不容易的事情了。因为要能做成具有独到风味特点的招牌菜，不仅需要厨师对烹饪秘笈的超常领悟能力，还要有餐馆老板和厨师共同长时间的坚持。

招牌菜的形成与传播是需要时间沉淀的，尤其需要市场的长时间检验。以我对武汉中心城区餐饮市场的了解，普遍的情形是，开餐馆尤其是开风味餐馆的老板，知道要创立招牌菜道理的多，但真正做到在实际运营中下大力气坚持推出招牌菜的少。当然，反过来说，这也显示出拥有招牌菜的店家在食客心目中，更具号召力，更能体现出美食的力量。

最近，身边的餐饮界朋友，总在我的耳边念叨，要我去汉口马祖路上一家叫“和顺园”的餐馆去吃萝卜，说这家餐馆的招牌菜就是再普通不过的萝卜菜：一碗筒子骨煨大白萝卜，主角是大萝卜，配角是筒子骨，一言以蔽之，就是萝卜当家。这让我有些好奇，心想，稀松平常的大路货食材萝卜，还未必真能整出花来？

但我细细一想，把萝卜做出花来的可能性，的确存在，从道理上讲，天下没有不好的食材，只有手艺不到家的厨师。事实上，在中国传统的名菜谱中，有许多载入典籍的名菜，所用的食材，不也是稀松平常的吗？

萝卜食材平常不假，但萝卜里边有文化也不假。几千年来，萝卜是我们太熟悉不过的蔬菜品种，我国是萝卜的故乡，种萝卜、食萝卜至少有千年以上的历史。上古时，称萝卜为“芦菔”后来叫做“莱菔”，有学者考证说，《诗经》中所谓“采菲”，“菲”即是萝卜，这样看来，萝卜在中国人生活中存在就远不止一千多年的事了。另外，萝卜还有如“苞突”“紫花松”“温松”等不同的称谓。种植和食用萝卜的漫长历史，大浪淘沙似的择优，胜出了多个地方性种植萝卜的优质品种，比如江苏的“如皋萝卜”，产于天津的“天津青萝卜”，又称“卫青萝卜”，产于山东的“潍县萝卜”以及湖北长阳“火烧坪白萝卜”等，都是享有盛名的萝卜品种，成为无数种萝卜品种的优秀代表。

萝卜虽为常见茹蔬，但因其独特的食疗作用，被百姓备加喜爱。适当食用萝卜，可以去热消火，消痰止咳，宽胸利便，化积散瘀，救治晕船，解煤之毒，功效显著，所以百姓中有“萝卜上市，医生没事；萝卜上了街，药铺无买卖”的谚语世代流传。甚至毫不夸张地说，在缺医少药的漫长岁月，萝卜为炎黄子孙的世代繁衍与族群的兴旺，可谓立下了不可磨灭的功绩。

“和顺园”的当家菜“筒子骨煨萝卜汤”，起的菜名与萝卜的养生功能大有关系，叫做“养生大煲”，许多来“和顺园”进餐的食客，就是冲着这一钵萝卜而来的，据我的观察，“养生大煲”的点菜率，超过了85%。

“养生大煲”得来且费了工夫，它是老板兼主厨龚新城历时两年、在试验使用了两吨萝卜后，才确定了味型和烹制标准，然后作为餐馆招牌菜向食客推出。菜式搭配采用的是老武汉人最传统的煨汤组合：筒子骨加白萝卜。其烹制方法看上去也不复杂，不外乎先把骨头洗干净，剁成大块，放入沸水砂罐中焯3～5分钟，倒少许黄酒、姜片去腥，捞出骨头洗净。萝卜去皮，切成长条大块待用。把已经紧过水的骨头再次放入砂罐中，再将剩下的姜片全部加入沙罐，一次性加足水，大火煮至汤沸翻滚，约2～3分钟后改小火慢慢煨炖，约煨制2个小时，至汤见白色后就可以放进萝卜，至萝卜煨至熟糯柔软，即可用陶制大砂锅盛装，将筒子骨垫底，白萝卜码放齐整，配上点点红枸杞，撒上绿葱段，连同加热的陶制底锅一同上桌。端上桌的“养生大煲”品相极其诱口，中指大的长白萝卜块，雪白雪白，上面点缀着几点枸杞的艳红和葱段的翠绿，颜色艳丽但显得非常协调。筒子骨浓汤白酽得有如羊奶，喝一口，是武汉人最喜爱的咸鲜味道，鲜而不腻。搛一块大萝卜吧，入口柔糯，甜津津的，筒子骨的原汤味道合着萝卜的清新味道，沁人肺腑，而且回味良久……

老实说，能够把一款寻常菜肴，做得味透三分，而且让人印象深刻，让我有些料想不到。但仔细寻究，还是能从“和顺园”以萝卜当家的案例中，找出有规律的路径。其一，选用优良食材绝不马虎。“养生大煲”选用的是湖北长阳火烧坪白萝卜，这种萝卜产于长阳高山蔬菜核心示范区，萝卜具有嫩、脆、香、甜的独特品质优势，被评为“湖北省首届名优蔬菜”。筒子骨选用大棒骨，煨熬出来的油汁浓酽，萝卜充分吸收了从大棒骨里溢出的油汁，使萝卜的味道和大棒骨透出的骨肉之香完全融合在一起。其二，这款“养生大煲”形式感极强，从大块切成的萝卜、大棒骨和砂锅盛器，凸显出一股大气，使菜的外形上，具有极强的表现力。以我的观察，大凡称为一家餐厅当家招牌的菜式，外观形式上就不会小气，小气的菜肴可以精致，但难给人留下强烈的印象。其三，“养生大煲”是在寻常菜肴里做足文章，这就给其他厨师以创新的启迪：在不起眼的食材中，也能创造出菜式精品，创造名菜，不见得只能把眼睛盯在世上少有，出产稀珍的名贵食材之上，世界上最伟大的东西，往往就是从最平凡之处演进而来的。

元芳，你怎么看？

39

醇香透味「杜婆鸡」

江汉平原上的松滋市（过去是松滋县），有吃喝两件物事的大名远播在外。喝的为松滋所产“白云边”白酒，系浓头酱尾的兼香型白酒代表性品牌之一；吃的为源自松滋沙道观镇创制的一款禽类菜肴——“杜婆鸡”。

“白云边”酒名不凡，取自诗仙李白《陪族叔刑部侍郎晔及中书贾舍人至游洞庭》诗中的名句“南湖秋水夜无烟，耐可乘流直上天？且就洞庭赊月色，将船买酒白云边”。现在“白云边”酒声名显赫，几乎是家喻户晓。若是好喝两盅的酒友，估计没人不知道松滋“白云边”的滋味。“白云边”酒已然大成气候，这里也就不去说它。

且说松滋名馔“杜婆鸡”。

“杜婆鸡”，又名“杜家鸡”“沙道观鸡”“荆沙杜婆鸡”“松滋鸡”。

“杜婆鸡”的起源在松滋流传有两个版本。

版本一，说“杜婆鸡”起源于湖北省松滋市沙道观镇的杜姓家族。两百年前的清朝，杜家有人在清廷内务府当差，官阶虽不高，其人因手眼活络，耳目聪敏，很得皇亲国戚主子的喜欢，跟随着主子吃油了一张嘴。他比旁人多了个心眼，从御膳房里学会了烹制烧鸡公的技法，并提炼成了菜谱。这位内务府的当差修成了正果，平稳落地，年老致仕，辞官归回故里，过起了乡间员外的闲适生活。他时常忆起宫中美味，便让家厨照着从宫中携带出来的菜谱，烹制出包括“杜婆鸡”在内的肴馔款待客人。岁月流转，杜家后人有人娶妻，有人嫁汉，杜家厨房制菜的方法也随之流出了杜家大院，尤其是“杜婆鸡”的烹饪方法被固化下来，演绎成了一道具有松滋当地风味的禽类菜肴。

版本二，说发明“杜婆鸡”的主角为沙道观镇冠以夫姓的杜太婆。七十余年前，沙道观镇是处在南来北往交道线上的一个枢纽，小镇上杜家婆婆开了家小饭馆养家糊口，专为司机供应炒菜热饭。年近古稀的杜婆婆早年嫁入豪门，世事变迁，家道中落，她才飘游于江湖。常言说，大户人家的丫头，吃的少，看的多，当年一度是杜府当家大少奶奶的杜太婆，不仅见得多，而且也吃得多。经多必然识广。聪颖的杜婆婆能够烧得一手好菜，就为她晚年衣食的来源找到了一条自食其力的出路。尤其是她烧的仔鸡公，酱香味浓，油亮色重，颠覆了当地人只吃母鸡不食鸡公的饮食传统，被客商司机誉为“杜婆鸡”。但凡吃过“杜婆鸡”的司机和客商，像是有根线被杜老太太牵着，他们往往情愿多绕上几十公里的路程，也要弯到杜婆婆的小店用餐。久而久之，“杜婆鸡”的名声不胫而走，先是在松滋当地传开，成为松滋乃至荆沙地区节假日宴客的名菜。直至现在，松滋都流传着几句家喻户晓的待客民谣：

松滋人礼性大，进门就把椅子拿；先递烟，后筛茶，吃饭要把鸡子杀……

湖北其他大部分地区的农村也有杀鸡飨客的习俗，但所杀之鸡皆为母鸡，唯有松滋，待客所杀之鸡多为鸡公，显示出松滋大不同的乡风乡情，也是松滋为丰富湖北菜系作出的一份特殊贡献。

不管发明“杜婆鸡”的版本有几种，但有几个关键点是相同的，一曰“杜婆鸡”发明于松滋沙道观镇的杜姓人家；二曰食材取制鸡公仔，而且一定是活口，现杀现做；三曰在烹饪“杜婆鸡”时，一定要加荆沙辣酱，且烹饪时间短，进味快，肉质鲜嫩，油而不腻；四曰装盘配上松滋本地所产的“炖钵炉子”，越炖味越长，吃起来回味无穷。

“杜婆鸡”大肆流行于武汉三镇，是近二三十年间的事情，走的是商业渠道。事实上，许多荆沙菜点落户到武汉，都是走的商业路线。荆沙菜从味型到食材的选用再到烹饪方法，都较好地体现了咸鲜微辣，原汁原味的湖北口味特点，乐于被武汉人接受。“杜婆鸡”进入武汉后，流行的热度一直不退，尤其是美食聚集区，如汉口车站路美食一条街、汉阳腰路堤风情镇美食一条街、汉口复兴村美食聚集区、汉口蔡家田美食聚集区等大排档集中的地方，松滋“杜婆鸡”都是当仁不让的主角菜肴。

听业内人士介绍，说本市汉阳阳新路上有家叫“姐妹松滋鸡”的风味酒店烧制“杜婆鸡”颇有特色，周末便邀了三两个朋友，冲着这家店里的“杜婆鸡”而去。看完厨师烹制“杜婆鸡”的全过程，可以得出一个结论，这家酒店烹饪“杜家鸡”完全是按照菜谱规定的路线走：选取3斤左右的活口松滋土鸡公，去除内脏，洗净，切成均匀块状；将鸡块放入大火热油翻炒，尔后依次加入精盐、姜块、料酒、蒜苗、啤酒、八角、干辣椒，再加一勺荆沙豆瓣酱，就着油汁干焖。以千张、黄豆芽打底，约15分钟后，连砂锅炖钵带酒精炉一同上桌。我们配上几碟家常小菜，这一餐饭，喝酒吃鸡，大快朵颐，可称得上是美食享受了。

端上桌的“杜婆鸡”，看上去，色泽金黄勾人食欲。吃起来，鸡肉富有韧劲，有嚼头，有别于母鸡的肥腻，鸡肉透出了肉香味。荆沙豆瓣酱的鲜、咸味道透进了鸡肉内里，肉香扑鼻，佐酒下饭，两两相宜。

总结“杜婆鸡”的风味特点，用几个字眼即可概括：鲜、香、辣、咸，醇香透味。如果要与湖北菜系以外的同类菜肴相比较，“杜婆鸡”的风味，与重庆名菜“烧鸡公”有比较多的相似之处。

今天中秋，愿各位在佳节吉日，吃碗以鸡为食材制成的菜点，岁月吉祥，快乐美满！

附：在古语中，“鸡”可通吉，故鸡有吉祥之意。

40

徐古蘑菇宴

徐古是武汉市远城区新洲一个镇的名称，在武汉版图的最东端，与湖北的麻城市毗邻。在新洲县改区和麻城县改市前，这里是个被称为“一鸡啼鸣两县和”的地方。在没去过徐古镇之前，我不知道这个地名，更不知道这里还是一个以盛产双孢蘑菇而扬名的“蘑菇之乡”。

因为有朋友想在蘑菇产业链上找一片“蓝海”，图谋大的发展，便在徐古投入了不小的资金和精力，一年中呆在徐古的时间，远远超过了呆在汉口写字楼的时间。朋友三番五次地邀我去徐古看他的项目，但我一直磨磨蹭蹭没能成行。有一天朋友无意说到在徐古能吃到“蘑菇宴”，这话一下调动了我去徐古的积极性。说句没出息的话，我对朋友投资蘑菇产业的兴趣，远没有对吃“蘑菇宴”的兴趣大。

其实，我对“蘑菇宴”并没有完整的概念，既没吃过，也没看过。即便是吃单个的蘑菇菜，印象也比较零碎，积累的经验也只是在集贸市场上看到过诸如平菇之类的品种，或在小餐馆里吃个“平菇打汤”什么的，但对蘑菇菜新鲜的滋味是有过体验的。朋友说在徐古能吃到“蘑菇宴”，便让我兴味盎然，我随一拨好吃佬们在夏初的一个周末去了徐古。

走马观花地参观完了朋友投资的蘑菇深加工项目，很快就到了中午的饭点。朋友把就餐地点安排在镇政府的招待餐厅。我心里还在犯嘀咕：一个镇政府的招待餐厅，说到底也就是个基层政府机关的食堂，又能够做出什么好的吃食？但我忘了徐古有一个能够出品蘑菇菜的必要条件，那就是徐古是个“蘑菇之乡”，尤以产双孢蘑菇著名，有了食材供应保证，徐古的厨师们就有了能够做出别致“蘑菇宴”菜式的可能。有资料显示，双孢蘑菇的栽培始于法国，中国的双孢蘑菇栽培，1935 年始于上海，之后陆续推广到江苏、浙江、福建、湖北、湖南等地。徐古大面积栽培包括双孢蘑菇在内的蘑菇品种是近 20 年的事情，由于徐古的气候条件适宜于蘑菇的种植，所出产的蘑菇外观形状美、内在质量好，徐古便成了远近闻名的蘑菇出口基地，并被国家相关机构授予了“蘑菇之乡”的称号，徐古双孢蘑菇被评为湖北地方名优蔬菜。

因此而言，即令做“蘑菇宴”的厨师司厨本事不算上乘，而具备优势食材的先天条件，足以能弥补厨师司厨水平之不足。更何况这里的厨师们天天面对“蘑菇宴”的菜式，熟能生巧，日久成精，所以端上桌的一席“蘑菇宴”，颇有些让我开眼，色调主要由白、微黄、茶色为主，淡雅养眼。“香菇土豆炖鸡块”“奶油蘑菇汤”“干煸茶树菇”“鸡腿菇香芹”“香菇烩海参”“白灵菇扒菜心”“干锅葱烧蘑菇”“鲜百合猴头菇”“干锅葱烧台菇”，还加一口鱼片蘑菇涮锅……大盘大碟16道菜式，把一张圆桌撑满，主食材清一色由蘑菇担当，猪肉、鸡肉、草鱼、海参成为配菜。蘑菇原本味淡，不夺肉类食材的本味，有点甘于“待到春花烂漫时，她在丛中笑”的平淡，不抢动物类配菜的风头。“蘑菇宴”的烹制方法有炒、烧、烩、炖、扒、干煸，湖北菜式中的烹饪技法，在做“蘑菇宴”时大多用得上，烹制蘑菇菜的过程中，较少用了胡椒、味精、鸡精等调料，突出了不同蘑菇食材原有的滋味，算得上原生态的菜式。吃“蘑菇宴”我们选用了麻城的米酒，这种酒进口微甜，度数又不高，特别爽口，据镇上陪我们吃饭的当地朋友说，麻城米酒配“蘑菇宴”可谓相得益彰，最佳搭配。吃过这一桌“蘑菇宴”的总体感受，用一个字总结，那就是怎一个“鲜”字了得。

吃“蘑菇宴”不仅是味蕾的享受，还特别符合现代健康的膳食理念。被称为只有“一条腿”的菌类现在越来越受人欢迎，菌类的蛋白质、氨基酸含量丰富，是脂肪含量极低、维生素及微量元素较多的食品。而“蘑菇宴”是把多种蘑菇品种用多种烹饪方法集合而成的新鲜菜式，也称得上菜式的创新，走的路子正，遵循了“道法自然”的法则。吃过了徐古的“蘑菇宴”，使我留下了深刻的印象，投桃报李，我提一个建设性的意见：徐古镇既然是“蘑菇之乡”，不妨可以把蘑菇菜式加以整理，让其单独成为系统并花费力气加以推广。果如此，一来可以丰富湖北菜系，让更多食客得享口腹之乐；二来也是拓展蘑菇销售的渠道，如果武汉的餐馆乃至湖北的本帮餐馆都成了徐古蘑菇的销售终端，挂牌推出“蘑菇宴”菜式，徐古的蘑菇销售数量势必可观。毕竟，栽培出了新鲜美味的蘑菇，最终被人吃进了肚里，才能最终实现蘑菇栽培者花费苦心栽培了蘑菇的价值。

41

鱼包肉，味道足

餐饮业界有一种说法，叫做“味在四川，鲜在湖北”，这个说法我比较认同。四川菜百菜百味，一菜一格，其味型之丰富，达24种之多，举世公认。而鲜在湖北，或许有人并不赞同，但湖北菜咸鲜微辣，原汁原味的整体风格定位，大概各方面人士都是能接受的吧。

我应邀两次去汉口车站路美食街上一家叫“牛华杜家鸡”的风味酒店试菜，品尝过一款名为“鸡汤财鱼饺”的菜点。领略了此菜十二分的鲜劲以后，我甚至认为，“鸡汤财鱼饺”可为湖北人嗜鲜饮食习俗作一个注解：湖北人在追求味觉之鲜的通道上，的确是不遗余力。

我遍查各种版本的湖北菜谱，希望能找到“鸡汤财鱼饺”菜点的历史渊源。遗憾的是，各种版本的菜谱，确实都没刊有“鸡汤财鱼饺”的菜式条目。请教资深厨师，厨师也说，他们的师傅从没教过这道菜的做法。所以我得出的结论是：现在能够在大众餐厅里吃到的“鸡汤财鱼饺”，没有历史传承，没有故事传说，没有师傅带徒弟的耳提面命，是一款不折不扣创制于当今新款菜式。

与文字资料上“鸡汤财鱼饺”的缺失相佐证，在我的记忆中，好像能够吃到“鸡汤财鱼饺”也是近十来年间的事情。这款菜起先在“亢龙太子”酒店销售，然后在百步亭“天天艳阳”酒店和“味道小镇”餐厅也能吃到，再后来才在各种规模不大的风味餐厅菜谱上看到它（有的菜谱写的“上汤财鱼饺”、也有写“财鱼饺”）的踪影。

从“鸡汤财鱼饺”繁复的制作程序上看，它应该是厨师的有意之作，而不是无意得之的结果。或许，当初发明“鸡汤财鱼饺”的厨师是从北方人爱吃饺子的饮食习俗中受到启示，结合了湖北水宽鱼多的优势，尤其研究了财鱼鱼肉的韧性，于是把财鱼肉剖片勉强充作饺子皮，把猪肉茸当饺子馅，把老母鸡熬制的高汤当作煮饺子的汤水，取自鸡、鱼、肉三种动物食材制成了一款颇具创意的菜肴。

总结起来，“鸡汤财鱼饺”的特点有三：一是营养丰富；二是鲜味十足；三是制作上颇费功夫。

前面已经说过，“鸡汤财鱼饺”的食材组合了猪肉、财鱼和母鸡，三者都是我们在日常生活中最常见的家畜肉、家禽和水产。“鸡汤财鱼饺”成菜，财鱼与猪肉的占比大约为 7 比 3。食材本身的自然属性，决定了菜肴的营养状态。

财鱼也叫黑鱼，是乌鳢的俗称，它生性凶猛，繁殖力强，胃口奇大，常在水底栖息，能吃掉水面不大的湖泊或池塘里的其他弱小鱼类。辞书中介绍说，财鱼肉中含蛋白质、脂肪和18种氨基酸等，还含有人体必需的钙、磷、铁及多种维生素。《神农本草经》说，财鱼与石蜜、蜂子、蜜蜡（蜂胶）、牡蛎、龟甲、桑螵蛸、海蛤、文蛤、鲤鱼等列为虫鱼上品。传统中医认为，财鱼味甘，性平，无毒，适用于身体虚弱，低蛋白血症、脾胃气虚、营养不良，贫血之人食用。

猪肉又名豚肉，是主要家畜之一，其性味甘咸平，含有丰富的蛋白质及脂肪、碳水化合物、钙、磷、铁等成分，具有补虚强身，滋阴润燥、丰肌泽肤的作用。凡病后体弱、产后血虚、面黄羸瘦者，皆可用其作营养滋补之用。

常言谓之“战士的枪，厨师的汤”，厨师的汤多半是以老母鸡为主再添别的物料，慢功文火熬出来的高汤。母鸡汤具有益气健脾，固表止汗之功效。厨师用高汤做菜，还有为菜肴提鲜的功用。“鸡汤财鱼饺”的烹饪原理，正是以温度较高的鸡汤，将财鱼片制成的饺子皮和猪肉丸子氽熟致鲜致嫩。

把财鱼、猪肉和鸡汤一锅烩，营养丰富自不必言说，难得的是其味道鲜美异常，看来民谚所言“鱼配肉，味道足”是有道理的。

做“鸡汤财鱼饺”是个手艺活，不仅要考厨师的刀功，而且炉灶上也还很费功夫。鱼片得取自池养的活财鱼，现点现杀。鱼杀后，把财鱼片成鱼片，大小以能包一颗肉丸为度，稍不留意，将鱼片弄碎，就包不住肉丸了。猪肉取自猪的后腿，先切成长方形条状，然后用绞肉机绞成肉茸；将肉茸放在手心，团成丸状，当作饺子馅，放进片好的财鱼皮包起，制成鱼饺形状。

湖北人讲究一热三鲜，热汤热水是“鸡汤财鱼饺”口味极鲜极嫩的保证。所以，必将鸡汤在厨房烧滚，连卡斯炉带砂锅一并端上餐桌，然后将包好的财鱼饺下入砂锅，约 10 分钟，财鱼饺浮出汤面，这道菜就算做成了。“牛华杜家鸡”出品的“鸡汤财鱼饺”，选料严格，坚持现点现做，难怪但凡来此用膳的顾客，每桌都点有“鸡汤财鱼饺”。看来，好吃之菜是“好吃佬”的共同所爱，顾客的舌头不容欺骗。

在用过了“鸡汤财鱼饺”后，我对此道菜的口感一言以蔽之：鱼嫩肉鲜汤美，称得上是难得一见的创意美味了。

42

晚得蒌蒿又一家

农谚说："七九河开，八九雁来"，隆冬过后，正是春江水暖鸭先知的早春时节，武汉市民的餐桌上就可以吃到应时的野蔬——泥蒿了。

"正月泥，二月蒿，三月四月当柴烧"，说的是武汉人酷爱的一种节令野蔬——泥蒿。在武汉的众多菜式中，有几款未必为外地人喜欢的特殊菜品，其中一道便是泥蒿。在老武汉人的记忆中，泥蒿过去是穷人常吃的，在春节时吃的是蒿的根，春节过后吃的是苗（泥蒿的梗茎），阳春三月后，泥蒿疯长，再就没有食用价值，只能用作农家灶间的填物，当柴火煮饭烧水了。

翻阅字典，泥蒿是其俗称，学名为蒌蒿，别名就比较多了：水艾、蒿苔、水蒿、藜蒿、芦蒿等。泥蒿为菊科，蒿属，多年生草本植物。泥蒿的种子、根、茎均可繁殖。多生于水边堤岸或沼泽中，野生种植广泛分布于东北、华北、华中，以气候适宜，湖泊众多的湖南、湖北最为常见。两湖地区的都称其泥蒿。

以泥蒿入菜，始见载于《诗经》，晚些时候的北魏《齐民要术》上亦有食用记载。至宋代，文人骚客为泥蒿作咏者较为多见，苏东坡有“蒌蒿满地芦芽短，正是河豚欲上时”；黄庭坚有“蒌蒿芽甜草头辣”；陆游有“旧知石芥真尤物，晚得蒌蒿又一家”的名句广为流传。

湖北乃千湖之省，泥蒿的最佳生长地就是湿润的湖泊岸边，因此，泥蒿在见惯了大江大湖的武汉人的印象中不是稀罕物，价钱亦便宜，早年间有许多武汉居民在开春走人家时，顺便在回头坡岗上采摘泥蒿，于是回家吃泥蒿菜色的成本，也就是顺便使出的一把子力气。采摘泥蒿的不好之处，是掐过泥蒿的手指甲缝会染成紫黑色，而且较难洗掉。我小时候，就去过汉口郊区的武湖扯过泥蒿，当时在武汉各个菜市场里，大部分的泥蒿供应正是出产于武湖。

武汉人吃泥蒿通常有三种吃法：

第一种是清炒泥蒿。捋去蒿叶，掐去老掉的茎梗，留下青、紫相间的嫩苗。只在油锅中加入蒜泥、姜片，将摘洗干净的泥蒿在大火锅中翻炒片刻，即可起锅装盘。那一把泥蒿成春色盎然的模样，装在雪白的盘碟里，实在清新可人，煞是好看。如此方法炒出的菜式，其好处是让人较能吃出泥蒿的清香本味来。

第二种吃法，是“泥蒿炒腊肉”。这里边的要旨，是要加入自家冬至时节用土猪肉腌制的腊肉。旺火烧热油锅（只加少许食用油即可），下肥瘦兼有的腊肉片，煸至腊肉出油，呈现出焦黄色时，倒入摘洗干净的泥蒿，愿加干辣椒、蒜泥、姜片也可，不加也行，如此腊肉的油香悉数渗进泥蒿嫩嫩的茎梗中，于是装盘中有泥蒿的嫩绿，其间又夹杂着白黄的腊肉片，泥蒿的香味和腊肉的香味一齐溢出，滋味哪能不美呢。

第三种吃法在武汉人居家的餐桌上吃得最具广泛性，即凉拌泥蒿。做法是，将泥蒿摘洗干净沥干，将锅置旺火之上，将水烧开，然后将泥蒿入开水中焯水片刻，捞起沥干待用。用碗碟放入精盐、胡椒、味精、蒜泥、姜末、酱油、香醋和陈醋，调成汁，把焯过水的泥蒿放入调好的汁中拌匀，最后淋上香油即可上桌。

相较而言，吃凉拌泥蒿最能尝到泥蒿的本真味道：约带点苦尾子和细微的甜味，闻起来有泥土的清新与芬芳，其色为一盘春天的绿色。观其色，嗅其香，尝其味，泥蒿注定会受食者的欢喜。口感也非常独特，脆嫩、清爽，其香气甚至有些冲鼻，确乎为佐酒菜中的上品。

泥蒿现在广受市民追捧的原因，还在于其有丰富的营养价值和具有保健功能。现代研究发现，泥蒿叶含有桉叶素、蒿属醇等多种人体需要的成分，其所含的多种营养价值可与马铃薯媲美。从中医的角度讲，吃泥蒿有利膈、开胃、行水、解毒等功效，可治胃气虚弱、纳呆、浮肿等病症。作为食疗的方子，民间还将泥蒿用于治疗急性传染性肝炎。

泥蒿本为野生，应吃在当季，由于消费市场广阔，现在被广泛用于大棚种植，如果不是在正、二月间吃到的嫩绿泥蒿，一般是大棚里人工种植的产物。老实说，大棚出产的泥蒿，只有弱弱的清香之味，无论用何种烹饪技法，成菜实在难与野生泥蒿相提并论。

以我的观察，喜好吃泥蒿的武汉人不在少数。你若作为资深吃货一枚，如果想就着腊肉炒泥蒿喝两杯小酒，最好的去处是大排档。一般排档上的泥蒿是刚从集贸市场上采买，食材新鲜着呢，无论是清炒、腊肉炒，还是凉拌，都是不错的选择。而想吃泥蒿而去大饭店、大酒楼享用，以我的经验，这种选择绝对是一个错误。

南宋大诗人陆游对泥蒿有“旧知石芥真尤物，晚得蒌蒿又一家”的歌咏，从中我们可以看出，这位仁兄是个真懂吃泥蒿个中真昧的方家。

43

古朴食风炖钵香

在离我工作单位不远处，新近开了一家叫“广水乡吧”的餐厅。我现在从事餐饮美食传媒工作，少不了要交朋结友，每有朋友来访，如果正好到了饭点，我便就近带访客在“广水乡吧”用膳。

来访的朋友多为餐饮业的从业者，若在平常，要正而八经请这些业内人士吃饭还真是件扰头的事，一餐饭吃了钱多钱少还不是问题，关键是所吃餐馆的菜式没啥特点，入不了他们的法眼，作为请客的一方，我自己都觉得难为情。

好在门脸不大，餐位不多的“广水乡吧”，没让我丢丑。客单价不高的一餐饭，所吃菜肴的特点却颇为鲜明：席面上几个陶制小火炉上，搁着几个尺寸相同的陶钵，陶钵里炖有鱼、肉、豆制品和青菜，特别有“应山滑肉”这款标志性的湖北菜式。腊肉炖钵腊香四溢，越炖越鲜；水库鱼头炖豆腐，正应了千煮豆腐万煮鱼的老话，越炖味越长。尤其在眼下飘着雨雪的四九时节，小火炉中的木炭火烧得正旺，粗陶炖钵里热气袅袅，香气四溢，菜还没吃进嘴里，只看一眼几个炖钵你缠着我，我缠着你的腾腾热气，立时，一股暖意便涌上心头。

武汉的餐饮业态极其丰富，在这座以美馔品种丰富著称的城市，吃各种火锅稀松平常，吃各种吊锅也稀松平常，但吃与吊锅有异曲同工之妙的广水炖钵菜，倒不是每个好吃佬都能经常为之的美食经历。因此，请业界朋友在一家小店吃一餐广水炖钵菜的便餐，却能让我的朋友增加餐饮见识，身为主人，我的脸面不无光彩。

广水炖钵菜是鄂北广水的一大饮食特色，是当地过节待客的必备菜肴。湖北菜的味型特点之一是咸鲜，而广水炖钵菜式的美妙却正在于它的一鲜二热。

制作广水炖钵菜有几大要件：陶制小火炉、木炭、陶钵加上各种食材，烹饪方法为炖。广水炖菜品种不拘一格，荤腥、叶片菜和豆制品等等，都能一钵炖之，甚至在广水当地有无菜不炖之说。

广水炖钵菜到底起源于何年何时，我手头上没有资料可资查证。但我们经过类比可以发现，炖钵和北方的涮锅、四川火锅相像，都是用火烧锅，以水（汤）为介质导热，煮（涮）熟食物。从我们祖先发明陶器的新石器时代，到发明以油作为介质导热并形成主流的烹饪方式以前的漫长历史时期，煮，都是人们最常使用的烹饪方法。而以水为介质的烹饪器皿，则称“鼎”

或陶鼎。古代典籍中有“击钟列鼎”记载，用现在语言表述，就是众人围在鼎的四周，将牛羊肉等食物放入鼎中煮熟分食，陶鼎成为古人“烹于斯、食于斯”的炊、盛合一的“鼎食文化”具象器物。

汉代出现的“五熟釜”，南北朝时称“瓫”，它既是炊具，也是保温性能较好的盛具，也就相当于现代的砂锅和煲。广水炖钵应该是古代瓫的改良物，其实就是我们现在吃食堂时还能经常见到的蒸饭用的陶制砂钵，它没有“耳朵”，平底、有棱角，敞口，上边呈圆柱形，在做炖钵菜时，有人会用竹子扎成花边套，以防止端钵时烫手。

至于小火炉，像我们这般年纪的人对它不会陌生，30 多年前，城市居民都是以小火炉来烧火做饭以解决一日三餐之需。唐代白居易在《问刘十九》中所说：“红泥小火炉，绿蚁新焙酒，晚来天欲雪，能饮一杯无？”我以为是给小火炉做的一则跨越千年时空的广告。

现在“广水乡吧”炖菜的小火炉是改良过的，是用粘土泥巴上釉烧就的粗陶器具，可以直接上桌，燃料是木炭。粗陶火炉、木炭加陶钵，是烹饪广水炖菜必不可少的“三件套”，有了这“三件套”，不管是什么食材，皆可以一钵炖之。

回想起来，我与广水炖钵菜结缘已经有 20 多年的历史了。

20 余年前，我供职于武汉一家新闻媒体，孝感是我分片跑线的主要地区，一年总要去广水八九上十次。那时的广水不叫广水市（现在隶属随州市）而叫应山县，当时隶属于孝感市。应山县接待各级新闻媒体的对口单位，是中共应山县委宣传部，我第一次到应山，就被当地宣传部安排在县委招待所住宿、就餐。多次到过应山后，我与应山县委宣传部的上上下下都交成了朋友，在后来的日子里，他们就不再安排我在招待所吃客餐，而是请我去当地的小餐馆吃应山特色——炖钵菜。

据应山的朋友说，炖钵菜起源于应山乡下，改革开放之前，这里的大多数农民家庭经济拮据，平常时日买不起新鲜鱼肉、新鲜豆制品来对付一日三餐，只有过春节杀年猪时才有肉有鱼吃。当地习俗，在冬至过后，下湖捞鱼，杀猪宰羊，腌制腊肉和腊鱼，一为过年作好吃准备；二来等到年过月净，这些腊月间制成的腊货，便成为四时八节的节令应景菜肴和招待贵客的主打菜式，为主人支撑门面。

每逢佳节或有客人登门时，主人便将这些腊肉、腊鱼、干豆腐、笋子、腌菜和晒干的豆角、萝卜干等入锅炖煮，再加入一些新鲜的油白菜（也称泡泡青，是随州一带的地标产品），素有“大杂烩”之称。渐渐地，“炉子炖钵”成为广水地区惯用的一种烹饪方式，“大杂烩”也成为当地待客、过节的必备菜肴。不过，那时的小火炉不是现在“广水乡吧”这样的薄壁陶制品，而是用耐火泥糊制的小提炉。燃料与现在的木炭也不相同，县城居民烧的煤球，乡下农户烧的是木柴。

我在应山吃的炖钵菜，给我留下极为深刻的印象。现在想来，原因有两点，一是那时的我，没有像今天这样，以工作之便试菜之名，可以挑最好的厨师，挑选最好的食材，烹饪最好的菜肴，一言以蔽之，已经吃油了嘴。二是那时的食材是应山当地、当季的有机蔬菜，绿色环保，加之用炖钵炖，原汁原味，越炖越鲜，留下好吃的记忆，也是顺理成章的事情。

依我看来，“广水乡吧”的炖钵菜既是一种经营形式，亦是一种美味佳肴，还传承着一脉古老的饮食文化源流，它来自远古时代，流传于民间，带着浓重的泥土芳香，在我们向往田园生活，崇尚自然为时尚的今天，能够在大都市的滚滚尘世中品尝到古朴食风的广水钝菜，也算是物质精神的双重享受了。

44

“粉蒸鮰鱼”荆楚风

我的一位老同学春节前回汉省亲，他从我们就读的学校毕业后，分配到东北工作了将近40年，这段时间，他总共只回过武汉三五次。

这次回汉，他把能够联系到的老同学都找到一起聚会，其中包括我在内的大多数同学，是毕业后将近40年的首度聚首。

来而不往非礼也。于情于理，我都得做东隆重回请一下老同学。于是，我问客杀鸡，直接问老同学：“回武汉最想吃点什么？”老同学回答说：“最想吃‘粉蒸鮰鱼’，在我们武汉这边这么简单的菜，在东北那疙瘩怎么就那么难吃到口呢？”

我非常理解去外地工作了几十年的老同学舌尖上的乡愁。

他生于武汉长在武汉，而且他家就住在现今汉口航空路新世界百货商场附近，过去这里是在武汉享有盛名的“老大兴园”酒楼的旧址，老同学的家离“老大兴园”酒楼的距离不足百五十米。住在这一片区的居民，家里凡有重大事项需要接客吃饭，“老大兴园”是他们的首选。而“老大兴园”以长江鮰鱼为食材烹饪的鮰鱼菜式是传承百余年的镇店之宝，尤其是“红烧鮰鱼”“粉蒸鮰鱼”在武汉三镇声名遐迩，这间餐馆在百多年时间先后诞生了曹雨亭、刘开榜、汪显山、孙昌弼四代“鮰鱼大王”，做鮰鱼菜的功夫好生了得。

来“老大兴园”吃饭请客，点上一款招牌菜“粉蒸鮰鱼”，乃为“在谱”的待客之道。从小到大，老同学在“老大兴园”吃饭，最少不下几十次吧。依照人体器官的记忆理论，“粉蒸鮰鱼”给老同学留下深刻的味觉记忆，也在情理之中。

虽然此地的“老大兴园”已经停业十多年了，好在武汉这座城市找一家能吃到“粉蒸鮰鱼”的餐馆不算什么难事。于是，择了一个日子，我邀了一帮几十年前的老同学，一同去了武昌三环线离华师一附中不远的“聚缘庄”生态园聚餐叙旧。

我为什么选在离汉口市中心有将近一个小时车程的“聚缘庄”生态园聚餐呢？因为这家酒店的老板徐水元是厨师出身，且是“鮰鱼大王”孙昌弼的弟子，擅做鮰鱼菜式，以长江鮰鱼为食材烹制的“粉蒸鮰鱼”亦是“聚缘庄”的招牌菜式之一，在武汉好“粉蒸鮰鱼”这一口的好吃佬中，有良好的口碑。

“粉蒸长江鮰鱼”的确值得说道。长江鮰鱼是名贵淡水鱼食材，“粉蒸鮰鱼”是传统湖北菜中的经典菜馔，一直在武汉乃至湖北餐饮市场经久不衰。

“粉蒸长江鮰鱼”能够成为经典湖北菜式，依我之见，大概是它满足了三个条件：其一食材珍贵；其二烹饪方法独到；其三有美好的故事传说。

资料显示，长江鮰鱼，又名江团，学名长吻鮠，属鲇形目、鲿科、鮠属，是我国独有的淡水名贵野生鱼类，分布于长江流域部分江段。鮰鱼肉肥而不腻，春秋两季最肥嫩。从药理上讲，鮰鱼具有补中益气、开胃利水之功效。

依凭着长江江鲜丰饶出产的条件，湖北厨师极其善于以鮰鱼食材烹制鮰鱼菜式，其中“粉蒸长江鮰鱼”是除了“红烧长江鮰鱼”之外最著名的鮰鱼菜肴。“蒸”的烹调方法，是湖北厨师最为擅长的烹饪技法之一。以蒸笼为炊具做菜，起源于汉代，是汉族饮食文化的一朵奇葩，其中竹蒸笼蒸菜以原汁原味，蒸汽水不倒流，色香味俱全饮誉全球。湖北传统菜中的“沔阳三蒸”，“天门蒸菜”等都是以蒸笼蒸制而成，是湖北饮食文化的一张特色名片。

许多人嫌吃鮰鱼菜有些肥腻，而以米粉拌长江鮰鱼入蒸笼蒸制的方法，则较好地解决了鮰鱼有些油腻的问题。制作“粉蒸鮰鱼”的基本程式是：将鮰鱼从腹部剖开，去内脏，洗净沥干。切成6厘米见方的鱼块，再用水清洗一下，沥干水放入大碗。加米粉，加盐、绍酒等调料腌渍5～8分钟，再将腌渍好的鱼拌上米粉装盘放入蒸笼蒸10分钟。碗内抹猪油，将蒸熟的鱼块由笼内取出，逐块整齐地码入垫有纱布的笼屉，在旺火上再蒸10分钟取出，翻扣入盘。炒锅置中火上，放入猪油烧热，加鸡汤、酱油、料酒、醋、味精、湿淀粉烧成卤汁，起锅浇在鱼块上，淋上麻油，撒上葱花、姜末即成。

在蒸制鮰鱼的过程中，米粉吸收了水汽，也吸收了蒸制过程中鮰鱼溢出的油脂，这样成菜后的“粉蒸鮰鱼”就具有了肥而不腻的美味特点。

在民间传说中，鮰鱼还有一段神话故事。

传说鮰鱼原为天上监管鱼族之神，因向往人世间的爱情生活，趁天廷的警备人员松懈之机，从天廷飞向凡世。后被天廷警备人员发现，报告了玉皇大帝。玉帝下旨，将鱼族之神镇在长江江底的巨石之下。有一天，黄鹤在江面飞翔，听见从江底传来的呼救之声，于是潜入江底，见鱼族之神被巨石所压的惨状十分同情，便飞回天廷向玉帝禀奏，希望能免去鱼族之神的苦役。玉帝说鱼族之神触犯天条，为天律所不容，除非他放弃身份，等待万年后再用新身份供职天廷。鱼族之神回应说，我愿变身鮰鱼，游于长江嘉鱼簰洲湾段，春秋之季让渔人捞起，让厨师烹成菜肴，供凡世百姓饱腹充饥。

玉帝点头恩准。于是，世间才有了多款鮰鱼菜式，世代为百姓享用……

“聚缘庄”生态园的“粉蒸长江鮰鱼”没给我这个请客者丢脸：出品鱼肉洁白细腻，脂肪鲜嫩丰富；米粉拌蒸保持了米粉的原味，能够感受得到鮰鱼的肥美……

我问从东北回汉省亲的老同学，这道“粉蒸长江鮰鱼”的味道怎么样，他说：“这正是我记忆中的味道，就冲着经常能够吃到‘粉蒸长江鮰鱼’这样的老口味，我退休后赶紧回武汉养老，到时请你帮忙张罗一下，看武汉哪里的房子合适，先把住的地方定下，然后回家。”

美食自有美食的力量，我总以为这话是传说。这次，一道美食能让外出谋生的故人加快回家的步伐，发生在与我关系较近的同学身上，让我眼见为实了。

45

小巷深处大卤锅

时常惦记着汉口腹地统一街洪益巷深处的一口大卤锅。

若把时间倒退回去一百多年，那时被人称誉的“大汉口”，其版图，实际上仅限于今天东起头道街（因是由黄陂县进入汉口市的第一条街，故名），西至居仁门，南到沿河、沿江大道，北至京汉大道的这一方所在。现在可称这一方所在为正宗老汉口。照此看来，最具老汉口市俗风情的核心区域，其实也就是围绕着与中山大道成垂直方向的民生路、民权路、民族路三条大路，或成纵向或成横向展开形成的街巷。时至今日，居住在这一区域内街巷居民的生活，从日常起居到饮馔习惯等生活方式，仍然最能体现出浓郁的武汉风情，也最能体现武汉的汉味文化。在街巷生活的饮食习俗中，最具汉味特点的，当推在小巷中喝靠杯酒，吃卤菜了。

如果要说到吃卤菜，喝靠杯酒，就不能不说到汉口工艺大楼背后一条窄小的洪益巷里的一口大卤锅。

这口大卤锅是家叫“吴长子”卤菜馆的当家家什，口径在一米二左右。在这口锅里，似乎能把肉菜和豆制品等一锅卤尽，无所不包。卤锅里飨客的牛肉制品有牛肉、牛肚、牛筋；猪肉制品有猪耳朵、猪尾巴、猪蹄子、猪肠子、猪拱嘴、猪肚子、猪舌头；有卤鸡翅、卤鸭翅、卤野味、火腿肠、卤藕；豆制品有干子、千张、豆棍、素鸡……毫不夸张地说，这口卤锅可算是集武汉卤菜品种之大全，是武汉卤菜品种的集中展示了。

卤菜是菜品的一个门类，在全国各地方菜系中都能见到其踪影。以烹饪方法论，卤菜，是一种烹饪方法的直接产品，是将食材经初步加工和焯水处理后放在配好的卤汁中煮制而成的菜肴。在餐饮业，卤菜一般可分为红卤、黄卤、白卤、药卤、酱卤五大类型。卤菜品种中以四川卤菜（简称川卤）、广东卤菜（简称粤卤）和湖南卤菜（简称湘卤）较为著名，尤以川卤在全国各地最为普遍，且多以红卤为主。广东卤菜又称烧腊，烧腊其实分为“烧”和“腊”两种，但现在人们总是将“烧腊”连在一起叫，似乎不太在乎两者间细微的种类区别了。广东卤菜多以黄卤和白卤为主。湖南的武冈卤菜采用二十多味名贵药材，用卤鼎熬制成卤水，将食材反复浸煮，凉干而成，色近黑色，属于“药卤”的类型。

卤菜的历史非常久远，先秦时期的《礼记·内则》记载的“生渍牛肉”，可看成是一款卤菜：“取牛肉，必新杀者。薄切之，必绝其理，湛诸美酒，期朝而食之。以醢若醯醷。”用现在的语言表述，“以醢若醯”——以酱和醋、梅浆调味食之，这其实也就接近现今卤菜的烹饪方式了。相传，秦代蜀郡太守李冰率万余民工修建都江堰水利工程后，又派人生产出了四川最早的井盐，为卤菜提供了卤料条件。西晋人常璩所著的《华阳国志》在记述当时饮食习俗就有“尚滋味，好辛香”及“鱼盐、茶蜜、丹椒”的记载，从中可以看到，当时的人们已经学会使用岩盐和花椒制造卤水了。西汉人左思在《蜀都赋》中就有“调夫五味，甘甜之和……五肉七菜，朦厌腥臊，可以练神养血者，莫不毕际”的记载，调夫五味讲的就是卤料的调味方式。唐朝的文人骚客都喜欢在写诗时饮酒，而饮酒又少不了上乘佳肴佐酒，于是，便于携带的卤菜在唐代得到了进一步的发展。到了明代，人们的饮食习俗非常注重于食疗养身，《饮膳正要》和《本草纲目》中记载的药料中有些既能治病、又能食用，还能调和五味，所以其中的部分药料，经过配伍，被作为卤菜的调料，用于卤制菜品的实践。

武汉卤菜与川卤、粤卤和湘卤不同，有自己的特色，亦即具有油厚、味浓的特点，与湖北菜系中的烧菜风格有异曲同工之妙，大约归类于酱卤的范畴。至于像精武鸭脖、新农牛肉，周黑鸭等新锐卤菜，当划入红卤或药卤之列，通常制作了成品，不随卤锅当垆飨客。武汉卤菜在配制卤汁时通常只加五香、八角等少量的香料，亦添加了酱油，所以成菜时色泽呈酱色，卤成了菜品后，不晾干，还是泡在卤水中，这也是武汉卤菜的一个显著特点。

洪益巷的大卤锅，集中体现了武汉卤菜的风格，油腻、色深、味重。洪益巷的大卤锅能在吃客中建立了影响，得益于卤水卤料的调味，卤水是老卤水，年龄在 15 年以上，所以大锅卤出的卤货，格外入味透香。来洪益巷吃卤菜，四季皆可，尤以夏季更能显出武汉这座码头城市的豪爽性格。华灯初上时分，到处还热气蒸腾，从武昌、汉阳开车过来，把车停在停车场，然后穿街过巷，逶迤来到洪益巷里，找小巷的某一角落，支一张小桌子，坐定，到卤锅前，捡着自己喜欢的卤货点要，或猪尾巴或卤干子、卤藕，杂七杂八拼成一大盘，老板便把你点要的卤货切好，末了将一瓢油光黑亮的卤汁，浇在切就的卤菜上边，就是成菜了。白酒呢，以低档的扁瓶子二锅头或者毛铺谷酒为主，啤酒以东西湖出产的雪花牌子为主，吃一口卤菜，喝一口酒，嘴里冒油，额上冒汗，大快朵颐，这是真正意义上的大碗喝酒，大口吃肉。喝到高兴处，不管是开着奔驰来的还是坐着宝马来的吃客，也不管是穿的“阿迪达斯”，还是“都彭”的体面人，却不再讲形象的周吴郑王，一律脱光了膀子，顾不上吃相雅还是不雅，汗珠随着光着的上身向下淌，酒性挥发了，口腹之欲满足了，立时觉得周身通泰，迈开腿脚，却感步履轻快。许多人与我来吃洪益巷卤菜的目的相同，所图“爽快”二字。到了这里，哪怕不吃一筷子卤菜，不喝一口小酒，而只看一眼吃卤菜喝酒的人，也觉得那场面非常过瘾！

洪益巷的大卤锅，每天定量供应两锅，以锅中卤菜售罄为度，然后打烊关门。周而复始，白天买菜烹卤，随着又一个傍晚的来临，“吴长子”卤菜馆又用满满一大锅的卤货，迎来一拨又一拨前来喝靠杯酒的客人。喝酒吃菜，惬意人生，这也许就是许多书籍电影里描绘的人世间世俗生活中醉人的烟火红尘场面了吧！

46

小小汤圆，圆又圆

“爆竹声中一岁除，春风送暖入屠苏”的春节刚过，传统元宵佳节又接踵而至。我们汉民族历来就十分看重元宵节，宋代大词人辛弃疾在《青玉案·元夕》中记载了元宵节的盛况：“东风夜放花千树。更吹落，星如雨，宝马雕车香满路。风箫声动，玉壶光转，一夜鱼龙舞。”一千多年过去了，直到现在，我国城乡广大居民仍有闹元宵的习俗。闹元宵的重头戏之一，是在正月十五的这一日，必定全家团聚，煮一锅元宵，大家放开肚皮以啖之。元宵也称汤圆，外形团圆光溜，阖家一起吃元宵，有团圆吉祥的意思，意味着新的一年全家幸福、万事如意。吃汤圆的习俗，几乎是全国性的，比如成都的余氏小汤圆、重庆的赖汤圆，其主打产品，都是汤圆。就连中国台湾也不例外，中国台湾民歌唱道：“卖汤圆、卖汤圆，小二黑的汤圆圆又圆……

吃了汤圆好团圆。”这些都说明汤圆是天下最普遍的吃食品种之一。

汤圆是中国的代表小吃之一，历史十分悠久。据传，汤圆起源于宋朝。当时各地兴起吃一种新奇食品，即用各种果饵做馅，外面用糯米粉搓成球，煮熟后，吃起来香甜可口，饶有风味。因为这种糯米球煮在锅里有浮有沉，所以它最早叫“浮元子”，后来有的地区把“浮元子”改称元宵。与北方只有正月十五吃元宵不同，南方一年四季都可以吃的，汤圆之于南方人的重要性，正如饺子之于北方人。长江以南的广大地区，汤圆或者称汤团是岁时变化的标志性食物，喜欢喜庆的国人，家庭团圆的好口彩一年讨到头。元宵在武汉的方言中也称汤圆，吃汤圆不唯非在年节而为之，即使不是元宵节，街头巷尾也时常能见到路边卖汤圆的担子，这在武汉也是有传统的。清道光年间叶调元在《汉口竹枝词》曾记载，百余年前有家在龟山顶开设的店子，名叫祖师殿，就以卖汤圆闻名。至于现在，汤圆已成为具有汉风汉味的特色小吃，在餐馆、小吃店里，诸如猪油麻茸汤圆、发面汤圆、宁波汤圆、鲜肉汤圆、芝麻酥汤圆……花样繁多，不一而足。当然，真正的老武汉，吃汤圆可心去处，还是选民众甜食馆的小小汤圆。

据说，在民众甜食馆吃汤圆，还有过这么一件趣事：一位外国朋友买了一碗汤圆，先吃过一个汤圆后，又夹起一个却半天不进口，把汤圆翻来覆去地看个没完，口里还小声的喃喃自语。服务员好生奇怪，便忍不住好奇心，问与外国朋友一同前来的翻译：“他说汤圆怎么了？”翻译笑笑说：“他说汤圆味道好极了，就是不知道这馅芯是怎么摆弄进去的？”服务员掩面而笑，走进操作间，拿了和好的汤圆粉，现场给老外做了包汤圆的表演，引得这位外国朋友伸出拇指不停地夸赞。

民众甜食馆做的汤圆，以技艺精湛享有盛名。从表面上看，其做法同其他餐馆并无两样，也是糯米用清水淘洗干净，反复揉搓，浸泡后倒入箩筐内，沥干晾干；将晾干的糯米碾成细粉，再放入细纱箩内，筛成糯米粉待用；置一口炒锅于小火之上，放入芝麻，炒至九成熟时盛起，去皮，碾成芝麻仁。核桃仁，杏仁，瓜仁，橄榄仁，亦如此法除去外皮，切成如小米粒般大小的颗粒。然后加入白糖，面粉，糯米粉，桂花蜜、清水、反复揉搓拌匀，用自制的一个活动长方木匣一只，撒入面粉抹匀，将五仁糖馅分五次放入，然后用一个自制的轧板放在木匣的糖馅上，用檀木榔头捶实，取下木匣，即成五仁糖馅大块，用长条薄刀，切成三分见方的小糖馅。再依次把馅放入清水中浸湿一下，旋即取出沥水。把待用的糯米粉倒在叠箩内，放入浸湿的糖馅，置形状特别的小木凳上，推动箩筐，让糖馅在筐中滚动，这样推叠四次，就叠成一个个小巧玲珑的汤圆。煮汤圆是最后一道工序，架锅烧水，加水要宽，把小汤圆下入锅中滚水里边，当汤圆煮到能够漂浮于水面，即告做汤圆和煮汤圆的整套工序已经完成。

依照此法做出的汤圆，是民众甜食馆的独门秘笈，且为独家经营，别无分店。煮熟的汤圆看上去，汤圆洁白，漂浮于碗中，挨挨挤挤像一只只圆不溜秋的乒乓球，煞是可人：吃起来口感绵糯糍软，糯不沾齿，油润香甜，香醇可口，软软融融。尤其是住在周边的老人，民众甜食馆的小汤圆，一直是他们称心的食物，有的甚至来这家餐馆吃汤圆，靡费了一辈子的时光。

汤圆在古代是市中珍品。南宋姜白石曾有诗曰：

> 贵客钩帘看御街，市前珍品一时来，帘前花架无行路，不得金钱不肯回。

汤圆在武汉是寻常物，由于武汉及周边盛产糯米，这就为汤圆在武汉食肆大行其道奠定了基础，深知汤圆美味的武汉人，喜欢吃汤圆也就理所当然，更何况汤圆里面还有那么美好的寓意，有那么多有趣的文化呢。

47

户部巷里夸“面窝”

“面窝”是武汉居民十分喜爱的一种早点。它既能饱肚充饥，又软脆兼备，价廉物美，的确是一种别具地方特色的大众化食品。它名为“面窝”，其实原料并非面粉，而是用大米、黄豆按比例浸泡磨浆，混合炸制而成的食品。

考证“面窝”的来历，似乎不难。它从出现伊始，迄今大约有百余年的历史。民间流传的版本是，清光绪年间，汉口汉正街集家嘴附近，有一个名叫昌智仁的熟食经营者，他原靠烤烧饼为业 。因卖烧饼的人很多，竞争激烈，他的生意清淡，养家仍然困难。老昌穷极思变，想搞点花样翻新，便在大米上动开了脑筋。他看到粮店的碎米远比面粉便宜，成本低，琢磨着能否将碎米磨成浆再加上黄豆浆炸成“米饼”呢？于是他找来铁匠商量，为了使“米饼”脆软兼备，特地打制了一把边凹中凸的圆形铁瓢，将调好味的豆米混合浆浇至铁瓢中，放到油锅一炸，嘿，一个个边厚中薄，周软内脆的“米饼”脱瓢而出，就像一朵朵怒放的葵花在油锅中泛起。邻里街坊闻香而来，争相购买，品尝之余，有人问老昌：“你这种东西好吃是好吃，怎么就没个名称？”老昌一愣，真的还没给它取个名儿呢，便信口答道：“就叫它‘面窝’吧。”武汉的早点“面窝”，从此得名。

1949年以前，经营“面窝”的熟食摊贩，遍布三镇的大街小巷。最有名气的要数武昌户部巷一家谢姓人家。炸制“面窝”为谢氏家传，少说也有80多年历史，到了谢荣德这一代才因炸制“面窝”出了名。1920年以前，谢荣德还以靠肩挑小担，沿街炸制“面窝”为业。到了1940年代，他才在武昌户部巷租了一间小门面，开始固定经营。从这时起，户部巷的“面窝”声名大噪，凡从汉口过坐轮渡到武昌尝鲜的人，莫不以到户部巷谢氏“面窝”店铺一尝为快。

据当地白发老人回忆，谢荣德炸的“面窝”，配料讲究，与众不同。除严格按比例投入黄豆精磨浆外，别人用的是碎米，他用的是优质大米，还掺进了一定比例的糯米混合磨成浆。别人用的是廉价的菜籽油，而他不惜工本，用的是香磨小麻油；在佐料方面还添加了葱花、芝麻、姜末，因而“面窝”浆一放进油锅就香味四溢。其吃起来更是焦脆适度、泡松可口。他还根据顾客不同要求，炸制焦软程度不同的面窝。比如老人牙齿不好，他就炸成圆圈形的泡软面窝，俗称“圈圈”，年轻人喜爱焦脆的口感，他就在火候上加以照顾，炸成“焦片面窝”俗称“片子”。他还别出心裁，炸制出了一种“夹面窝”：将炸好的“面窝”再涂抹上一层生浆，投入油锅复炸。这种“面窝”外软内酥，老少咸宜。近年，章必钢先生在武汉出版社出版的《新武汉竹枝词》中写道：“糍粑面窝焦又黄，糊汤米酒醉人香。武汉有个户部巷，般般早点任君尝。”于是，谢氏“面窝”随着户部巷的声名远播，流传更远了。

吃“面窝”过早的好处之一，是极为方便颇有流动性，现在依然能在早晨上班时间，看到骑着共享单车的青年人，一手扶着自行车笼头，一手拿着“面窝”的情形。我读小学的时候，过早最喜欢买“面窝”。那时一个“面窝”人民币 4 分钱，用家长给的过早钱（通常是 1 毛）花去 8 分钱，可以买两个，用竹签穿起来，边走边吃，不会耽误上学时间。后来到了上世纪的 80 年代，“面窝”每个涨到人民币 1 毛钱，即令过去了 40 年时间，“面窝”每个低的卖人民币一块钱，高的卖一块五毛钱，在江城现今过早的品种中，也算是比较便宜的种类了。

自从黄豆加大米炸制的“面窝”在武汉问世以后，有熟食摊贩同行从中受到启发，更是发展出了“豌豆面窝”“红苕面窝”“萝卜面窝”等多个品种，“面窝”家族在武汉日益兴盛，极受食客的喜爱。略让老武汉们不太爽快的是，如今的早点“面窝”虽然仍受欢迎，但遗憾的是一些摊贩由于偷工减料，该加的芝麻不加，该洒的葱花不洒，此类偷工减料的面窝与户部巷的谢氏“面窝”比较起来，其味道已有云泥之别了。

据报载，北京近时举办了来自全国各地早点品种的食品展销会,武汉的“面窝”也已出现在北京的街头。登陆首都的“面窝”，但愿没有掉武汉城市的“底子”，也让首都人民和南来北往的游客能够尝尝来自武汉“面窝”的独特味道，看看这个叫“面窝”食物，为什么能那么受武汉人的喜爱?

48

佛手山药有佛缘

又到了一年之中最为寒冷的三九时节，朋友相邀去一家叫“武穴汉办餐厅”吃“佛手山药炖排骨“的锅子祛寒。猪排骨是土猪排，吃起来有猪肉的香味；山药是佛手山药，软糯绵和。再加上吃炖锅的好处是一热三鲜，如此这般，这道菜的味道自然好极了。大家吃得兴起，朋友让我说道说道有关佛手山药的种种。

山药对我们来说并不陌生，大多数情况下，我们熟知的山药，无论是在农产品集贸市场，还是在生鲜超市看到的山药，大多是细条形状，说得更形象一些，很像一根拖把棍子。抛开山药的药用价值，单从食物的口感角度评价山药质地的优劣，一般而言是以山药的脆爽程度为依据，口感脆爽的山药是上好的品类，口感软糯的山药是较次的品类。河南焦作出产的山药，质地优良，因其表皮蕴含铁锈色且口感较脆，故称铁棍山药，是医家和食家都看好的食材兼药材，声名享誉华夏。

湖北省境内鄂西北和部分鄂东地区也产山药，其药用价值一点也不输给包括河南在内的北方诸省所产山药。鄂东出产的佛手山药，从形状到口感，都与以铁棍山药为代表的条状山药大为迥异，与铁棍山药一样，佛手山药也是获得国家农产品地理标志认证的传统特色农产品。如果从品质而论，产于武穴市（过去叫广济县）的佛手山药，起码能与铁棍山药不分伯仲。依我看，佛手山药之所以不像铁棍山药那样身价百倍，差的只是没有铁棍山药那般的名气罢了。

其实，武穴佛手山药有着悠久的文化、丰富的营养和独特的风味口感。当地人之所以把一种山药冠名以佛手，原因在于这种植物与禅宗佛教结有很深的缘分。

佛手山药的生长对地理位置要求极其挑剔苛刻，主要产地仅限于武穴市境内的梅川镇、余川镇一带，这里地处大别山南麓，是大别山山区与长江中下游平原交界的地方，此地的日照、气温、土壤等多项条件，特别适合于佛手山药的栽种。

武穴山药的形状，很像人伸出的一只手掌，武穴人把土特产品与佛门挂上钩确实有值得说道的理由。

古时武穴（过去称广济）的政府所在地是梅川镇，梅川自古以来就被称为“佛国”。因为梅川镇出现过一位禅宗佛教的顶级人物，这位后来影响佛教发展进程的人，便是尊为禅宗四祖的道信。史料记载：道信（580—651年）俗姓司马，也称司马道信，出生于现在的武穴梅川镇。隋文帝开皇十三年（593年），道信向禅宗三祖僧灿求法，后在吉州符寺受戒。26岁时被三祖授以衣钵，史称“四祖”。唐高祖武德八年（625年）道信在黄梅破额山正觉寺（亦称“四祖寺”）传经讲法。及至以后，慧眼识得少年弘忍为超凡脱俗之佛教俊才，带至身边解惑传道，将衣钵传授予五祖弘忍（湖北黄梅人，俗姓周），再以后，五祖弘忍将衣钵传授予六祖惠能（广东人），这才有了博大精深、生生不息的禅宗佛教文化在中华大地上发扬光大。

相传道信出生于七品县官之家，生来不缺吃少穿，天生怀有一腔悲悯情愫，对缺吃少穿、缺医少药的劳苦农人给予深深的同情。道信少时聪颖过人，除了读书识字以外，还跟江湖郎中学习问症把脉，炮制药丸，希望能学有扁鹊之术，解救众多病痛患者出水火。在医病治人的过程中，道信发现当地随处可见的山药是一味极好的药材，每每给病人开方使用当地山药治病。说来也神，道信用山药当药方，不知道医好了多少人的病，毫不起眼的山药，在道信的手中竟成了无价之宝。比道信晚了七八百年的明代医圣李时珍对佛手山药称誉有加，在其巨著《本草纲目》中指出，佛手山药能治诸虚百损、疗五劳七伤、去头面游风、治腰痛、除烦热、补心气不足、开达心孔、多记事、强筋骨、益肾气、健脾胃、治泻痢、化痰涎、润皮毛、降血压、抗肿瘤、缓衰老、延年益寿……佛手山药的药用价值，也就广布于天下了。

及至道信出家成了禅宗四祖，弘扬佛法，家乡百姓为了表达对道信的由衷崇敬，便将武穴出产的貌似人体手掌的山药称之为“佛手山药”，这个名字一直沿用至今。

佛手山药当药用是上好的药材，当食材亦是上好的食材。我发现，大多获得国家农产品地理标志认证的传统特色农产品都有一个共同的特点，即营养价值高、药用价值高，而且，制成菜点，也是佳肴。佛手山药能单独成菜，譬如拔丝山药、枣泥山药，有一股甜甜的味道。

如将山药洗净去皮、切成薄片炒肉片，切厚块红烧肉，切大块随冷水下锅温火煨出排骨汤等，都可烹成风味美馔。用山药与排骨、鱼头、牛肉等煲汤，口感独特，糯香浓郁，不单是肉好吃，且汤更鲜，味更美，百食不厌。

佛手山药最让人称道的还是高营养价值。

现代人越来越讲究菜肴的营养价值。以现代人的观点，吃饭，不仅是满足饱肚裹腹的需要，也不仅是满足品鉴味道之美的需要，而且还希望满足吃出健康的需要。武穴佛手山药含有糖、蛋白质、钾及氨基酸、维生素等多种营养成分，具有滋阴、利肺、健肾、健胃、止泻痢、化痰涎、润毛发等功效。山药更是一种天然的纤体美食，它含有足够的纤维，食用后就会产生饱胀感，从而控制进食欲望，说成大白话，佛手山药还有减肥的功效。

武穴离省会城市武汉也就200多公里的距离，对于新奇食材的挖掘，是武汉众多餐厅老板十二分乐意花气力去做的事情，因此，武穴佛手山药这道好食材，能转化成武汉大众餐馆的佳肴，也就不足为奇了。吃佛手山药的季节，于秋冬之时节最为相宜。我们在岁末天寒之时，吃了这一锅热腾腾的“佛手山药炖排骨”锅子，饮了二两小酒，几口热汤喝下，搛了几块佛手山药下肚，立时血液加快了流速，周身融融有了暖意——早已忘了门外朔风凛冽，寒气袭人了。

托了佛祖的福，让我们享用“佛手山药炖排骨汤”这样的佳肴美味，阿弥陀佛！

49

“藏王羊排”，爱意满满

只要问一下武汉的旅游发烧友，恐怕没有一个不把西藏看作是旅游胜地，没有一个不想踏上西藏的地界，看一眼冷峻的珠峰，抚摸一抹绵柔的白云，倾听一曲高亢的藏歌吧？

事实上，也不是每个喜欢西藏的人，都能踏上那片神奇的土地。

那么，是不是没去西藏的武汉人，就不能领略西藏的风情呢？

那也不见得。比如，我们可以去位于汉口京汉大道武商段一家西藏文化主题餐厅——“西藏印象”看一看，逛一逛，吃一吃，那也算是别样的“西藏游”哦。

“西藏印象”虽说是家餐馆，却更像是藏族文化的一个展示交流中心，里面除了能够吃饭进餐，还可以购物，尤其可以买到来自雪域高原的藏药。“西藏印象”离我的住地直线距离不足 300 米，我多次去过“西藏印象”，倒不是去吃饭，而是闲来当作博物馆逛的。

因为混了个“美食评论家”的虚名，会经常受邀去一些餐厅酒店试菜，所谓试菜也就是自己掩耳盗铃的说法，用朋友们的嘲笑解释，其实就是以职业名义混吃混喝而已。如果是我感兴趣的餐厅酒店，感兴趣的菜式品种，只要有人一叫，就屁颠屁颠的生怕跑掉了队。

这不，“西藏印象”的董事长、康巴汉子斯朗·丹增曲培先生邀我们去“西藏印象”做客。我二话不说，赶紧把桌上摊开的文件收了，同一行人，乐呵呵地去吃西藏菜。

老实说，过去我对西藏菜式不胜了了，更没去过西藏实地吃过藏民烹制的藏菜，没有建立藏菜的起码概念。因此而言，对此次吃藏菜后的评价，完全是以个人的口味好恶出发，一点没有顾忌，当然也顾忌不上藏菜的通行标准，纯属个人见解，对错与否，还由列位判官评判。

我曾问过资深的厨师，西藏有独立成系的菜系吗？回答说有，但历史传承时间较短。真正形成西藏菜系，且系统地见诸汉字，是在上世纪 50 年代亦即和平解放西藏以后，西藏菜与汉民族菜系逐渐融合而成的一支独具特色的菜系。

由于西藏地处世界屋脊，大部分地区空气稀薄，土壤贫瘠，植物类食材生长困难，鲜有菜蔬出产，所以动物食材以牛、羊、猪、鸡等肉为主。蔬菜以土豆、萝卜等块茎类植物为主。饮食以米、面、青稞为主。藏民多喜欢重油，厚味和香、酥、甜、脆的食品，调料多辣、酸，喜用香料。烹饪实践中多用烤、炸、煎、煮等技法。

看来，斯朗·丹增曲培先生为招待我们颇下了些本钱，飨客菜品多为“西藏印象”的拿手大菜。除了几道本帮菜品（这也是照顾武汉当地食客口味，菜品接市场地气之必须），其他菜式皆为藏菜：“雪域双拼”“石锅藏香鸡”“康巴坨坨牦牛肉”“多彩人参果”“康巴血肠”“藏王羊排”“桑吉卓玛”“青稞石烤馍”……只觉得这一桌菜装盘考究，盛器极具藏族特色，形式感颇为养眼。

这一桌菜品色香味俱佳，但若问有没有哪道菜更让人印象深刻，更值得说道说道，我个人以为“藏王羊肉”颇值一谈。

理由似乎很充足。一款菜式“藏王羊肉”诠释了历史上汉民族与藏族人民和谐相处的一段佳话，也见证了唐朝文成公主和藏族一代英主松赞干布夫妻恩爱的史实，蕴藏着一段美好感人的故事。另外，“藏王羊肉”从选材到烹饪方法再到味道，都有独到的地方，有可供湖北厨师借鉴之处。

距今1300多年前，唐朝文成公主离开繁华的都城长安，西行约3000公里，历经千难万险，来到雪域高原，与吐蕃王松赞干布和亲，开创了唐蕃交好的新时代。

公元7世纪初，中原地区经过数年的争战，唐高宗李渊、唐太宗李世民父子终于鼎定天下，于618年以长安为都城，建立了大唐帝国，史称唐朝。唐朝国势强盛，成为当时东亚地区文明的中心，对周边民族部落产生了强烈的影响，周边民族部落纷纷与唐朝修好，或称臣内附，或纳贡请封，是中国历史上汉族与其他少数民族交流最为频繁的时期之一。

同期，雪域高原的一代英主松赞干布，完成了对一些小国的兼并，定都逻娑（今西藏拉萨），建立了统一的吐蕃王朝，成为吐蕃王。极具战略眼光的土蕃王谋求与唐王朝建立密切关系，两次派专员出使长安，向唐皇求亲。唐太宗李世民审时度势，答应把宗室之女文成公主嫁与松赞干布。

消息传到拉萨，松赞干布欣喜异常。唐室发亲后，藏王亲自率军远行至柏海（今青海玛多县境）迎候文成公主。在离黄河源头不太远的扎陵湖和鄂陵湖畔，一对异族夫妇便在这美丽的地方，度过了他们的洞房花烛夜。

文成公主安抵拉萨时，人们载歌载舞，欢腾雀跃，欢迎她的到来。松赞干布非常喜欢贤淑多才的文成公主，专门为公主修筑了布达拉宫，共有1000间宫室，富丽壮观。藏王对文成公主的爱，由此可见一斑。

虽然拥有夫婿的爱,但作为一位生于中原,长于中原的女子，文成公主在雪域高原生活的不适是可以想见的，连维持生存最基本的元素——吃饭都是问题。西藏少有蔬菜，菜式以牛羊肉为多，每日一日三餐的进食，似乎都成为文成公主的受难时间。中原饮食习俗与藏族饮食习俗的差异显而易见。文成公主吃不惯西藏饭菜，身体日见消瘦。这一切，都看在松赞干布眼里，急在他的心里，他非常担忧，长此以往，文成公主的身体怎么吃得消哇。

怎么办？松赞干布开始琢磨，能不能用牛、羊肉食材，按照汉族人的烹饪方法，做出让文成公主喜欢吃的菜来？

藏王把他的想法讲给王府的厨师们听，希望厨师们能为他排忧解难，厨师们却回答说：藏王的想法很好，但他们不会做。

看到厨师们指望不上，于是松干赞布亲自披挂上阵，穿上厨服，当起厨师。经过连续几天的试验，聪明的藏王终于找到了做菜的门道：选用当地绵羊身上的排骨，腌制一个晚上，第二天洒上西藏香料，加水煮熟，然后再放进油锅里炸，炸至外酥里嫩时，乘热让文成公主蘸着酱汁吃。

藏王没想到，文成公主非常喜欢吃他亲手烹制的羊排。藏王便将制作羊排的方法，传授给厨师，让他依此方法做菜给文成公主吃。藏历新年初一，王府开宴，招待各位藏族的上层人物，厨师以藏王传授的技艺做出了酥炸羊排，博得席间藏族上层人士的一片赞叹之声。待管事的解释说，这是藏王发明的新式菜品，话音一落，更是激起席间的一阵掌声。有能说会道的王公贵族，提议将这道菜以藏王命名，更是博得了席间的好一阵喝彩！

由此，这道出自藏王之手的酥炸羊排，被命名为“藏王羊排”，流传千年……

故事好是菜肴传播范围广大的基础，菜品好是传播范围广大的前提。能让我对“藏王羊排”有很深印象，原因在于“藏王羊排”的菜式确有特点：外酥里嫩，蘸料独特。羊排外酥的程度，与我们经常吃到的油炸春卷很相似，但比春卷软和。羊排里嫩的程度，与糯软的奶酪有得一比，当时我吃着“藏王羊排”的那个糯劲，心里怀疑，这还是羊排吗？怎么会酥嫩到这种程度呢？

虽说本人没有到过西藏，可在“西藏印象”吃过藏菜，有这一经历，可以作为我对那些没去过西藏，也没在“西藏印象”吃过藏菜的“西藏迷”们吹牛的本钱。若不想听我吹牛，行，那你就去“西藏印象”吃一吃藏菜，看看我到底吹牛与否？

50

古镇名食说烧麦

从明代起，湖北的夏口镇（汉口镇），与广东的佛山镇、河南的朱仙镇、江西的景德镇合称为“中国四大名镇”。“九省通衢”的特殊地理位置，赋予了武汉人日常生活中不可缺少的小吃品种自然有其独特的风味特色，而武汉的小吃风味，的确是在市民们挑剔的眼光和味觉器官的严格要求下，逐渐定型，并在历史长河中传承下来的。汉口古镇的一道风味小吃——烧麦，就是备受武汉人喜爱的传统风味小吃品种。

应该说烧麦并不只是武汉的独有产品，在北方各地，烧麦亦是普遍的小吃之一。最为著名的北京“都一处”，据说是当年乾隆皇帝题写的匾额，一直以经营烧麦享誉四方。早在 14 世纪，高丽（朝鲜）出版的《朴事通》中就有素酸馅“稍麦”的记载，清顾禄的《相桥倚棹录》说：“点心则有八宝饭，水饺子，烧麦……等，不可胜记。”这些文献足以说明烧麦是遍及祖国大江南北的小吃品种了。烧麦品种也够丰富的，光听听有关烧麦的名字吧，就有菜肉烧麦、羊肉烧麦、切馅烧麦、蟹肉烧麦、猪肝烧麦、排骨烧麦、玻璃烧麦、翡翠烧麦等等，烧麦家族的旺盛景况，令人咋舌。

在我看来，同全国各地烧麦略微不同的武汉烧麦，只是多了一点汉味，打上了武汉的烙印而已矣。

70余年前，汉口繁华的花楼街与交通路交界处，有家名叫“顺香居”的店子，制作的重油烧麦，可谓名满三楚，老少咸宜。时下人们吃什么，买什么，都喜欢名牌正宗，不妨这样说，当年在武汉吃烧麦，到“顺香居”吃到的烧麦才算得上是正宗呢。

为什么？因为“顺香居”做烧麦讲究啊！

“顺香居”能从无数个做烧麦生意的小吃铺、早点摊脱颖而出，确有秘籍可言。

“顺香居”的烧麦首先是选料精细，系选用上等精制白面、橘饼、新鲜花生米、豌豆粉、葡萄干、肥猪肉、糖渍桂花、冰糖、白砂糖、细盐等多种配料。

其二是做工考究，制作烧麦的工艺程序来不得半点马虎。先是将面粉里撒上精盐，拌合揉匀，揉至面团柔软糍和，光滑而有韧劲时，置于案板之上，搓成直径半寸的圆条，逐个揪成面剂子，擀成似荷叶形即又薄又匀的皮子待用。做馅方法是将糯米淘洗干净沥水，上笼蒸至半熟，摊在案板上晾凉。猪肉洗净，切成豆大的颗粒丁，然后置旺火之上，将猪肉丁煸炒至肉香透油时，加酱油，精盐，起锅同糯米混装一盘，拌匀待用。

其三是造型美观，包好的烧麦，形似石榴，做好以后，要用食用色素在上端“花瓣”上装扮一番，宛如一丛红梅，因此又称石榴烧麦，寓含“榴结百子，梅呈五福”的吉祥之兆。然后上笼屉蒸，大火蒸上七八分钟，开笼用长筷搛出，配上味碟，搁上少许酱油、香醋、嫩姜丝上桌飨客。

当年，能常去“顺香居”吃烧麦的市民，绝不是城市的平头百姓。以吃烧麦过早，大约一次的花销抵得上三天吃热干面过早的花销，在当时市民收入普遍不高的背景下，烧麦与汤包当归类于高档食品一类，普通市民若想吃上一餐，那是需要鼓足勇气的。

可惜的是，由于城市改造的大拆大建，“顺香居”不可幸免地遭遇拆迁之痛，之后，它渐渐淡出武汉人的视野，慢慢被人遗忘。现在有一个叫“严氏烧麦”的店家，经过二十余年的沉淀，逐渐成为“汉式烧麦”的知名品牌，取代了“顺香居”当年的江湖地位。现在“严氏烧麦”开有多家店铺，排起长队等吃重油烧麦成为每家“严氏烧麦”店铺一景，说明现在三镇百姓对“严氏烧麦”的高度认可。

每隔一段时间，我也会去“严氏烧表”的店子排队吃上二两重油烧麦，体味一番猪油、糯米和黑胡椒搅和在一起蒸制的浓香，既过嘴瘾，也慰藉一下那份心里的念想。

吃“严氏烧麦”当然是清早吃为好。早晨起来，睡眠充足，一身轻松，胃口自然大开，来一盘烧麦，再点一碗蛋花冲酒，或是喝一碗花红茶叶水，花钱不多，经济实惠。看盘中烧麦，皮薄似纸，如深秋白菊盛开，闻之有肉香、糯米香气浮动。尝尝，味道香浓，滋味鲜美。如果佐以辣椒酱，蘸以酱油，陈醋入口，又是一番微咸的胡椒辣风味。若是“酒麻木”者，就着烧麦下酒，巴咂巴咂着，一副快活似神仙的样子，看着令人羡慕。也是“严氏烧麦”真正是可酒可饭的大众小吃，尝过一遍后，那滋味会被长久铭刻在记忆深处，久久难以忘怀。

“严氏烧麦”的出品以馅料味浓油厚著称，这种味道与武汉菜系在长期发展过程中形成的“重油、厚味、芡浓”的基本味型一脉相承，能受武汉尤其是汉口一镇食客的喜爱，不是事出偶然，而是顺理成章。

51

石锅鱼杂

在上了些年岁的老武汉人印象中，早年，但凡能见到把各种鱼的内脏如鱼泡、鱼籽等混杂红烧成一碗菜色的家庭，大抵是家大口阔的穷苦人家。回溯 40 多年前，城市居民的日子普遍过得不宽裕，倘有机会能放开肚皮吃鱼啖肉，就当过上了大年。但彼时有件事值得回味，即是物价便宜。就吃鱼而言，不管是青、草、鲢、鳙四大家鱼，还是野生的鲤、鲫、鳜、黑鱼，再或是带鱼、剥皮鱼、鱿鱼等海鲜，论秤称斤，售价都以角计，至于鱼的内脏包括鱼泡、鱼籽，实在值不了几吊碎银，往往花上一角钱，能够买回小半菜篮，一锅烧上两大碗，能让生活过得紧巴的一家人吃上好几餐。

武汉素有“无鱼不成席”的饮食习俗，坊间从古至今都流传有“萝卜白菜一大桌，不如一根鱼刺吮（武汉方言读“学”音）

一吭”的俚语。于是爱吃鱼却没钱吃怎么办？也好办，那就改吃极为价廉的鱼杂。以一斑而窥全豹，从一碗价廉的鱼杂菜色，我们可以洞见武汉人对鱼菜喜好的程度。

为什么武汉人这么爱吃鱼？

这当然与武汉淡水资源极其丰富的自然条件相关。武汉的江宽、湖深、沟渠星罗棋布，历来有“百湖之市”的称谓。水多自然鱼多。武汉不仅盛产青、草、鲢、鳙四大家鱼，鲤、鲫、鳜、黑鱼、胭脂鱼等种类亦出产丰饶。武汉为湖北省省会，是全省政治、经济、文化中心，尤具“九省通衢”的交通优势，省内梁子湖樊口的鳊鱼（武昌鱼）、石首长江湾的鮰鱼、丹江口水库的翘嘴鲌，鄂西及神农架清溪悠游的娃娃鱼等，这些优质鱼类食材，不分季节从四面八方源源不断地供应武汉市场，不仅为武汉厨师烹饪淡水鱼菜提供了坚实的物质基础，也让武汉人居家的餐桌上日日能见鱼菜，轻松地达成美食享受的目的。

一方水土养一方人。在爱吃鱼亦会吃鱼的武汉人眼里，鱼的任一部位，都能做成一盘好菜。鱼头鱼身鱼尾不用说了，就某些鱼的内脏如鱼泡、鱼籽等这些过去实在是不入流的食材，武汉人现在都可以做成冠名“红烧鱼杂”的美味，登堂入室，出现在高档餐厅的餐桌。更有些以特色菜为招徕的特色餐馆，匠心独具，在某些鱼的内脏上面大做文章，把原本三文不值两文的鱼杂，打造成了特色招牌菜式，并成为大受市场追捧的爆品，让昔日标准的“下里巴人”菜色，咸鱼翻身，华丽变身为人见人爱的高大上菜式。比如在湖北近年异军突起的餐饮品牌“肖记公安牛肉鱼杂”馆，在全国开有近八十家店面，主打三款菜式，其中一款“石锅鱼杂”为其独家首创，其食材就用了洪湖鮰鱼的鱼泡、梁子湖鲤鱼的鱼籽和鮰鱼的下巴合烹而成。

大约我生来穷人脱胎，对过去穷人的吃食“红烧鱼杂”喜爱有加，现在我只要去“肖记公安牛肉鱼杂”馆用餐，哪次都少不了点一锅“石锅鱼杂”佐酒下饭。俗话说，乱打三年成教师爷，吃过多次“石锅鱼杂”后，我可以不谦虚地说，知晓“石锅鱼杂”的好，我真不外道。

只有留意，我们可从“肖记公安牛肉鱼杂馆”的招牌菜“石锅鱼杂”里，找到江汉平原上洪湖市各个农家乐土菜馆子几乎都能见到的“红烧鱼杂”的影子。

洪湖既是一个县级城市的市名，也是一个湖泊的名称。作为江汉平原腹地的一个城市，洪湖以湖泊数量多而闻名，市内共有大小湖泊 102 个，境内的洪湖是湖北最大的淡水湖泊，亦是中国重要的湿地自然保护区，被誉为“湖北之肾”，因 1961 年湖北电影制片厂拍摄的一部经典歌剧《洪湖赤卫队》和一首著名歌唱家王玉珍演唱的《洪湖水浪打浪》而广为人知。

洪湖湖宽水深，湖鲜产品数不在少，以小龙虾、鮰鱼、青虾、河蟹、甲鱼、龟为其名优特产。

近些年中，我多次去洪湖市旅游或公干。不管是去游玩还是公干，每次去彼地最重要的节点，便是去洪湖瞿家湾享受当地的农家美食，而食单中，永远少不了有“红烧鱼杂”的菜色。

从装盘上看瞿家湾的红烧鱼杂，土得掉渣，但它不简单，是在当地十里八乡传播的一道有红色故事的菜——

洪湖瞿家湾是一个滨湖的大湾子，湾子里住了个无儿无女的孤寡渔民瞿老爹。他以下湖打鱼为生，逢集在集市卖鱼度日。

相传1942年的春天，新四军五师一直在这一带频繁活动，抗击日伪军的扫荡，敌我间你来我往成拉锯态势。一个月黑风高的夜晚，一个班的新四军战士潜来瞿家湾执行除奸任务。瞿老爹人口简单，为人厚道，便于隐蔽，执行任务的新四军就选中了瞿老爹家当隐蔽点。行动时间定在次日午夜时分，战士们要在瞿老爹家潜伏一个白昼。战士们安心住下了，瞿老爹却愁容满面，何也？一日三餐的口粮虽然由战士们自己带来，但他们不可能把菜蔬也随身带上。此时正好是青黄不接的春季，种在菜园的蔬菜还没下园，腌菜缸里的咸菜所剩不多，战士们无菜可以下饭，实诚心善的瞿老爹心里委实过意不去。

战士们看出了瞿老爹面有戚色，便问瞿老爹怎么回事。瞿老爹如此这般的一番说道，战士们急忙表态：只求饱肚出征，只要有几根咸菜下饭就行。

正好这班战士的班长在部队炊事班干过，对炒菜烧饭内行，他走进灶房，一眼瞅见了灶间沾在土墙壁上的鱼肚和乱置在土钵里的鱼籽，这些鱼内脏都是近日瞿老爹杀鱼后当垃圾随手扔在那里的，还没来得及倒掉。班长就说："瞿老爹莫急，我们有好菜吃了。"

湖区的饮食习俗，不吃鱼肚里的内脏，所以，鱼内脏往往都会丢掉。瞿老爹也想不到鱼杂能够烧菜。班长亲自动手掌厨，燃着灶火，把鱼泡泡和鱼籽一锅烧了，再加上一碗咸菜，战士们美美地吃上了一顿饱饭。

从此，瞿老爹不再丢弃鱼籽鱼泡，每有部队上的同志来家隐蔽，就烧鱼杂待客，自己见天也烧了一碗鱼杂咽饭。乡邻们很是奇怪，便问：这鱼泡泡也能吃？瞿老爹就把新四军战士在他家隐蔽时烧鱼杂下饭的方法讲了，乡邻们回家如法炮制，红烧鱼杂的菜式也就从瞿家湾慢慢流传开去……抗战胜利后，瞿老爹被评上了区里的拥军模范，在表彰大会上，他结结巴巴地讲述新四军在他家烧鱼杂的故事，区长激动地说，烧鱼杂不单是一碗普通的菜肴，它里面饱含着人民军队与老百姓之间的鱼水深情，是一道“拥军爱民菜”呀！

把鱼杂当成特色菜招徕食客的“肖记公安牛肉鱼杂”馆，从“鲤鱼吃籽，鮰鱼吃肚”的武汉民谚中受到启发，专门选了洪湖鮰鱼膘当主角，因为洪湖水深6米、水质无污染，正好符合鮰鱼深水养殖要求。鮰鱼膘具高蛋白、低脂肪特质，长相“肥厚”，口感糯滑而有嚼劲；再选梁子湖鲤鱼的籽，经过煎炒，用自制的酱料炖烧，起锅用花岗岩岩石凿成的石锅当盛具，鱼杂与石锅一同上桌，下面用酒精炉加热保温。有道是“千煮豆腐万煮鱼”，鱼杂越炖越入味，汤汁越炖越酽稠，由是，把鮰鱼肚、鲤鱼籽、鱼下巴用一口砂锅组合在一起，在火与水的交融中，诞生了一道水乡土菜——畅销市场经年不衰的“中国名菜”——“石锅鱼杂”。

我对集脆、软、硬、酥等多种口感于一菜的“石锅鱼杂”下酒有所偏好，因而去“肖记公安牛肉鱼杂”馆用餐次数比较频繁。我喜欢红通通的辣椒、翠绿绿的香菜、金灿灿的鱼籽错落有致铺排在一起的一锅菜色，喜欢鮰鱼肚糯滑而有嚼劲的口感，喜欢鲜香的鱼籽吃到口里满嘴滑溜的鲜香，喜欢鱼下巴酥中有软，汁浸鱼骨的鲜美滋味……待一杯酒落肚，再盛上一碗潜江虾稻田出产的大米白饭，舀上几勺通红油亮的鱼杂汤，饭里有鱼鲜的美美滋味，实在难以言表，如果硬要描述这种滋味感受，只好勉强敷衍说出两个字：到位。

52

乡情挂面

贪食家乡食品，其实就是咀嚼童年。

——木心

人过中年更遑论暮年，不管是出生在偏僻的乡村还是繁华的都市，不管现今身在何处，在他心灵深处，总在不确定的时间和地点，会莫名地涌起说不清道不明的绺绺游云般的乡情。

乡情是什么？我们每个人都有感知，却很难用一两句话说清道明。

但可以肯定的是，乡情是一种形而上的思绪，好似六月间天上流动的云朵，间或像苍狗，像奔马，像飞瀑，像群羊……确乎存在却缥缈难定。但以我的观察，乡情终究还是有形有迹可依，我们甚至能够拽住乡情神龙难见首的“尾巴”，拖出它来看个究竟。

只要用心探寻，我们可以发现乡情其实还有形而下的一面，完全可以从一个人终生不改的乡音和他特别偏好童年的吃食来辨识他的乡情心迹。

乡情与人的乡音有什么关系？唐人贺知章在《回乡偶书》中说“少小离家老大回，乡音无改鬓毛衰；儿童相见不相识，笑问客从何处来。”这首短诗，已然把乡音与乡情的关系表述得非常到位，古往今来，但凡读过这首七绝的人，对于乡情，肯定会因感同身受而心知肚明了。

乡情与儿时的吃食有什么关系？刚过世不久的艺术大家木心先生说“贪食家乡食品，其实就是咀嚼童年”。按照人类记忆（视觉、听觉、嗅觉、味觉、触觉）形成的原理，一个人儿时形成的味觉记忆，将伴随终生而不会改变。木心先生的这句话，已然将乡情与贪食儿童吃食的关系，诠释得非常清楚了。

乡音与乡情的关系，古往今来，已然被人连篇累牍地论述过，无须我在此赘言。所以我们撇开乡音与乡情的话题，只是说道儿童吃过的食物怎样滋养了浓重的乡情。

我曾经说过，但凡一个地方的特色风味美食，只有站在当地人的角度，才可能理解为什么这款风味吃食会被一个地区大多数人喜欢的原由。沿着这个逻辑，似乎只有站在乡情的这个角度，我们也才能够理解，在鄂东的黄冈、黄梅、红安、麻城、新洲一带，那里生那里长的人们，为什么那么喜欢吃一种用红苕粉和鲢鱼、青鱼、鲤鱼、草鱼等鱼肉混合制成的捶鱼面了。

虽然鄂东的黄冈、黄梅、红安、麻城、新洲等地，在地理上离武汉中心城区相距不算遥远，近的地方二三十公里，远的地方也就二三百公里，但从饮食习俗区划上，武汉和上述鄂东诸地却不在一个区域内，上述鄂东诸地许多饮食习俗与武汉城区居民的饮食习俗甚至相去甚远。比如，在上述鄂东各地大受欢迎的捶鱼面，武汉人大多不甚了了，更不会嗜之如命，在餐饮市面上也难寻其踪。

以面粉与鱼茸制成的鱼面，我不陌生。早年我在新闻媒体供职,每年去云梦数次,去一次就会吃一次大名鼎鼎的云梦鱼面。云梦鱼面系用面粉及鲭鱼、鲫鱼、鲤鱼（或草鱼）鱼肉为主料制作而成食品，是孝感地区的知名吃食。

但本文所说的捶鱼面则是用红薯粉与鲢鱼、鲤鱼(或草鱼)、鲭鱼、鳡鱼等鱼肉混合制成，与云梦鱼面形似实乃神异。比之云梦鱼面，新洲等地捶鱼面系以鱼糜为主，薯粉为辅，口感偏重浓郁鱼味，鲜香爽口，加上手工捶制，尤为筋斗，久煮不糊不散，与通常说的鱼面不是同一概念，似称作“捶魚”更为贴切。

回想起来，我认识并且第一次吃到新洲的捶鱼面，与我的报社同事——作家卢发生先生的交往有关。

卢发生与我同一生肖，但大我一轮。卢先生是新洲仓埠人。仓埠是离武汉中心城区约 60 公里的一个古镇，他在仓埠出生，并在那里生活了 30 多年，在中年时调至武汉的一家媒体，我们成为同事。我们因脾性相投，三观相似，故而过从甚密。卢先生生性仗义好客，喜爱文学又是我们的共好，于是，一群 30 多年前的文青们在他宽敞的私宅里喝茶聊天成为日常生活的一部分。聊到投机处，每每忘记了时间流逝，经常聊到饭点，一干人还不思离去，在卢先生仓埠乡音浓重的“入席便餐”的客气相邀声中，我们乐得就坡下驴地在他家蹭吃蹭喝。他家有些菜色我们在武汉全然没有见过，诸如把霉千张与毛豆米、瘦肉片氽汤，五花肉烧寡鸡蛋和五花肉烧捶鱼面等仓埠的家常菜式，让我们这些在武汉生武汉长的城里人大惊小怪。

所谓爱屋及乌，因结识了卢发生，我也就结缘了他的老家——新洲古镇仓埠。在后来三十多年里，我先后去仓埠，数当不下三五十次。起先是随卢发生到仓埠看望他的老母、交结仓埠的朋友，再后来，说出来也不怕让人见笑，我多数成行仓埠的理由，是想去吃仓埠包括捶鱼面在内的美食——趁机一饱口福打牙祭。

在多款武汉不常见的仓埠家常菜里，捶鱼面特别让我上心。原因在于，除了它的味道有特别之处外，还主要是以“捶”的方式处理食材在武汉不算多见，更何况，制作捶鱼面的过程还有一种很温馨的仪式感。

“捶”作为一种处理食材的方式，在浙江温州菜系中应用较多，温州方言称捶为敲，有“敲鱼”“敲肉”“敲糕”的名菜和名点在越菜系中占有一席之地。湖北鄂东南的丘原地带，如通城、通山、赤壁等地，也用“捶”的手法处理肉类食材。鄂南的通山普遍将檀木棰捶猪肉片，然后在肉片上裹一层苕粉氽汤，是为通山捶肉，汤鲜肉嫩，味美绝伦。黄冈、黄梅、红安、麻城、新洲等地使用“捶”的手法，主要用来制作“捶鱼面”。

我在冬月间的仓埠看到过“捶鱼面”的制作全过程，印象深刻。二三十年前，仓埠的老住户，家家都备有做捶鱼面的木盘和木棰。木盘厚重，颜色古旧，许多家族都是从祖辈那里传下来的。木棰用杂木制成，檀木更好，抡起来有些分量。做捶鱼面时，将周边湖里网起的活鱼，以木棰捶打成鱼肉茸，然后混上红薯粉，添加稍许清水，把鱼茸和苕粉混合一起，反复揉搓，让鱼肉变白，与苕粉一同富有韧性，亦使鱼茸和红薯粉紧密搅和在一起，团成一个溜圆的苕粉鱼茸团。然后用擀面棍像擀面似的擀成薄饼、卷筒。铁大锅置大火之上，将苕粉鱼茸筒放在蒸锅里蒸熟。出锅摊凉，切片，放在大圆簸箕上晾晒，用不了三五日，亦可当饭亦可作菜的捶鱼面就制作成功了。

为什么鄂东的黄冈、黄梅、红安、麻城、新洲等地会把鱼与红薯搭配一体成为吃食？我的猜测，这恐怕与这些地区的农作物出产有关。这些地区多丘陵、坡岗，土壤不算肥沃，栽种水稻、小麦等主要农作物产量不丰，而红薯的栽种对土壤条件无须挑肥捡瘦，尤其是大别山余脉的丘陵地带，极宜栽种红薯。历史上鄂东丘陵出产的红苕，生食津甜，熟食粉糯，一直在湖北名头响亮。

当然，不管鄂东的红薯品质再怎么好，不管是谁也架不住一日三餐与红薯照面，久而久之，见薯起腻是必然的。我们中国人的生存智慧，有许多是体现在吃食上的。在长期的生活实践中，鄂东诸地的人们把湖河塘沟的鱼鲜出产与红薯结合起来，又用了“捶”的处理方式，改变鱼鲜的肉质纤维，并将捶成的鱼茸与红薯粉糅合在一起，制成了有鱼肉的口感，但无鱼之腥味的捶鱼面。我们从今天尚能吃到的仓埠手工捶鱼面，可以体味得到，红薯粉的甜香之气是藏在鱼的鲜润气味里面的。不管是蒸、是烧、是煮、是煨，捶鱼面咀嚼在口，口感均为顺滑溜润，且有嚼劲，回味微甜。

遥想仓埠当年，每到岁末年前，家家户户捶捣鱼肉泥，从街头到巷尾木棰声声，此起彼伏，闻之见之，恰似一幅温馨的民俗风情画。

现在，仓埠家家户户岁杪制作捶鱼面的温馨场景已经见不着了，大多数仓埠居民想吃捶鱼面，选择去超市购买成品。作为一个做美食评论的人，我庆幸去仓埠还能吃到以手工制作的捶鱼面。原因是仓埠山庄的民俗村，一直执着地坚持用纯手工制作捶鱼面出品，更为难得的是，他们选用了红安产红薯磨成的苕粉和以从周边湖里捕捞的鳡鱼作食材，足料足工，费时费力地按照传统工艺不走样地制作捶鱼面：将新鲜鳡鱼肉捶打成泥，混合红薯粉，加矿泉水稍许，反复揉搓，使鱼肉变白，富有韧性，并与红薯粉紧密黏合在一起；将鱼茸面摊擀成薄饼、卷筒，在蒸锅里蒸熟，摊凉，切片，晒干，乃手工捶鱼面成。

许多年来，我在仓埠山庄多次吃过捶鱼面，煨汤，热煮，油炸，生炒，做火锅主料等吃法逐一尝试过，尤以捶鱼面与肉汤同煮为多。上周又去仓埠公干，在民俗村吃了用吊锅作器皿烹制的土鸡汤炖捶鱼面，喝一口农家小火慢炖的土鸡汤，再搛上一筷子沾着汤汁浓郁土鸡香味的捶鱼面，口感既绵柔又劲道、滑溜爽口，入口鲜劲满满，食后齿颊留香……

这次在仓埠，我又见到了卢先生。他在古稀之年，举家从中心城区迁居仓埠。我问他：偌大一把年龄怎么想到要归回故里，小镇居家感受若何？

他答：住在仓埠的好处还真没细想，但这里的空气是甜的，吃到的黄瓜是甜的，对了，吃到的捶鱼面还是我做小伢时的味道。

我在心里赞叹，卢先生晚年把家安在仓埠故乡，是明智之举：他能够贪食家乡的儿时食品，能够咀嚼久远的童年而大大慰藉乡情，因而他是幸运的。他的幸运其实也极大地方便了我：一旦我犯了想吃仓埠捶鱼面的馋劲，也无须纠结犹豫，直接驱车去仓埠找到卢发生，不出意外会得偿所愿。

从这个角度上说，卢先生安家仓埠，其实更是我的福利。

53

甲鱼泡饭鲜又醇

一位老同学要去加拿大省亲，远行在即，几个平素关系亲近的朋友拟为他饯行，让我选家特色餐馆小聚。

我想，初冬时节宜于贴秋膘弥补苦夏身体的亏耗，便提议去汉口青岛路与洞庭街交汇的“元银·状元甲”，吃“甲鱼泡饭”。我的建议还有典故可循，雅聚吃甲鱼菜色有效仿古人以“炰鳖鲜鱼”为出行者送行的意思，《诗经·大雅·韩奕》中曾记载：

> 韩侯出祖，出宿于屠。显父饯之，清酒百壶。其肴维何，炰鳖鲜鱼。其蔌维何，维笋及蒲。

吃请与被请的朋友都说这主意不错。抛开贴秋膘、仿古人礼仪为朋友送行的形而上意义不论，单就满足口腹之欲的形而下的实际意义而言，以我多次在“元银·状元甲”吃“甲鱼泡饭”的经历，这家店子出品的系列甲鱼菜肴称得上是舌尖上的诱惑，对于喜食甲鱼菜的好吃佬而言，可以一膏馋吻。

我曾多次在不同场合宣扬过“一道菜主义”，希望做特色餐饮的店家，要花大力气培育出一款或几款在市场上有超高知名度的爆款特色菜。“元银·状元甲”正是一家坚持“一道菜主义”的特色菜馆，推出的特色菜肴，俱以甲鱼为食材、然后按湖北传统烹烧甲鱼的方式烹制出市场爆款。简单地说，这间店子以“甲鱼泡饭”为销售主张，靠几道甲鱼特色菜在武汉餐饮市场扬名立万。

所谓“甲鱼泡饭”，就是吃过了烹烧的甲鱼菜肴后，舀几勺甲鱼菜中的汤汁，拌和着白米饭下肚。在武汉方言中，泡饭叫做“淘”饭，所以“甲鱼泡饭”也称作“甲鱼淘饭”。

“元银·状元甲”把注意力聚焦于甲鱼菜式，我以为算是店家的慧眼独具。

中国人食用甲鱼菜的历史非常悠久，算来约有2800年了。关于甲鱼菜最早的文字记载，是在宋代出土的西周晚期青铜器——兮田盘（2014年11月7日，流落海外多年的兮甲盘“归国”后首次在武汉亮相）上的铭文。兮甲盘因制作者叫兮甲（字吉甫，即尹吉甫。尹吉甫是十堰房县人，为距今约2800年前周宣王的重要辅臣，是湖北历史上著名政治家、哲学家、军事家。）而得名，所以也称兮田盘、兮伯盘或兮伯吉父盘，其盘的内底铸有铭文133字，记述了周宣王伐玁狁的战争，兮甲获得战功而受赏赐一事。尹吉甫受周宣王赏赐中的一项，是受邀吃了一顿丰富的大餐，席上最著名的菜式是“炰鳖脍鲤”，换成今天的说法，便是“红烧甲鱼”和“生吃鲤鱼片”。

兮田盘铭文上没有“炰鳖脍鲤”的记载，为兮田盘铭文作了注脚的，是《诗经·小雅·六月》：“饮御诸友，炰鳖脍鲤。”说的也是周宣王五年（前784年），周宣王命尹吉甫为帅驱逐外寇。待到凯旋之日，周宣王特意在宴会上用炰鳖（蒸烧甲鱼）和鲤鱼脍（生鱼片）来犒赏将士。

在荆楚之地食鳖，能够考证的历史，也能上溯至公元前的春秋战国时期。在《楚辞·大招》中已有烹饪甲鱼的明确记载。时至今日，湖北人吃各种甲鱼菜色无须刻意引导，而是继承传统，顺理成章的事情。

湖北水资源尤为丰富，湖深沟多，正如唐人皮日休诗云：“处处路旁千顷稻，家家门外以渠莲。”甲鱼尤其是中华鳖在湖北所产颇丰。作为水产珍品的甲鱼，自然会成为人们猎取的对象，亦为湖北厨师烹制各色甲鱼佳肴奠定了坚实的基础。

甲鱼，学名鳖，又称水鱼、团鱼、元鱼、蛋鱼、圆鱼、鼋鱼等，南方有些地方称潭鱼、嘉鱼，广东的客家人称其为山鱼，为爬行纲鳖科动物，与龟蛇类为同一家族。鳖的颈部极长，吻端细长突出，状似猪鼻子，背甲包覆了一层皮肤。其肉味鲜美，是一种珍贵补品，也是人们喜爱的滋补性水产佳肴，以其为食材，无论蒸煮、清炖，还是烧卤、煨熬，都称得上肉鲜汤浓，营养丰富。

“元银·状元甲”把目光锁定于甲鱼食材，专心烹制甲鱼菜肴，确乎明智之举。围绕着甲鱼食材，用多种烹饪技法烹成系列菜式，除了传统的"酱烧甲鱼"外，还有"甲鱼烧牛蛙""甲鱼烧鳝鱼""甲鱼烧刺猬""老母鸡炖甲鱼汤"……最有名的是"甲鱼烧羊排"。各种不同动物食材与甲鱼配伍做出来的甲鱼菜式，风味各不同，却又滋味和美。

我们在"元银·状元甲"坐定，点了这家店子的招牌菜式——"甲鱼炖羊排"。这款菜色需现点现杀，甲鱼在瓷缸里养着，按就餐人数称斤。厨房是透明的，我们可以清楚地看见厨师宰杀甲鱼、剁块、焯水、拉油，大火在锅中翻炒，然后加上已然初加工的羊排，盖锅盖焖烧，到菜色烧熟，装盛在砂锅中上桌的全过程。费时约四十分钟。我们总说美食是有力量的，其表现之一便是慕美食其名的食客包括我们在内，愿意花费大把时间等候。我们围桌而坐，喝茶闲聊，不觉一个小时的时间就没了，问题是我们却心甘情愿，原因无他，乃是从心里对"元银·状元甲"菜式出品味道的认同。

以冬瓜打底的砂锅"甲鱼炖羊排"上桌，在酒精炉上再炖上十来分钟后，锅盖揭开，一股甲鱼与羊肉融合的诱人鲜香气味随即弥漫在空中。我伸箸搛起一块酱红油亮的裙边，裙边在筷头颤闪着，咬一口柔糯鲜润，好像还没有完全琢磨出滋味呢，裙边却哧溜地滑进喉咙。再搛起一块带骨的甲鱼肉，连骨头里都透进了醇厚的羊肉味道，入口即化。吮一下甲鱼骨，汁液醇醇的，酽酽的，沾齿黏唇。再夹一块羊排，羊排中含有的甲鱼汁液鲜香柔润，羊肉香中融合了甲鱼的鲜醇，味道可人。甲鱼与羊排合烹形成了浓郁鲜醇的复合味道，远比单个地焖烧甲鱼或烹烧羊排得来的味道更为厚重，回味更久长……甲鱼与羊排吃得差不多了，再添加高汤，盛装甲鱼炖羊排的砂锅转眼间便成了涮锅，依次将豆腐、千张、黄豆芽、大白菜、莴苣下进锅里，边涮边吃，我们得到了另一种美食体验……酒毕，盛一碗米饭，将甲鱼与羊排合烹的汤汁浇上，拌匀，立时米香之气合着浓郁的甲鱼羊排汤汁香气，让我舌头上的味蕾刹那间绽放，三两分钟不到，一碗油酱色的米饭下肚，颗粒不见。白米饭泡甲鱼羊排汤的鲜香滋味，一下子勾起我们小时候的美食记忆……

看来,“甲鱼烧羊排”是秋冬之季进补的佳品,这话不是虚言。我们酒足饭饱离开“元银·状元甲”的大门，感到周身暖融融的，血脉舒张。抬腿走路，脚步轻便，每一跨步，都显得富有弹性。我原以为是心理作用作怪，一问朋友，朋友都回答说：对，就是这个感觉。

54

专蜀味道，火锅里透出了小清新的逼格

农历大雪季节一过，天老是阴沉着一张脸，好像已极不耐烦，随时都准备下雪的样子，湿冷的朔风带着肃杀的寒气直往人的骨子里钻，即令没有透入骨髓，也会让人不禁打个寒颤。此时此刻，就算平日里对吃川味火锅不太上心的人，随大流跟着朋友往火锅店一坐，望着火锅里冒出的汤汤热气，暖意慢慢从体内向外漾出，刹那间，不由得会念这一锅麻辣油红、咕噜飘香的川味火锅的好了。

我对川味火锅属不太上心的一类。但这段时间，我吃麻辣火锅的频次不低。当然，这里有原因。一月前，弟子黄浩开的川味火锅品牌“专蜀味道”装修升级，重新拉开门脸应市，从做传统的四川老火锅变脸，改以鲜货火锅为销售主张，从武汉遍地开花的火锅店红海里突围，率先打出“鲜货火锅”的概念，

于是，“专蜀味道”便从麻辣传统火锅中，透出了小清新的逼格。“专蜀味道”开业前的试菜期间我去吃了，试营业期间我去吃了，正式开业时我也去吃了，如此这般一而再，再而三地带着问题去吃火锅，即令再笨的人也会或多或少有点心得。以下的文字，算是我近期恶补吃火锅的一点心得吧。

在全国范围内，现在似乎只要提到火锅，人们不约而同都会想到是四川、重庆的麻辣火锅，换言之，在人们印象中，川渝火锅已然成为全国各种不同火锅的代言品类。

其实，狭义的火锅原不唯四川、重庆火锅的专指，而通常指用来烫煮食物的容器，最早是泥罐、瓦罐，再后来是铜鼎、铁锅以至现在的不锈钢锅、陶瓷锅等。广义的火锅是指一种烫涮的饮食方式或食物。因此而言，现实语境下的火锅，泛指在特定器具里经涮煮烫等烹饪技法而制成食物品类的综合概念。

火锅是一种具有悠久历史的中国传统烹饪方法，是中国饮食文化的具象表达形式之一。火锅亦是我们先祖独创的美食。在古代，火锅称“骨董羹”，因投料入炊具中盛装的沸水而发出“咕咚”之声而得名。

至于火锅究竟起源于何朝何代，现在饮食文化史学界尚无定论。有学者考证说，直到宋代才真正有了关于火锅的明确的记载，南宋林洪《山家清供》云：

> 师云，山间只用薄批，酒、酱、椒料沃之。以风炉安桌上，用水半铫，候汤响一杯后，各分以箸，令自夹入汤摆熟，啖之，乃随意各以汁供随意沾食。

从烹饪方法及食物的吃法上看，它类似现今的“涮兔肉火锅”。当下在全国广为普及的北京羊肉火锅（北京人称羊肉锅子）和全国随处可见的川渝火锅，起源时间不会早于元代和清代。羊肉锅子传说由成吉思汗发明，他长年统兵征战四方，看到士兵们吃传统的烧烤羊肉颇为费时，为使部队不延误战机，他将羊肉切成小块掷进沸腾的锅里，从此世上就有了羊肉锅子。元朝定都大都（今北京）之后，羊肉锅子便由北方游牧民族传入京师（北京锅子的外形，极具蒙古族文化色彩），逐渐在汉人居民中普及；而川渝火锅中须臾不离的辣椒，引入中国的时间为明末清初，辣椒在中国经历了当成观赏花卉、中药药品、蔬菜食材、调味品、制作酱料等几个发展阶段，而将辣椒作为火锅中重要的调味品，时间至少要推后到清中或者清末。

在餐饮业界，以不同器具盛汤煮沸，以煮涮烫为基本烹饪手法制作而成的食物都可称为火锅。北京有羊肉锅子，亦称为北京火锅，烹饪之法以涮为主；鄂东大别山一带普遍流行的吊锅，被称为湖北人的火锅，烹饪之法以煮为主；以麻辣为基本味型的红汤火锅，则称为重庆火锅或四川火锅，烹饪之法为烫涮结合。40 年前，麻辣火锅只在川渝两地流行，改革开放后，踏着经济激荡的大潮，川人蜂拥出川，携带着川渝火锅南征北伐，东讨西战，结果为全国各城市的餐饮市场普遍接受，及至现在，我国任何一个稍有规模的城市，川渝火锅都在当地算作一个餐饮门类，立于餐饮市场的风口浪尖，甚至经过近 40 年的发展，人们口中所说的火锅，就约定俗成的专指麻辣鲜香，红汤油亮的川渝火锅了。

我们经常说到的川渝火锅，川是指的成都，渝当然是指重庆了。在外地人眼中，川渝两地火锅的差别不大，但在长期吃火锅的川渝百姓看来，两者间的差异明显存在：重庆的火锅偏麻辣，成都的火锅重醇厚。重庆火锅源于市井，兴起于草根，略显“简单粗暴”，汤底只放鲜葱等少量佐料，主要以糍粑辣椒炒制底料，其口味火爆凌厉，为典型的麻辣劲爆型。成都的火锅文化根于重庆，但比重庆火锅多放香料，辣味适中；底料配方多样，尤其是添加花椒形成麻辣口味，以牛油和豆瓣等炒制，呈现出典型的醇厚酱香型特色。

重庆火锅的蘸碟，一般是香油加蒜；成都人吃火锅，蘸碟相对比较丰富，除了基本的香油和蒜，还要加蚝油、香菜，品种特别要淋一点醋。

依我看，川渝火锅虽小有差异，但相同点却是主流，一锅好的川渝火锅，均要讲究炒料（汤底）、食材、蘸料、涮烫方法四大要点的统一。底料炒制，以保证油亮汤清为第一要务，也最能检验炒料师傅的手艺。汤料上桌后，油水应呈分离状，油浮于水上，点火后，不管添加了动物肉类食材还是豆制品、叶片菜，汤底不能混浊，一旦汤底混浊，则容易糊锅，汤底有了糊味，于是这顿火锅就无从吃起了。蘸料的差别，来自各种调味品的采购选择，检验的是火锅店老板对调味品市场的了解深度和对自身品牌的重视程度。如果用正规、品牌厂家出产的香油、蚝油、豆瓣酱、花椒等调味品，蘸料自然能够保证味道的纯正。火锅好吃，能够把控食材的新鲜至为关键，各种食材须得吃鲜吃嫩，能够保持食材的原味，才能让食客感受到在一锅底料中涮出不同食物的不同滋味。有了上好的锅底，有了纯正的蘸水，有了鲜嫩的食材，但这还不够，要想吃好一顿火锅，必须有食客参与其间的配合，要有正确的涮烫方法。比如，下菜入锅一定得遵循先下动物食材，再下叶片菜食材、淀粉含量高的食材，最后下面条类主食的顺序，否则会破坏锅底味道的纯正。吃火锅，讲究把控涮烫食材的时间，不可延宕也不可太短，涮烫时间太短，食材未能熟透，食之于人有害；涮烫时间过久，食材失去鲜嫩，口感不佳。比如川渝火锅中“老三篇”（黄喉、毛肚、鸭肠）之一的毛肚，在热汤滚开的汤锅里，上下涮 14 秒左右，毛肚脆爽嫩柔的口感，此时入口才是最佳。

总而言之，若能吃上一餐食之有味的川渝火锅，需要供给侧和消费侧两端的合力，少了任何一方的参与，哪怕店家做得再好的火锅，恐怕也难以吃出火锅应有的滋味。

“专蜀味道”此次开门纳客，除了保证川味的底锅、食材采购、蘸料三大要素的规范经营外，重要的是从小清新逼格上寻求突破。“专蜀味道”有了所谓的小清新逼格，体现在两个方面。一为店面装修，走了一条讨 85 后、90 后喜欢的新清路线，随处可见的绿植，在绿植中还挂上几个鸟笼，让其发出啼鸣之声。各个墙体拐角处布置的小桥流水景观，把不大的店面空间搞成了一个精致的花园。就连门头招牌，亦用鲜活的植物构成；二是在食材上桌时，让人耳目一新，不管是肉类食材、叶菜食材、豆制品食材，皆追求鲜、嫩、活，尤其是菌类食材，连营养钵带菌子一并奉上示人，当堂剪摘，让食客在满足味觉享受之前，已在视觉、嗅觉上先声夺人。

看来“专蜀味道”推出火锅吃鲜吃活的销售主张，颇受食客追捧，我每次去该店吃火锅，看到的景象皆是人满为患，店外等台的小鲜肉、靓女们，坐在等位椅上，安安静静玩手机的画面，与装饰清新的“专蜀味道”，一齐成为一道亮眼的街边风景……

55

肉圪圆子有点泡

汉阳经济开发区有家开了四五年专卖肉丸子的餐馆，店名起得很简单直接：“倪家老丸子”。店老板倪守富与我的老师、著名作家彭建新有葭莩之亲，倪守富老板托彭老师邀我去店内小坐，于是我在吃了一餐以丸子为主题的饭局后，也就说点与丸子相关的话题。

我所说的丸子，当然指的是猪肉丸子。我曾不止一次地想过：如果要搞一次全国评选普及度最高菜肴的排名活动，估计油炸肉丸子将不出意外地折桂夺冠。

生活中喜食肉丸一族为数巨大，我们目光所及，除因民族宗教信仰原因不食肉丸子外，地无分南北，人无分老幼，是个中国人，几乎个个喜欢吃丸子，小孩尤甚。

现在我们已然进入了一个物资供应非常充裕的时代，鱼肉食材唾手可得，集贸市场或超市甚至专门有已经炸好的新鲜丸子应市，不管市民居家的餐桌还是上餐馆吃饭，我们能吃到肉丸实在稀松平常。

但如果把时间倒回去几十年，那是一个物资高度匮乏的年代，购买任何生活日用品都会限量，按人头凭票购买。城市居民每人每月只供半斤猪肉，一个月间只吃一次肉是常事，如果割回的肉炸了丸子，就不能煨汤，煨了汤就不能煅猪油，煅了猪油就别指望能吃到泡酥酥的炸肉丸子了。所以与我一般年岁的人，那时节能够饱饱的吃上几个油炸丸子的机会，一年不超过几回，每吃上一次，算是不小的美事。

小时候，我是把吃丸子与过年画等号的，过年就意味着能吃丸子，吃丸子就是过年。那时也不知道世上还有燕鲍翅熊掌鹅肝鱼籽酱等山珍海味，只知道一口一个的丸子吃起来大快朵颐，心里美翻了天：肉剁得松松软软的，入油锅炸得像橘黄色乒乓球般浮起，外面约显焦脆，里面实则酥嫩，一咬热得烫嘴的肉丸，热香之气四溢，不需大嚼，没有吃鱼时害怕细刺卡喉的顾虑，也没有吃红枣等果品那般吐核的麻烦，丸子吃得干脆利落，满嘴生津，实在过瘾。

年底腊月间送灶王爷上天后，是武汉老城区居民最忙碌且愉悦的日子，俗称忙年，居民们忙年中的一件大事，便是开油锅炸丸子。我家岁杪炸丸子的重任，从来都由父亲担当。从10岁到我离家下农村的六七年间，运输年货回家的重任落在我的肩上，我分几天次傍晚时骑自行车从汉口去母亲供职的汉阳显正菜场，驮回过年的鱼肉菜蔬，当父亲的班可以上得些微松散，我们家就支开油锅炸肉丸、翻馓、鱼块。父亲把猪肉在水中稍微洗一下，切成条形，再改刀成丁状，持两把菜刀，左右开弓，急急徐徐，在砧板上将肉剁成肉茸，放进盆中，打两个鸡蛋，只取蛋清混入肉茸里；把买回的鲩鱼抠鳃去鳞，一剖两片，取鱼肉，在砧板上用刀背碾碎成茸，也混入肉茸中，再加入细盐、味精稍许，点些清水，然后不紧不慢地开始顺时针搅和肉茸，五六分钟后，父亲停止搅动，抄起一团肉茸，向盆中摔去，一而再，再而三，反复数次。架锅在小煤球火炉上，倒入棉籽油（那时居民的食用油，多为棉油、菜油、花生油），待油锅起烟后，父亲将在手心团好的肉茸丸子下锅。我们兄妹仨就端着小碗候在油锅边，看着丸子在油锅里翻滚着，颜色渐渐黄澄澄的浮起，父亲便用火钳夹起肉丸放在丝网上沥油，待肉丸表面的油渍沥干，便把丸子夹到我们的碗中，每人几个，我们也不使筷子，用手抓起丸子入口，猴急猴急的，吃得心满意足。父亲瞅着我们吃丸子的馋相，也不言语，眼角笑意盈盈地眯成一条细缝。事隔五十年，仍时常回味起父亲炸丸子的温暖场景。

我们记忆中父亲的丸子炸得好吃得不得了，现在回想起来，大概除了有亲情融在吃食里的原因外，还有当时猪肉都是农家土猪肉，吃起来有猪肉的香味；肉茸是纯手工剁成，现炸现吃，其味鲜香无比，也在情理之中了。

1975 年初秋，我下放武昌县（今江夏区）安山公社安山大队林场当知青，每日躬耕丘陵，挖树坑不止，虽不至于饿肚皮，但每日三餐只能是青菜白米饭，吃丸子成为不可企及的奢望。雨雪天气，知青猫在宿舍不用出工，一无书看、二无报读，日子过得无聊透顶，便靠回忆在武汉城里的生活点滴或吹牛度日，想起在城里吃丸子的滋味，不觉得已是垂涎三尺，馋虫钻心。从 1974 年起，因李庆霖给毛主席上书，反映下放知青的困苦，国家决定给下乡知青每月给予补贴，下放知青第一年每月补助 10 元，第二年每月补助 8 元，第三年每月补助 6 元。大概是每月 10 号，我们去镇上的公社知青办领钱购米买油。1976 年的一个领取知青补贴款日子，我们十来个知青去镇上领款准备买米，路上看到镇子上新开了一家小餐馆，门边立了个木牌，毛笔书写："江城名厨主理，黄焖葵圆大王"。我们几个知青闻着餐馆里飘过的香味，不禁吞了吞口水，经商量决定，米不买了，油不打了，集中这月的补贴，打平伙先搓一顿再说。

我们像是要把下农村以来一直没有吃肉丸子的亏损补回来，恶狠狠地一口气吃下六盘黄焖圆子，吃相一个比一个难看，每人都是一口吞一个圆子，而这间店子的丸子做得实在，圆子个大，溜圆，一口难以包下，我们怕圆子从嘴里脱落，便一个个仰起头来，用舌头在口中拨动圆子，再嚼咬细碎吞咽下肚，每个人的嘴角滴流着肉油，也顾不上揩擦干净，一副饿死鬼的馋相毕露。时隔 40 年，那一次在安山公社镇上吃肉丸子的滋味，什么时候想起，都有一种难言的苦涩相伴。

1977 年，国家首度恢复停考了十年的高考，我有幸一考回城。岁月磋砣，光阴如梭，我们从学校毕业，分配进了厂矿机关工作，一晃间，便到了谈婚论嫁的年龄。隔三差五间，都会接到请帖去参加同学、同事的婚礼。武汉民俗称参加婚宴叫做"吃丸子"，因为每逢婚宴，席间必上个大溜圆的丸子，寓意是圆圆满满和和美美。当年汉口六渡桥铜人像靠1路电车站一侧的“老会宾”酒楼，是武汉三镇首屈一指的大酒店，也是个百年老字号，1898年为汉阳县（今称蔡甸区）朱荣臣、朱家祥、朱家泰三兄弟创立，辉煌百年。武汉市民中但凡有身份的人家，若遇上男婚女嫁的大喜事，莫不以能在“老会宾”酒楼宴客为荣。“老会宾”的厨师多为汉阳县人氏，大丸子是飨客的招牌菜式。汉阳县的风俗喜吃大个的肉丸，其丸子大小不输扬州的狮子头。汉阳县的婚宴习俗是吃结婚宴席时，入席者不仅当堂吃丸子，且办喜事的人家发入席者每人一方手帕，让其将圆子包起带回家中，这种习俗有两种含意，一来可作为吃了某户人家喜宴的佐证；二来可以将宴席美味惠及家人。当年“老会宾”的喜宴，仿汉阳人的习俗，上的肉丸子是双份，一份供入席者堂食，一份供入席者打包后带回家去。“老会宾”的大丸子在武汉极为有名，很受市民喜爱，乃至于当年还有吃“老会宾”肉丸的诀窍流传于坊间：肉肥丸子大，吃时莫讲话。意思是怕吃“老会宾”大圆子时因说话而呛了喉咙。

“倪家老丸子”餐馆在汉阳经济开发区，30多年前也属于汉阳县地界，这里居民传承的仍是老汉阳县农村的饮食习俗，炸出的丸子比汉口这厢边个子稍大，所以才有“老丸子”一说。我在此间吃的丸子计有干炸丸子、红烧丸子、黄焖葵圆和蒸糯米丸子，虽都称丸子，烹饪之法却不相同，味道各异，但均能吃出农家土猪肉的香味，炸得泡泡酥酥的。我归为喜食丸子一族，每样吃了两个，直到撑得肚儿圆方才止箸，也算得上大快朵颐了。

56

爷爷的土钵菜，家常菜馆可以这么开

受邀去汉口古田四路新近开业的“爷爷的土钵菜”吃饭。一餐饭吃下来，让我心生感叹：做家常菜的中餐馆，原来还可以这么开？

这两年，受多重因素的影响，餐饮市场的行情不好，尤其是2016年，不管是高档还是低端的餐馆酒楼，关店潮一浪高过一浪，用有些餐馆老板的话说，现在开餐馆动与不动都不好办：动吧是找死，伸手打手，伸脚打脚。不动吧，是温水煮青蛙——等死。中餐馆老板的日子总之是横竖不好过。

在寒冷岁杪露脸的“爷爷的土钵菜”，似乎有点逆天的意思：甫一开张发市，人气立马旺得汹涌，店堂内人声鼎沸，生意爆棚。我几次路过彼处看到，无论是中午还是晚上，总有人在排队等台位。“爷爷的土钵菜”在餐饮市场生意难做的大背景下，开业不久即一炮而红，这个现象让我心生好奇：这家源自湖南长沙的品牌餐馆，来武汉一点都没有水土不服的迹象，反而火爆异常，这里边到底有什么秘不示人的狠招哇？

作为一个以美食评论为职业的人，我有一个一以贯之的观点，非常看重一家餐馆要有一道或几道拿手菜肴飨客。所以每每我去餐馆试菜，大多是冲着某家餐馆的一道或几道招牌菜去的。客观地说，“爷爷的土钵菜”菜肴已然做到了能给食客留下印象的程度，有几道菜甚至算得上是色香味俱佳。

比如，既像豆腐又像干子的“刘晓庆米豆腐”，虽然售价不到10元，点击率却不低。据说这款菜的爆红，与老牌影星刘晓庆于上世纪80年代在湖南湘西拍摄电影《芙蓉镇》有关。在该电影中，刘晓庆饰演的胡玉音就是一个卖米豆腐的，随着刘晓庆塑造胡玉音“豆腐西施”形象获得了若干电影大奖，“湘西米豆腐”便与刘晓庆的名字联在一起了。其实，口感比普通干子软，比豆腐稍硬的“刘晓庆米豆腐”，乃是一款具有湘西土家族传统风味的卤汁豆制品，其卤汁入味，清香爽滑、干子与豆腐两种滋味兼得，柔润可口，广受湘西土家族百姓喜爱。

又如，用吊锅做盛器上桌的“青椒小炒鸡”是一道由鸡肉、湖南产长青椒等原料制成的鸡禽菜品。加了姜、蒜、生抽、老抽、花椒、盐、油、少许白糖，以湖南人烹菜的拿手好戏——爆炒手法烹之，以生铁吊锅作盛器，上酒精炉加温，其出品青椒翠绿，鸡肉油亮，色泽鲜艳，诱人食欲。其口感香鲜透味、鸡肉软嫩，锅气浓重，确实体现了湖南湘江流域小炒菜“制作精细，油重色浓”的烹饪特点。

说实话，“爷爷的土钵菜”的上述招牌菜确实算有特色，而且是走的“好吃不贵”的亲民路线，但其特色还不足以让我兴趣盎然。这家餐馆用土钵作盛器装盘也算是很有特色，但以土钵子当盛器盛菜，在湖广地区并不稀奇，甚至在湖南长沙一条街上都能数出几家土钵菜餐馆来。以土钵子当炊具炖菜，江西省的武宁是炖菜之乡，去武宁可以满大街吃到炖钵菜，长沙、武宁我都去吃过炖钵菜，对我而言，以土陶钵子盛菜的特色也还不足以让我对这家餐馆刮目相看。

那么，“爷爷的土钵菜”到底为何让我情有独钟呢？

仔细想来，这家餐馆真正让我刮目相看的，除了菜式有特点外，还在于其有新颖的销售场景与经营模式，甚至可以描述成现代餐饮提倡餐厅堂食的全部要义，似乎都在“爷爷的土钵菜”店面得到了具象呈现，为开办家常菜中餐馆提供了一个别致的样本。

首先，“爷爷的土钵菜”在装修风格上可谓匠心独运，组合了老砖、黑瓦、旧门、老窗、粗朴的古树造型、鲜活的植物绿叶、传统的八仙桌、长条板凳、杏黄酒幌、老木楼戏台等元素，营造出过去长江中游流域老城老镇经常见到的吃食铺子热闹的生活氛围，这种古旧却活力四溢的场景，使进店用餐的顾客产生强烈的地域文化认同感和勾起浓厚的怀旧情绪。

利用各种陶制土钵使其成为装饰餐厅外立面及门头的重要素材，土陶钵甚至担负着诠释“爷爷的土钵菜”独特销售主张的重任。一面以土钵为主体画面构成的文化墙成全了乡土气息浓郁的餐厅店招风格，把店名——“爷爷的土钵菜”诠释得感性、直接、独特，让人望一眼店招即能直抵内心，植入记忆深处。

重要的是，店面设计者把各种动、植物食材当成了营造店堂风格的艺术元素，让那些红彤彤香喷喷的湖南腊肉、熏鱼、香肠、干笋等动、植物食材也成为装修店面的材料，参与了烘托店堂热闹红火氛围的系统工程。如此一来，不仅充分展示了能够入口食材本身的货真价实，而且让店面的氛围人间烟火气浓厚，这种活跃的气氛能够强烈刺激食客的食欲，客观上起到了引导食客冲动消费的作用。

其次，食客的参与度极高，厨师的菜式出品与食客之间的互动达到了水乳交融的程度，并让食客在就餐过程中获得了参与的愉悦感。

“爷爷的土钵菜”为了让食客在点菜过程中有参与性，减掉了传统中餐馆必不可少的菜谱，墙上也找不到推荐菜牌，也不设点菜的服务员。店家所售的菜品和主食，包括凉菜、热菜、饭菜、汤在内的全部菜式和饭、面主食，都当堂以明档形式，或以钵装形式一一在展台上展示，菜名和主食名则由竹签写就。食客想要点菜或点主食，只需拿起桌上的竹筒，各自在各个明档或盛菜的土钵前踱步选择，若看到中意的菜品和主食，即把对应名字的竹签放进竹筒，再交给服务员。不管是各式农家土钵子菜，还是像糖油粑粑、葱油粑粑这样的小吃，只要点一根竹签就能轻松搞定。这有点像读者在书店购书，必须在各书架间一本一本地淘才能买到心仪的书籍。因此，在吃到一款款可口满意的菜肴后，食客获得的参与的愉悦感和成就感会油然而生。

跑堂传菜，在哪个传统中餐馆都是不可或缺的程式，很难弄出新意。“爷爷的土钵菜”却将传菜的过程热热闹闹地演绎得极具观赏性和趣味性：两个穿着民国时期的服饰——长袍马褂，戴着瓜皮帽的传菜生，抬着一顶黄红色轿子，轿子里抬着的是“爷爷的土钵菜”的招牌菜式“青椒小炒鸡”，轿子里装有电子播音器，沿路播放鸡鸣啼叫之声，轿子颤悠悠地从店堂穿过，营造出了一派喜庆气氛，赚足了食客一路瞧热闹看稀奇的眼球。

还有，传统中餐馆的厨房与店堂是隔开的，厨房与店堂是两个互不相干的区域，所以餐饮行业内有“前厅后厨”之说。

“爷爷的土钵菜”的厨房则是完全敞开，店堂与厨房，你中有我，我中有你。店堂里的食客，能够看得清厨师的一举一动，一招一式。厨房里做菜时的煨、炒、煎、炸、爆各种菜式的香味，从厨房飘散到店堂，实在是对食客难以抵挡的味觉诱惑。厨师只需抬头瞟上一眼，望一眼堂面，即能观察到食客举箸端杯的一举一动。这种完全敞开式厨房的设置，不仅真正做到了让食客“好吃看得见”，最重要的是让菜式制作者与食客之间，形成了极佳的生产与消费的良性互动。

如此说来，“爷爷的土钵菜”红火得实在有道理。菜肴有特色好吃；店堂气氛喜庆热闹，场面好看；食客的参与互动极强，吃饭过程成其为娱乐过程，好玩。

一家集菜品好吃、场面好看、就餐过程娱乐好玩为一体的家常菜馆，它的红火告诉我们：哦，中式餐馆，原来还可以这么开？

57

霸气炖牛蛙

随便问一个50多岁的老武汉人，年轻时，有谁没有吃过烧克马（青蛙，武汉方言）呢？回答的人应该是点头的多，摇头的少吧。

上世纪80年代以前，我们这座被世人称为“大武汉”的城市，比现今城市的块头少说要小两三个，更没有现在这么多让人喘气不匀的高楼大厦，城市周边被农田、荷塘、菜地紧紧包裹着，一年之中，田畈山峦，菜地野丘、湖塘水田，该绿时绿，该黄时黄，该红时红，四季风光从不同样。离中心城区走不出三五公里的路程，映入眼帘的便是一片生机勃勃的农村图画。

我虽是正经八百的城里生、城里长的孩子，却对武汉周边农村生活一点也不陌生，甚至与城市周边农村接触还较紧密。

我从读小学时，就开始了“文化大革命”。“文革”十年贯穿了我们读小学、初中、高中的全部过程。“文革”给共和国当代及后世造成的危害已有公论，而“文革”期间不讲学习、不讲读书的大环境，让我们同代人中的大多数成为事实上的文盲或半文盲，乃至影响了我们这代人一辈子的生存方式与生活质量。但凡事皆有两面性，我们这代人有一个集体的幸福记忆，那就是我们的青葱岁月，真是过得无忧无虑，学习无压力，上学可上心可不上心，作业可做可不做。从上小学到上高中，我们的日子过得没心没肺，真是个“以玩为主，兼学别样”，我们诸多的玩法之一，便是骑上自行车，用不了半小时就到了城市周边的乡里，粘知丫（知了）、捞鱼虫、摘莲蓬、捉鱼虾，抠蟮鱼，逮克马。偶尔碰到有农村小孩从我们身边走过，就不怀好意的撩拨人家，一齐起哄念道：

乡里伢，
喝糖茶；
打臭屁，
屙克马；
……

那时我们怎么就有那么多的精力呢，只要去了郊区农村，不玩得浑身成为泥猴，不到太阳西斜，不饿得前胸贴了后背，我们就不会骑车往回行。

我们最喜欢不冷不热春末夏初的乡下。春末夏初的月夜，银月如一个亮闪闪的银盘挂在天际，月影下的湖河池塘波光涌动，墨绿色的荷叶随风婆娑，风起青萍之末，滚起一层一层暗绿色的波浪，克马敞开嗓子开始“咕哇”地叫个不停。一听见克马敞开洪亮嗓子的鸣叫，我们心里的小九九就盘算开了：嘿嘿，我们吃美味“烧克马”的好日子，到了。

果然，我们上学从菜场旁边经过，菜场外边卖克马的摊子一个挨着一个，克马都塞在蛇皮袋子里，鼓鼓囊囊的。我们回家编着各式各样的理由找家长“开方子”，甚至死皮赖脸地央求他们去摊子上买克马。家长终架不住我们的死缠乱打，买了克马，让卖克马的摊主帮着剐去克马皮，把克马肉拎回家用油稍稍一煎，放些辣椒，加入胡椒、味精、盐、砂糖、酱油，以蒜苗作配菜，在锅里烧上七八分钟，一碗香喷喷的“烧克马”，馋得我们连吃几大碗白米饭，直把小肚子撑得像皮球般滚圆……

时过境迁，现在克马已是国家明令禁止捕杀的三级保护动物，即令克马肉营养再丰富，可当补品吃了养人，而且是公认的美味佳肴，但国家的法律红线挂在那里，谁卖谁违法，谁吃谁有过。

爱吃克马而不能，而又实在忍受不住想吃克马肉，怎么办？

也不难办。克马吃不成，但可以选择吃那与克马的营养成分、口感相差无几的牛娃，或许这是个不得已之中的上乘之选。

牛蛙，俗名美国水蛙，个体硕大，长相霸气，因其鸣叫声洪亮酷似牛叫而得名。原产于北美洲落基山脉以东地区。我国1959年从古巴引进，先后在北京、上海、天津、甘肃、四川、云南、南京、杭州、福州、广州，以及厦门、宁波、中山、湛江等地进行人工养殖，这个比普通青蛙个头大将近一倍的家伙，适宜于植被茂密的坑塘、湖泊、沼泽、沟渠及有稻田、低洼湿地的环境生长。以食用性论，牛蛙是一种大型食用蛙，其肉质细嫩，味道鲜美，营养丰富，是南方各地食用蛙中的主要养殖种类。从药理及营养而论，牛蛙具有一定的药用价值，食之有滋补解毒之功效，消化功能差和胃酸过多的人以及体质较弱的人，可以用来滋补身体。牛蛙可以促进人体气血旺盛，精力充沛，滋阴壮阳，有养心安神补气的特殊功效。

自牛蛙从遥远的美洲引入到我国后，人们就把它当成了青蛙的主要替代品食用，尤其是上世纪90年代以后，国家加大了禁食青蛙的力度，各种酒楼餐厅以牛蛙为食材做出的菜式便日见其多，各个地方菜系的各种烹饪方法也能在牛蛙身上屡试身手，如以牛蛙为食材做出的“红烧牛蛙”“干锅牛蛙”“香辣劲爆牛蛙”“炒牛蛙”“口味牛蛙”“牛蛙蒸蒜仁蛤子”“吊锅泡椒牛蛙”“野山椒牛蛙碎”“椒香牛蛙煲”“葱香干锅牛蛙”“青椒牛蛙”“瓦片牛蛙”“香炒牛蛙”“红咖喱甘蔗牛蛙”“香豉酱牛娃”等等。牛蛙菜色在各个地方菜系都能见到。武汉一家知名酒店——“湖锦酒楼”有一道招牌菜就是以牛蛙为食材烹饪的“辣得跳”，在武汉餐饮市场非常有名，非常受食客喜欢。

我也算喜欢吃克马肉之一族。想吃克马而不得时，我便去汉阳阳新路“魏道砂锅鸡”酒楼吃“砂锅炖牛蛙公鸡”解馋。这道菜是店老板兼主厨魏明华花了不少力气研发的招牌菜，主材用了牛蛙和公鸡，以砂锅作盛器，堂食时配了酒精炉保温，目的是保证牛蛙和公鸡的鲜嫩口感。

“砂锅炖牛蛙公鸡”的烹饪技法看似并不复杂：先将农家

散养的公鸡按步骤洗净、拔毛、切块，下油锅爆炒，待鸡肉水分干了，至五六分熟时起锅待用。

将牛蛙剥皮洗净，切成较大的块，把牛蛙用调味品先腌制一个小时，使其入味。置锅于大火之上，等油烧开，放入大蒜、辣椒煸炒爆香，再把腌制好的牛蛙下锅，翻炒 3 分钟，将先期炒过的鸡块与牛蛙一同翻炒，然后添加水和几勺自制的酱料——这个酱料里面颇有乾坤：以武汉人习惯的咸鲜微辣口感为基础，精选四川、贵州特有的优质辣椒和青花椒，搭配 30 余种香草料制成。盖上锅盖，将鸡肉与牛蛙肉炖个十来分钟，以较大口径的砂锅当盛器装盘，上桌时，砂锅下面用酒精炉加热、保温。

端上桌的“砂锅炖牛蛙公鸡”让人眼前一亮，显得霸气十足：口径不算小的黑色砂锅，里面硕大的牛蛙块和鸡块把砂锅撑得满满当当。在腾腾的热气中，伸箸搛上一块牛蛙一尝，牛蛙肉中含有鸡肉的鲜味，由于鸡汁的渗透，使得蛙肉更加鲜美嫩滑，香醇糯润，酥烂入味，牛蛙的糯润与公鸡块稍显劲道的口感相辅相成。这一大砂锅的牛蛙炖公鸡，肉多骨头少，正好成为一道下饭佐酒的好菜。魏明华研制的酱料优势在这道菜里发挥了极妙的作用，使得“砂锅炖牛蛙公鸡”酱香浓郁，口感鲜醇，齿颊留鲜，回味绵长。

三五个人点一锅“砂锅炖牛蛙公鸡”，配了一盘凉碟莴苣丝，一盘甜酸荞头，一盘清炒菠菜，烧一条长江鳜鱼，喝了一瓶“苦荞”白酒，虽是深冬时节，寒风凛冽，饭毕，却是周身舒坦，暖融通泰，腿脚轻便，走路的步子似乎都比平常迈得有力得多。

58

大快朵颐的“卤蹄髈”

因为要出版《武汉味道》之故，我需要找包括卢永良先生在内的几位武汉籍中国烹饪大师组字画稿。卢先生是个大忙人，一年到头总在满世界的机场、火车站辗转，现身于各种烹饪美食大赛、美食电视节目当评委。

用现在网络语言表述，卢永良不是在当评委，就是在去当评委的路上。

这两天，我在媒体上瞅着他带队参加上海“2015 世界厨王争霸赛”，获得了季军，刚刚比赛归来，便去他当顾问的单位——“醉江月”（紫阳路）酒店，找到卢永良先生。此行我有两个目的，一是要办成公事，二来顺便在“醉江月”酒店吃到他们的招牌菜式“醉月一品蹄髈”。

公事办完，正好到了饭点，我们一行便留下来用餐。餐桌上我特意点了“醉月一品蹄髈”。

对于惧怕卤蹄髈油腻的人来讲，会觉得卤蹄髈不算是上得了台面的美味。对于嗜吃猪肉的一类人，卤蹄髈绝对是能大快朵颐的至味，原因无他，就在于卤蹄髈口口是肉，吃得过瘾。在一些表现新中国成立前土匪生活的影视作品中，经常有盘踞于山洞里的大小土匪用手抓着一只肥蹄髈大啃大嚼的镜头，编导们似乎只有让土匪如此这般大嚼猪蹄髈的吃相，才能体现他们大块吃肉、大口喝酒、论秤分金的江湖气势。

实话实说，土匪们那种大嚼猪蹄髈的吃相，看着就让我生出了馋劲。虽然猪蹄髈未见得算我的最爱。

如果把我归类，我应该算是不特别喜欢吃猪蹄髈，也不反对吃蹄髈的一类吧。

猪蹄髈是江南地区的称呼，北方人称肘子，长江流域和西南地区称蹄髈。一只猪有四只蹄髈，以烹菜后的口感而论，猪蹄髈有前后之分，两者小有差异。前肘，也称前蹄膀，其皮厚、筋多、胶质重、瘦肉多，常带皮烹制，肥而不腻。宜烧、扒、酱、焖、卤、煨汤等。如“红烧肘子”“菜心扒肘子”“红焖肘子”“蹄髈藕煨汤”等都算是名菜。

后肘，又名后蹄，因结缔组织较前肘含量多，而猪的后蹄承受较多猪体本身的重量，所以猪后蹄的皮老而韧，质量较前肘差。用后蹄髈烹饪的菜肴，虽然烹饪方法一样，但成菜的口感较前蹄烹成的菜肴要差一些，所以在市场上，同样是猪蹄髈，前蹄比后蹄的价格稍贵。

我们在“醉江月”酒店吃到的卤蹄髈，是卢永良先生的弟子，也有中国烹饪大师头衔的苏忠高的手艺，在“醉江月”酒店的菜谱上叫做“醉月一品蹄髈”。

“醉月一品蹄髈”其实是一道传统的荆楚风味菜，烹饪方法为卤，其流传的历史超过百余年，相传为清咸丰时期的湖广总督官文的家厨所创，是这位曾被曾国藩评价为“才具平庸”天朝老官僚的最爱美味。

官文，满族人，出身军人世家，最初是殿前蓝翎侍卫，后任荆州将军，杨霈被撤职，调湖广总督。而湖广总督府所在地，就在今天武昌紫阳湖边，紫阳湖成为湖广总督府的代称。官文不谙政事，诸事皆决于家奴，时人称湖广总督府有“三大”，即妾大、门丁大、庖人大。官文一生讲究吃喝玩乐，他的官做到哪里，就把家厨班子带到哪里。相传身为湖广总督的官文家厨中有位天门籍的厨师，做的一款卤蹄髈最对官文胃口，隔三差五官文都要享受一餐。每逢有京官到湖北视事，或者有同僚及贵客应邀到总督府赴宴，逢席必上卤蹄髈，官文每次在席间不遗余力地盛赞卤蹄髈的美妙，各类入席捧场的官员贵宾，或出于阿谀奉承，或者真的吃得很对路子，众口一词地对这道官文最爱——卤蹄髈赞誉有加。乃至于后来湖北官场中人，以能吃到卤蹄髈的次数，来暗喻官文总督对某属下的宠爱程度。

官文因帮助曾国藩平定太平天国农民起义立有大功，被清廷封为“一等果威伯”，官居一品，湖北官场中人干脆就在背地里把卤蹄髈叫成了“一品卤蹄髈”了。

后来官文调任直隶总督，那位做卤蹄髈的天门厨师年龄也大了，不肯随官文北上，便留在武昌定居，以自己的烹饪手艺立身，开了间餐馆，招牌菜便是“一品卤蹄髈”。经过数代荆楚厨师的传承，此菜成为具有荆楚风味特色的湖北传统菜式。

总体来讲，如果不是过分嗜吃猪蹄髈，偶尔吃之则对人体有较好的养生功效。从中医药理论分析，猪肘味甘咸、性平；有和血脉、润肌肤、填肾精、健腰脚的作用。猪蹄入胃经，可填肾精而健腰脚，滋胃液而滑皮肤，长肌肉可愈痔漏及疔毒瘤疮等，助血脉能充乳汁。现代医学认为，猪肉为人类提供优质蛋白质和必需的脂肪酸。猪肉可提供血红素（有机铁）和促进铁吸收的半胱氨酸，能改善缺铁性贫血。猪蹄髈营养很丰富，含较多的蛋白质，特别是含有大量的胶原蛋白质，和肉皮一样，是使皮肤丰满、润泽，强体增肥的食疗佳品。

“醉月一品蹄髈”出品色调温暖，橙黄中透出些许的酱色，与蹄髈里溢出的油脂混合成了一种油亮色，十分勾人的食欲。肉质滑润而不过于酥烂，略有嚼劲，肥而不腻，味道醇厚。“醉月一品蹄髈”与一般卤猪蹄的味道不同之处，在于使用了独特的卤水配方，加了酱油、各种调料和八角、陈皮等多味中草药材，以湖北特有的卤制方法——“酱卤”而成。

吃“醉月一品蹄髈”不能太斯文，得大块大块的吃，唯有如此，才能体味猪蹄髈独有的肉香味和细腻的韧劲，所以，这道菜更适宜于佐酒而不适宜下饭。我个人的感受，卤猪蹄的确特别能解酒。

只要吃过“醉月一品蹄髈”这道菜后，就会无师自通地知晓中国的一个古老的成语——“大快朵颐”是个什么意思了，而且一辈子都不会忘记。

59

忠奸昭昭「油炸桧」

如果认真统计一下，就可以发现，在全国范围大众小吃品种中普及率最高的，大约是少不了油条一款的。祖国各地均有油条可售，只是地域不同，式样大致相同，风味有异，称谓不同罢了。如果非要在各地油条外形和风味上寻找不同点，差异还是显而易见的。总体来讲，北方的油条又粗又大又长，软中有韧，能当正餐裹腹填饱肚皮；南方则较为细而短小，脆爽松化，食起来容易上口，常用作佐粥过早。一如南北两地的汉子，北方多燕赵大汉性情耿直，南方多灵秀性情柔和一样，存在差别。

许多地方把炸油条叫做“油炸鬼”，鬼者，桧也。据专家考证说，油条在宋代以前较为正规的称法是“炸锞子”或“炸面”（现在还有许多地方仍然这么叫），宋代以后，油条便被人们称之为“油炸鬼”了。油条之所以称之为“油炸鬼”，据传是因百姓极度憎恨陷害岳飞父子的千古奸臣秦桧之故。南宋年间，秦桧以“莫须有”的罪名杀害岳飞父子，消息一传开，临安满城军民无不义愤填膺，许多人切齿大骂秦桧等奸臣，恨不能食其肉，寝其皮以解心头之恨。南宋京城临安（今杭州）的一家专卖油炸食物小铺子的业主，灵机一动，将油条坯做成一男一女两个小人的模样，背靠背粘到一起放进油锅炸起来，起锅后即当街大喊，“吃油炸鬼呀”，众人一看，炸的是秦桧夫妇呀，大家心领神会地开心大笑，争相出高价买“油炸鬼”吃，秦桧死后，人们开脆改“油炸鬼”为“油炸桧”了。由此，“油炸桧”也随着历代百姓憎恨秦桧的怒潮，传遍了大江南北，油条被呼之为“油炸鬼”，其名字一直沿袭至今。清代柴萼的《梵天庐丛录》中记曰：

> 旧云：浙人恶秦桧，因溲面状桧，投诸鼎镬，食之池恨，名曰油炸桧，犹墓前铁像也。千秋信始，忠奸昭昭，而独于桧尤为后人痛恶，何耶？桧今作脍，遂尠（读音：鲜）知其始者。

油条在武汉也是传统的风味小吃品种。在武汉方言里，称油条为油饺，武汉远城区的江夏、黄陂叫其为锞子。早年，通常是要到了农历过大年的腊月间，才开麻油锅炸锞子。我 40 多年前在武昌县（现为江夏区）安山公社下农村当知青，才知道吃油条在农村是一件多么正式的事情：天一煞黑，农人便在院落中扯起电灯，油锅一开，满村飘香，炸锞子的人家，必定会请来邻居和亲戚，头几锅炸好的馃子，先诚心诚意趁热给左邻右舍送去，然后，等前来“观摩”开油锅炸油条的乡亲吃完散去，再炸的馃子自家人才吃。炸油条的油锅一开，昭示着日月踏进了过年的门槛，一年一度的春节就要来了。

作为一款武汉小吃，武汉的小吃餐馆、机关企、事业单位的食堂，在供应过早的品种中，油条最为多见。想必吃油条优点有三：一则卫生；二则方便；三则易饱肚顶饿。油条具此三条优点，就非常讨人喜欢。油条主要以面粉为料，若不想求精，马马虎虎做油条不算难事。但要想精制，做出高水平的油条绝非易事。以笔者吃过油条的店家衡量，许多年前在武汉青山地区的和平餐厅吃过的油条味道让人记忆深刻。当时笔者曾问起过主案的老师傅，才知道看似简单的炸油条里面有不少的奥妙。各个小吃店炸油条看起来同是一样制法，用料也简单，但效果相差甚远。炸得好的油条，其发面、兑碱、油温、火候，诸多环节不能有一闪失。在上世纪 80 年代末的一次烹饪技艺比赛的赛场上，我看过青山区和平餐厅白案师傅的表演，他们做出的油条两头稍隆，中间微瘦，外形笔挺，里头泡松，行家称之为“棺材头、菊花心”，炸好后的油条，不足尺长，根根金黄耀眼，直挺挺地立好，不软不皮，吃起来脆爽松化，有声上口。有观摩比赛的烹饪专家告诉我，这才是炸油条的标准“范儿”。武汉人过早吃油条，很少只吃油条一款，多就着豆腐脑、伏汁酒、稀饭、馄饨、豆浆等流食一起进食，干稀搭配，如此能润泽咽喉食道，避免焦脆较硬的油条对口腔、食道的刺伤。

以一斑可窥全豹，一滴水可以映出太阳的光辉。从“油炸鬼”的得名及流传，可以看出人心的向背，善恶的取向。如果说，至今人们还在端午节吃粽子以示对屈原的怀念，是表明了一种对善的褒奖的话，那么，人们把炸油条呼之为“油炸桧”无疑就是对丑恶的无情鞭挞了。人们借此来表明自己的心迹，以达到惩恶扬善之目的。

是啊，忠奸昭昭“油炸桧”，人民心中自有一杆秤。

60

松坡猪血丸

邵阳，作为湖南人口第二多的城市名字，一般武汉人关注不多，但邵阳的另一个名称——宝庆府，老汉口的土著就不会太陌生了。在汉口沿河大道利济路到集家嘴之间，有一个叫“宝庆码头”的地名，这一带居住的居民，所操的口音与武汉方言大相径庭，大多是一口难懂的邵阳土语，他们的祖籍都是湖南宝庆府，也就是今天湖南邵阳市。若干年前，他们的上辈人和上上辈人，走出湘西南大山，西出洞庭，沿长江东下，行船至汉江注入长江之处的集家嘴地界，停下了划动的双桨，弃船上岸，筑屋而居，兴建了专属码头，成为武汉城市的居民。久而久之，“宝庆码头”就成为一个地标而被市民知晓。还有，早去三十年之前，汉口利济南路上开有一家很出名的面馆——“宝庆面馆”，该店所做的牛肉面、粉，辣香呵呵的风味突出，湖南宝庆府因了这家风味面馆而被市民尤其是汉口的市民记在了脑海深处。居住于武汉的邵阳人，把湖南邵阳文化与武汉这座以码头文化著称的城市，完全交融在一起了，“宝庆码头”“宝庆面馆”带有湖南地域的名称，也就顽强地在武汉留下了印记。

山大湿气重的邵阳我倒是去过，但停留时间很短，几乎是匆匆而过，没有时间专门去品尝当地的邵阳菜式。好在邵阳菜现在也能够在武汉找寻得到，我亦在几个餐馆都曾吃过，只是专门经营它的餐馆不多。我在武汉吃过的邵阳菜口味正宗与否，因为没在邵阳吃过道地的菜式，也就无从比较。据我所知，位于汉口江大路上一家叫“桃宝堂”的中餐馆，主打的菜式，便是“酱血鸭”“邵阳猪血丸”等邵阳菜系。

每次去“桃宝堂”用餐，我都会点一款“邵阳猪血丸”。丸子菜在湖北菜系中为数不少，各种食蔬和豆制品及肉类、鱼类都可以做成丸子，但唯独没有把猪血制成丸子的选择。做猪血丸子，那是邵阳人的饮食习俗。

猪血丸子在邵阳的普及程度极高，在邵阳，猪血丸子也叫猪血圆子，当地土语称“血粑”，外地人称猪血丸子，干脆就冠之以邵阳之名，称为“邵阳猪血丸”。用猪血丸子炒腊肉，是邵阳人过大年待客的一款好菜。总体来讲，猪血丸子的原材料不复杂，也就是豆腐加猪血，也有另加猪肉和其他原材料的情形。农历冬至过后，春节的脚步声越来越近，邵阳乡下的农家，便开始了做猪血丸子的准备：选用自家栽种的黄豆，先用水浸泡几个小时，洗净，磨成浆，加上石膏粉做成豆腐。待冷却几小时后，把豆腐放在一个干净的盆子里，捏碎，拌上适量的食盐，辣椒粉待用。杀猪放血时，用盆把猪血接上，猪血越新鲜越好。

把豆腐与猪血混合拌匀，细细揉捏，越均匀越细碎越好。然后搓捏成圆形或椭圆形形状，搁在篮子里，置于柴灶上方加以烘烤，待水分烤干后，储存起来可以吃上一年半载，却仍能保持原有的味道，咸辣，烟熏，回味久长。

一道食物，是在餐桌上实现销售还是在柜台上实现销售，是划分菜式和食品的基本依据。按照这种划分方法，猪血丸子也可以归类在食品的项内。猪血丸子的制作方法与香肠差不多，是半成品的方便菜，易于标准化生产，所以现在能在有些超市货架上看到猪血丸子也就不足为奇了。

作为地道的邵阳家常菜，猪血丸子的发明权无疑在当地百姓，能够让猪血丸子走出邵阳大山，走向全国的通都大邑，许多邵阳人把这份功劳记在一位邵阳名人账下，这个人就是民国时期再造共和的名将蔡锷。

蔡锷字松坡，祖籍宝庆府。松坡先生自邵阳走出后，先后求学于长沙、上海，并远渡东瀛。1911 年，时年 29 岁的蔡锷被清廷发布任命为新军第 19 镇第 37 协协统（旅长），后又被云南各界公推为云南都督，不到而立之年却居封疆大吏之位。蔡锷就职后，广泛团结各界人士，积极更新人事，革除弊政，整顿财政，裁减军队，兴办教育，开发实业，云南气象为之一新。为了和谐上下左右的关系，深谙中国文化精髓的松坡先生，往往在府邸宴请云南各界大佬，并让从家乡带去的厨师，做地道邵阳菜式宴客，每席必有猪血丸子。席间，松坡先生必将猪血丸子向各位宾客隆重介绍。猪血丸子本来就风味独具，又有大人物如松坡先生的强力推介，不久，猪血丸子便在云南的高层名声响亮。长此以往，被松坡先生宴请过的宾客，背地里就把猪血丸子戏称为“松坡猪血丸”。消息传到蔡锷的耳朵里，蔡将军哈哈一笑说：“这个菜名我喜欢，也算是本人为家乡做的一点小贡献罢。”1913 年 10 月，蔡锷奉袁世凯之命调到北京，任全国经界局督办。袁世凯自 1912 年当选为中华民国临时大总统后，其政治野心不断膨胀，朝着复辟帝制的道路疾进。袁世凯复辟帝制的活动，使蔡锷气愤难平，他决心以武力“为四万万人争人格”，倒袁护国。于是他表面上装出不关心政治而醉心风月的样子，常去北京八大胡同流连，与名妓小凤仙厮混，每每携小凤仙在青云阁的普珍园大摆宴席，与京城的高官显要觥筹交错，推杯换盏。以松坡先生作主人的宴席，必定会有“松坡猪血丸”，席间松坡先生必将猪血丸子大大介绍一番。一时间，邵阳家常菜猪血丸子随着蔡将军的推介，在京城一帮大佬中小有名气。这正应了一句古话，山不在高，有仙则名，来自邵阳山旮旯的土菜猪血丸，沾了蔡将军的贵气，成为天下名菜。

具有邵阳风味传统的猪血丸有多种吃法，可随各人的意愿而定。用水煮，用油炸，都行。大多数人的吃法，还是把它与邵阳腊肉一齐加了大蒜炒了吃。吃席面时，猪血丸子看相颇不起眼，颜色似川式香肠般的深重，甚至是黑乎乎的，加上整个菜式表面，铺着一层火红的辣椒，让怕辣的食客心生畏惧，猛地一看，猪血丸子透着一股粗俗味道，但是吃进了嘴里，才体味得到它咸辣熏香的特殊风味，如果把它与松坡先生和小凤仙的传世爱情故事联系起来，再来吃这款平常的邵阳家常菜式，不一样的感觉油然会在心间荡漾开来，体会又不一般了吧。

61

甜意绵绵『伏汁酒』

直到现在，我对“是武汉人都知道”的一款小吃品种——伏汁酒，到底应该划进小吃类，还是划入饮料抑或是酒类，始终把握不定。从文本上讲，几乎在所有关于小吃品种记载的辞书上，都把伏汁酒划进了小吃的行列；从实际情况上讲，武汉三镇的老百姓也全然接受把伏汁酒划入吃食行列的事实。但我想不明白的是，一者，无可否认，归类为小吃品种的伏汁酒却不能当作饱肚充饥的食物，垫不得肚底，充其量也只能当配角与其他主食物搭配共用，单独喝伏汁酒的功效形同喝糖水，解决不了充饥问题；二者，虽然做成的伏汁酒成品，米粒有或成坨或成块的形状，但人们在食用时，却是把伏汁酒勾兑了较多的白开水予以稀释，然后以液体的形式入口的，伏汁酒的入口方式，与任何饮料的入口方式完全相同；三者，伏汁酒从名字上看，就是一种酒的名称，且伏汁酒本身具有一定的酒精度，完全符合酒类的属性。若把伏汁酒归并入酒类中去，我想也应该是合情合理的划分。

但是，不管我有多少种想法，此时，我仍然愿意把伏汁酒归入小吃品种中来进行讨论，这是遵从约定俗成的法则。从中，我们也能感受得到传统文化对现实生活的巨大影响力量。

伏汁酒即是米酒的湖北方言称谓。在普通话里，米酒即是用糯米酿制酒精度不高的酒，俗称水酒、甜酒、酒酿、醪糟、江米酒等，有多个名称，古人叫“醴”。米酒是我国具有悠久历史文化背景的酒种，唐代有“把酒话桑麻”和“樽酒家贫只旧醅”的诗句。上述诗句中的“酒”，据酒类专家考证，是指米酒，可见古时农家已有自酿自饮和用米酒待客的风俗。米酒的原料也有多样化的选择，除糯米酿制的米酒，还有籼米、黑米、高粱、荞麦、薯干、青稞酿制的米酒类型。在我们湖北的孝感、黄陂和武汉的方言中，把米酒叫做为伏汁酒，这个称谓时常让外地人感到莫名其妙。也是，放眼全国看去，把米酒唤作伏汁酒的这种叫法，好像仅限于湖北部分地区。部分湖北人为什么把米酒称之为伏汁酒，考证极为困难，其原因是缺乏文献记载的支持。以我个人的揣测，伏汁酒的叫法可能与湖北部分地区制作米酒的方式以及成酒的外表形状有关。“文化大革命”中的武斗时期，我曾经有在黄陂乡下亲戚家避祸的经历，亲眼得见年迈的亲戚制作伏汁酒的全过程。

事实上，在黄孝地区的农村，伏汁酒一直就是夏季农家的时令食物，黄孝地区的农人，在七月流火的盛夏，很久以前就有酿米酒的传统。六月三伏天，酷暑难当，大热的季节却是农人最为繁忙的时节：收早稻之谷，插晚稻之秧，农民俗称“双抢”，割谷栽秧，哪边一刻也耽误不得。恰在此时烈日当空，热气逼人，稍有不慎，暴露在阳光下的农人便会中暑。为了抵御高温湿热的侵袭，农人们在长期的生活实践中发现，喝米酒有助于防止中暑，并在长期的生活中发现了米酒的做法：把当天没吃完的米饭，倒入适中的盆缸里，加适量清水和酒曲，关键是加进酒曲的分量必须适中，然后用木棒搅匀。盆缸四周裹上一层厚稻草，再将盆缸盖上棉捂子，让米饭在里边发酵。这样经过一到两天后，掀开棉捂子，在盆缸中兑加一些凉开水，再经过不到一天时间的酿制，米饭就成为米酒。此时的米酒，整块的饭米粒上长有一层白茸茸的绒毛，恰似铺上了一方薄薄的长绒白毛巾，而毛巾，在武汉及周边农村的方言中则称为“服子”，米酒的表面披上了一层“服子”，而“服子”与“伏汁”音韵相近，久而久之，部分湖北人便把米酒称作“伏汁酒”了，直到今天，这种称谓也没有改变。

伏汁酒制作工艺并不复杂，大体要经过浸米—蒸饭—晾饭—落缸发酵—开耙—坛发酵—煎酒的一般流程，人们在长期实践中将这个流程渐渐固化，然后形成传统，经年不变。伏汁酒取材俯首即拾，糯米、籼米、黑米、高粱、荞麦、薯干、青稞，皆可充作取材之选。从实用的角度讲，米酒也不能饱肚充饥，在讲求实惠的市民眼里，该算作是“中看不中吃”的食品。但匪夷所思的是，伏汁酒却在武汉人的生活中成为了不可或缺的小吃品种，且在日常生活中占据重要位置，是许多主要小吃吃食的最佳搭档，如过早吃热干面、热干粉、面窝、油条、包子、发米粑粑、发糕等干物，最佳选择便是某款干物加一碗清酒或者蛋酒，如此搭配，是大多数武汉人过早的标配。从营养学的角度考量，如此搭配过早也很有道理，不仅有助于过早主食的消化，滋润咽喉食道，易于被人体吸收，而且味道清爽，甜意绵绵。现代研究为伏汁酒的“正面形象”提供了证明，伏汁酒是“中看”又“中用”的食品，米酒甘甜芳醇，能增进食欲，有助消化，特别在夏季因气温高，米易发酵，更是消渴解暑的家庭酿造尤物，深受老年人和儿童的喜爱。用米酒煮荷包蛋或加入部分红糖，是产妇和老年人的滋补佳品。伏汁酒具有如许优点，这大概就是在整个湖北地区流传经年而长盛不衰的深层原因吧。

62

许“敲糕”一个甜美的未来

在我们寻常所吃家常菜餐馆菜单上鲜见的“敲糕”，是以糯米制成的既算小吃亦算点心的温州风味甜食。

对甜食一般持可有可无态度的武汉人而言，倘对“敲糕”不知道，不了解亦很正常，因为它的祖籍远在千里之外浙江省最南端的苍南县，在武汉餐饮市场露面的机会寥寥，与热干面、米粉、面窝等这些在武汉大街小巷小吃店、过早摊上随处可见的本地大众化小吃相比，祖籍在外埠的“敲糕”实在为极少数的存在，所以把它归在武汉极为小众吃食的范畴一点也不冤枉。

源远流长的中华饮食文化的发展轨迹告诉我们，在华夏九百六十万平方公里大地的任何一方水土，总是会孕育出当地独有的风味吃食，反过来，地方风味吃食又会滋养出本地生活群体独有的饮食习俗，进而让大多数的当地人自小就形成独有的味觉记忆。这种终生相伴的味觉记忆一旦形成，不管他们长大成人后是在当地生活，还是将居住地迁往祖国的大江南北、四面八方,乃至于远走海外身为异客,那种自小熟悉的食物味道,会永久地存留在他们的记忆深处，甚至变成忆念家乡的一种乡愁情愫。

各地不同风味美食的丰富与兴盛，其实正是中华饮食文化异彩纷呈气象万千的肇因，也是中华饮食文化永葆生命鲜活的成因。

发端于温州苍南的“敲糕”，对离乡背井闯荡江湖的温州人尤其是苍南人而言，那种香甜可口，绵酥兼有的糯润滋味，凝结了他们太多的家乡情感。

改革开放30多年来，有二三十万温州人陆续会聚武汉并在此定居。这些居住于武汉的温州人对记忆中的家乡味道总有挥之不去的思念。然而，远离了故土，能够尝到原汁原味的家乡味道又谈何容易？因此，对久居武汉的温州人而言，若想尝到家乡“敲糕”甜绵悠长的味道，懂行的就会去汉口万松园路上的温州君豪海鲜酒楼得偿所愿。

以我有限的视野看去，迄今为止，在偌大的武汉餐饮市场，“敲糕”尚为此家酒楼所仅见，而且，“敲糕”在这家酒楼是既当点心也当菜品上桌的，甚至成为该店点击率最高的招牌食物。

因我去温州君豪海鲜酒楼用餐次数不在少数，且对甜食素有偏好，吃过“敲糕”不下十次，并有能进厨房亲眼得见苍南籍厨师曾文体制作“敲糕”全过程的便利，所以对这款吃食亦算颇为熟悉的了。

苍南县位于中国浙江省的最南端，东与东南濒临东海；西南毗连福建省以出老白茶闻名的福鼎市；西邻泰顺县，北与平阳、文成两县接壤。因地处玉苍山之南，取县名为苍南。苍南是个多民族居住的县份，在全国56个民族中，该县有畲族、土家族、苗族、侗族等38个民族分布居住。近120万人口的苍南，其主流的饮食习俗，与整个温州地区喜欢食用近海海鲜鱼与江河小水产类食材的饮食习俗一脉相通。在烹饪技法上，擅长于鲜炒、清汤、凉拌、卤味，“敲”或“捶”的技法使用较为普遍。由于多民族居住的特殊性使然，苍南的饮食习俗虽以汉民族为主，但同时亦受各个民族的交互影响，因此，苍南饮食文化具有变化多端、丰富多彩的特点。

从本源上说，“敲糕”是苍南各民族饮食习俗交汇交融的结晶，具体而言是苍南汉族、畲族、土家族、苗族、侗族等各族居民之间饮食文化相互影响的结果。

“敲糕”与我们非常熟悉的年糕有许多相似之处，主要原材料是糯米。苍南的畲族、土家族、苗族、侗族等民族与汉族一样，都有在过年过节时做年糕的习俗。总体来讲，苍南少数民族制作年糕的方法与汉族大同小异，但“敲糕”却是在畲族、土家族、苗族、侗族等少数民族制作年糕基础上的升级版，它包括了年糕制作的全部要义，在淘米、磨粉、吊浆等制作糯米粉的程序上与制作年糕的方法完全相同。年糕与“敲糕”的不同之处在于，年糕是糯米粉蒸熟的结果，制作“敲糕”则使用了温州地区擅长用木槌敲击食材，使其改变食材纤维结构的烹饪方法（比如，温州名菜“三丝敲鱼”“三片敲虾”等都是用木槌敲制而成），在热油中让年糕变身为“敲糕”。

“敲糕”的制作流程不算复杂：将糯米粉与温水混合，搅拌揉捏至均匀适中的粉团后就已完成了一半的工序。但接下来的步骤就有技术含量了：将粉团放入油锅中敲打，火候的掌控和敲打的节奏是最考验制作者功力的，也是“敲糕”能否制作成功的关键。“敲”的动作需重复进行，而且要翻来翻去，要不然锅里的粉团就会焦糊。火候的掌握也是个难点，大小要合适，太大了不好，太小了勺子和糯米粉会粘起来。等糯米粉团在油锅中被“敲”成皮脆、色泽微黄的大圆饼状后，“敲糕”就可以起锅了。然后将大圆饼铺平，撒上一层花生、黑芝麻、温州红糖等原料磨成的粉料，再将其卷合，切块，装盘，甜食“敲糕”就大功告成了。

我初尝“敲糕”，是受其“白富美”的品相吸引伸箸的：白瓷盘中盛着切成一圈一圈的微黄色“敲糕”，黑、白芝麻、老红糖、花生碎点点撒在浅黄的“敲糕”上面，一朵叶绿花紫的康乃馨花摆装在盘中，与“敲糕”交相辉映，让一盘吃食色相超群，勾人食欲。挟起一卷“敲糕”进口，糕的外皮是脆的、酥的，油香扑鼻。糕的里皮则糯润绵软。如果用“脆糯相和，香甜可口”来形容“敲糕”的口感，应是非常贴切之语。软糯酥脆兼具的“敲糕”尤受嗜好甜食的老人和孩子的喜爱，老人和孩子俨然成了消费“敲糕”的主力也就不足为奇了。

近两天又去温州君豪海鲜酒楼吃了一次“敲糕”，饭毕走出这家店，我想，在武汉生活的温州人有二三十万之多，能尝到故乡“敲糕”美食味道的少之又少，武汉本地人更是很少有人能享受到“敲糕”的美妙。由于“敲糕”的出产数量太少，像一个养在深闺中的妙龄女子，人们难见真身，当下仅是独家经营，别无分店。这种现象应该改变。我站在春意盎然的街头，看着万松园美食一条街上闪烁着的霓虹灯，我许“敲糕”一个甜美的未来：我会尽绵薄之力，鼓励那些热爱餐饮事业的年轻后学，将“敲糕”作为单品开成“小而美”的商圈店，顾客呢，除了接待浙江籍老乡以慰藉他们的思乡之情，本地客人，对不起，则只接待浓情蜜意的神仙眷侣，果真如此，才不枉美食“敲糕”蕴含着的柔情美意！

63

游牧风韵『烤全羊』

不少饮食专家的观点，都说武汉饮食没有特点，没有特点的表现之一，就是在武汉随处可见外省、甚至外国的饮食品种在这座城市大行其道，肆意流行。但我以为，这，看起来是武汉饮食业的缺点，反过来看也是个优点，正如所有的事物都具有两面性一样。武汉能够吸引全国乃至世界饮食品种在此间落地、生根、开花、结果，反过来说明武汉饮食文化中有一种宽广的包容精神。正是因为有了不同地域饮食品种的争奇斗艳，才会有如今武汉饮食业蓬勃兴旺的大好局面。

以我的看法，武汉饮食的特点，正是巧妙地掩藏在糅合了五花八门的外地饮食风俗之中，是用了慢功文火，依据武汉人的口味习惯作标准，不动声色地糅合了全国各地的饮食习俗，最后塑造成了自己心目中的模样，构成了武汉饮食文化的特殊味道。这里面有一个重要的元素不能忽视，那就是时间。武汉饮食文化就像一位道行极深的太极高手，在一阴一阳的推揉之中，无缝无隙地完成了不同地区饮食文化的融合。

所以作为武汉市民，很有口福：不用离家远行去天南地北的折腾受累，就能在家门口领略天南地北的饮食之风，从这个角度上说，做一个武汉的“好吃佬”的确是件很幸福的事情。譬如，能够不出武汉城圈就能尝到几千里开外蒙古民族颇具游牧风韵的“烤全羊”，就是一个典型的例证。凡是到过内蒙古大草原旅游，进过蒙古包的游人，大多有过喝奶茶，吃“烤全羊”的经历，都会对大口喝奶茶，大口吃羊肉的体验印象深刻。

一望无际的内蒙古大草原，“风吹草低见牛羊”。羊，是草原回馈给牧民的尤物，是牧民的生产资料也是生活资料，更是三餐不离的食材。在长期的游牧生活中，牧民们创造了大菜“烤全羊”的美味。也不知经过了多少代人的改进和改良，“烤全羊”已然成为蒙古族传统的一道名菜，甚至成为蒙古族饮食文化一张亮丽的名片。需要说明的是，因为吃“烤全羊”费工费时，所以即使是蒙古人也不经常食用，只有贵客临门时，才作为宴客的佳肴予以制作。

从文字记载上可以看出，“烤全羊”有久远的历史。唐代的《卢氏杂说》就有“浑羊殁忽”的菜谱，翻译成现在的语言，就是“烤酿鹅羊”：“见京都人说，两军每行从进食，及其宴设，多食鸡鹅之类，就中爱食子鹅。鹅每只价值二三千，每有设，据人数取鹅，燖去毛，及去五脏，酿以肉及糯米饭，五味调和。先取羊一口，亦燖剥，去肠胃，置鹅于羊中，缝合炙之。羊肉若熟，便堪去却羊，取鹅浑食之，谓之‘浑羊殁忽’”（见《中国古代名菜谱》129页）。据《元史》记载，十二世纪时蒙古族牧民“掘地为坎以燎肉”，这就比较接近现今的烤羊之法了。《朴通事·柳蒸羊》对烤羊肉作了较为详细的介绍：

> 元代有柳蒸羊，于地作炉三尺，周围以火烧，令全通赤，用铁芭盛羊，上用柳枝盖覆土封，以熟为度。

那时的“烤全羊”，不仅制作过程复杂讲究，而且有了专门的烤制炉具，为“烤全羊”的烤炙之法定了型。“烤全羊”的制作方法简单地说，就是把白条绵羊或山羊（去除了羊内脏的羊肉）连头带蹄用特制的装置吊起，再将各种调味品放入预先切好的切口和腹腔内，然后在羊肉表层涂一层食用油，或者根据不同地区的饮食口味，添加孜然等佐料、香料，再装入特制烤炉中烤制。大约烘烤三个小时，便是一只外皮酥香，味美肉嫩的“烤全羊”大菜了。

“烤全羊”是什么时候进入武汉的？我手头没有确切的文字资以说明，在我的记忆中，时兴吃“烤全羊”是近十几年间的事情。当然，这道菜式在武汉的普及程度并不很高，原因有几种：一则来自内蒙古草原的饮食方式，要被武汉人普遍接受，还需要一个过程；二则“烤全羊”受到食材供应、烤羊厨师难找等多重原因的制约，加之还受加工场地的限制，所以能够吃到“烤全羊”的地方，都是在城市的较偏区域，比如汉口后湖片区，武昌南湖片区及东湖片区等等。一般的大众餐厅，都鲜见有“烤全羊”飨客。

我吃“烤全羊”是在东湖磨山植物园片区的“翠竹园”。“翠竹园”建在东湖植物园附近一口池塘水面之上，用木头筑了亭阁走廊，刷了桐油，廊柱上挂了灯笼，池塘里喂了红黄白成群的锦鲤，悠游嬉戏，很是喜庆；绿色还没褪去的荷叶铺满水面，迎风起舞，一幅秋之江南水乡的清雅图画，只看一眼，立刻让人有了好心情。在极具江南情调的荷塘里，吃一道远隔几千里地域流传过来的风味美食“烤全羊”，这种体验，别有韵致，所以终生难忘。

暮秋之后，天气渐凉，择了一个得闲的日子，先用电话预订（因为烤一只羊得花费三个小时，如果现点现做，三小时的等候时间，恐怕很难有一个食客有这份耐心），呼朋唤友，约了上十人(一只整羊，人数少了难得吃完)，浩浩荡荡开去了“翠竹园”。到了“翠竹园”，厨师正在档口当堂烤制山羊，处理白条羊肉前边的过程我们没有看到，只看见一只山片羊肉被绷成一张皮状，被铁夹子夹住，刷了食用油，加了孜然等调料，搁在铁制的烤炉里烘烤。隔一段时间就被厨师翻过来烘烤另一面。烤炉下放有一个烧木炭的火盆，羊肉在炭火里“滋滋”作响，冒起一缕缕油烟，溢出一股诱人的香味。难怪有人说，“羊肉火中翻三番，玉皇大帝坐不端”呢。

吃烤羊肉时，是就着烤羊肉的炉具吃的，这种炉具与餐桌的功能合二为一。权作桌面的铁条网格下面有一个炉槽，炉槽中置有一个火盆，因为羊肉须得趁热吃的。每人跟前放一把刀，吃时,用刀将羊肉削下,手艺好的,羊肉皮肉厚薄均匀,不会削的,要么削下来的都是羊肉，要么只削了薄皮。吃起来就没多少讲究了，随了各位食客的口味习惯，既可以蘸了佐料吃，也可不蘸佐料吃。

吃“烤全羊”不是个斯文事，事实上也斯文不起来，没有筷子，用刀割，用手抓。最好的办法，是戴上塑料手套，用手抓嘴啃比较靠谱。

烤羊肉焦嫩鲜美，没有想象中那般油腻。因为羊肉在火上烘烤了将近三个小时，油汁大都渗出来了，化作了缕缕油烟，剩下的肉质纤维脆而不糊，油而不腻。吃烤羊肉最好喝点白酒，佐以红酒也行，白酒、红酒都有解除油腻的功效。如此，就有大块吃肉，大碗喝酒的大侠范式了。试想，在一片江南情韵的水池廊亭里，一帮“好吃佬”手抓羊肉，大碗喝酒，这种场景，也算得上是南方的灵秀和北方的豪迈风格的混搭了。

烤羊肉吃完了，便喝羊肉汤，主食是火烧饼。通常，吃烤全羊，是一羊两吃的。喝羊肉汤的滋味，总结起来，就是一个字：鲜。当然，从形式感而论，喝羊肉汤就没有吃烤全羊那么好玩了。羊在古代是祭祀的重要食品，因为它跪乳有仪理，羊，还是吉祥的象征。古人以“羊”字引申为“美”字，“美”字本意为味美。如果吃过了“烤全羊”，古人对羊肉味道之美的感受和描绘，我们多少能与他们找到相通之处了。

64

龙虾宴

先得说明一下，本文所说的龙虾，不是指诸如澳洲龙虾之类的海鲜，而是指当地当季，武汉每个农贸市场正在热卖的小龙虾。

小龙虾在武汉还有别的名字：龙虾、虾子等等。小龙虾在本地绝不是稀罕物，而是个大路货。只要是个武汉人，吃过小龙虾肯定不算稀奇，稀奇的是龙虾席，若问吃过用小龙虾做成的全虾席面没有，回答肯定的人数，恐怕不会太多吧？

前几日受邀去汉口台北一路（市青少年宫后门）一家叫“可可龙虾”的餐厅吃虾，一桌席面，十几道菜，全由我们司空见惯的小龙虾烹成。援引“全鱼宴”“全羊宴”的概念，我把全部用虾制成的这桌席面称之为“龙虾宴”。

之前，我没吃过龙虾全宴，也没有想到过用龙虾食材还可以做出那么多种菜色花样。你瞧眼前这桌席面吧，先从味型上说，酸、甜、辣、麻、咸，五味皆有，味型不可谓不多样；再从色彩上说，红、黄、绿、紫、橙，五彩斑斓，色泽不可谓不丰富。你听听这些菜名，耳朵眼睛就该不够用了：“榴莲龙虾”“可可蒸虾”“油焖龙虾”“凤梨龙虾”“槟榔龙虾”“鲍鱼龙虾”“紫苏龙虾”“青芥龙虾”“麻辣龙虾”“香辣龙虾”“白灼龙虾”“干煸龙虾”…… 接待方笑称：如果桌面够大，他们能够奉上的虾菜还有一二十款之多。

这桌“龙虾宴”主食材只有龙虾一种，配料却不单调，所以能够从“龙虾宴”中品味到榴莲、紫苏、芥末、槟榔、凤梨、鲍鱼等的不同滋味，确乎是味蕾的盛宴。

老实说，这桌“龙虾宴”的花样真有点让人大开眼界，也让人心生感慨。

感慨之一是吃龙虾已然进入了高消费的行列，一餐下来，四五个人的消费早已过千，不含酒水，人均消费超过两百元。事后，我曾将吃这桌龙虾的价格拿来与吃“快乐海鲜”的海鲜价格作过比较，意外发现吃小龙虾的价格与吃海鲜的价格只高不低。

在武汉乃至湖北，吃小龙虾在二三十年前才开始初兴，不曾想，演变至今已成为餐饮时髦大潮。常言说沧海桑田，谓之变化巨大，而巨变的前提条件，是需要时间的沉淀。吃小龙虾的这段时光，在历史长河中只是短暂的瞬间，却漂漂亮亮地完成了“鲤鱼跳龙门”的华丽转身，从“草根”跻身豪门，变化之快，变化之大，让人不可思议。

每年自春天四月起至秋天九月止，便是武汉这座城市的小龙虾季。在这段时日，小龙虾蹦上了居民的餐桌，经营各种菜系的餐馆、火锅店不约而同地都开卖小龙虾。更有偃旗了一个冬天加一个春天的各个虾店，“前度刘郎今又来”，一家家忙着张灯结彩，搭棚架屋，置柜设炉，换上新招牌，虾店开张，不供应别的肴馔，专以小龙虾飨客。在这个季节，武汉人吃龙虾蔚然成风，成为具有汉风汉味之一景。

感慨之二是“龙虾宴”颠覆了我们对烹饪小龙虾的传统概念，烹饪龙虾的技法早已不是传统的油焖、清蒸、卤、红烧所能包括的，烹饪技法已然多样化。

我们不妨把市面上所有供应小龙虾品种的烹饪方法做个梳理就会发现，现在市面上流行的龙虾菜式，不外乎用四种烹饪方式加工而成：油焖、清蒸、卤、红烧。客观地说，这四种烹饪方法亦确实能够体现湖北传统烹饪方式的特点，也与龙虾的溶油特性相匹配，小龙虾能够从湖北走向全国，风靡大江南北，这四种烹饪方法是立了功的。

我曾写过文章，分析过湖北菜在全国少有影响的原因在于没有真正意义上的一款湖北菜式，能够被南北西东各地的食客普遍接受。比如武昌鱼、鮰鱼、藕煨汤……等等，这些湖北的代表菜式，都不是被全国各地的餐饮市场完全接受，而只能说是区域性地走出了湖北，走向全国。究其原因不外乎有三点：一是受制于食材的供应；二是味型的单一；三是烹饪手法不够丰富。有此客观存在的三大拦路虎，致使湖北菜只能是墙内开花墙内香的现实情状。

在我看来，以小龙虾为食材制成的菜式，却完全具有能够走向全国的可能性。理由也不外乎三点。

一是龙虾食材供应的广泛性。湖北有适宜小龙虾生长的水域条件，小龙虾繁殖能力强，出产量大，湖北的潜江、洪湖等地，已经形成了小龙虾养殖、运输的完全产业链，能够在短时间内将本地龙虾运往全国各地。也就是说，湖北小龙虾的出产完全能够满足全国餐饮市场的实际需要。

二是龙虾味型的丰富性，决定了受众参与的广普性。在“可可龙虾”吃到的这桌“龙虾宴”，表明龙虾烹饪味型之多样丰富，可以满足从南到北、从西到东不同地区人们的味型嗜好。不管你是嗜吃酸、甜、咸、麻、辣中的哪一类，丰富的龙虾烹饪味型中，总有一款能满足你的味蕾需求。

三是龙虾烹饪技法的多样性。烹饪十八般技法中的烧、煸、蒸、卤、焗、焖、烤……等，全部可以用来烹饪龙虾，正由于有多样性的烹饪技术作基础，才可能满足不同地区人群的味型需要。“可可龙虾”用了多种技法烹制龙虾的实践，为湖北龙虾走向全国，火遍全国做了有益探索。

我想，如果武汉餐饮市场上还有许多家龙虾店、龙虾馆能像“可可龙虾”一样，加入用心探索龙虾烹饪多样化的队伍中来，江城小龙虾火遍全国肯定不是遥远的梦，湖北菜在全国餐饮市场上的地位得到提升也不是遥远的梦！

65

无声细下飞碎雪

大概我是沾了做美食评论职业的光，常常有机会出席各种酒店宾馆的高端宴席，对于以海鱼贝类切成生片蘸着调料生吃的刺身，譬如以鲑鱼（三文鱼）、鲔鱼（金枪鱼）、鲷鱼、比目鱼、鲣鱼、多春鱼、鲥鱼、鲹鱼、鲈鱼、鲻鱼、澳洲龙虾、法国生蚝、象拔蚌、帝王蟹、北极贝等海鲜原料制成的刺身，经常有品尝的便利。

就武汉而言，刺身频频现身于市内各大餐饮酒楼高端宴饮的餐桌，是近 30 年才风行起来的饮食时尚。乃至于现今湖北境内的各个城市，但凡有点档次的酒楼宾馆的宴席上，刺身成了价格不菲宴席的标准配置。

很多年轻人现在都很喜欢吃新鲜的刺身，于是有年轻的朋友，尤其是去日本吃过寿司和生鱼片的朋友时常问我：刺身是哪一年从日本引入我们国内的?

我也不止一次地笑答：你们把事情搞反了，要问，也应该是问刺身是哪朝哪代出口到日本的才对。

流行于现今城市高端食肆的“刺身”词汇，的确是从日本引入的外来词，但根子却在中国。刺身在中国古代叫鱼生即亦称为“脍”，在隋唐以后传入日本、朝鲜半岛。日本人经过一千多年的吸收、传承与演变，源自中国的鱼生“脍”，逐渐披上了日本饮食文化外衣，再冠以“刺身”之名由日本输出到世界各地。

所谓刺身是指鱼脍、生鱼片之类的东西，系将新鲜的鱼和贝类生切成片，蘸调味料直接食用的菜品。日文“刺身”的来由一直流行着这样一种说法：历史上日本北海道渔民在供应生鱼片时，由于去皮后的鱼片不易辨清种类，故渔民经常会割取一些鱼皮，再用竹签刺在鱼片上，以方便大家识别鱼种。刺在鱼片上的竹签和鱼皮，当初被称作“刺身”。

刺身是日本料理中最具特色的美食，虽然被贴上了日本制造的标签享誉全世界，但它的源头不在日本而在中国，甚至在中国古代是常见的鱼类菜品，

我国古代对刺身的记载集中在淡水鱼的生鱼片上，原因在于中国古代农耕文明的核心区域在中原地带，水系状貌只有湖、河、沟、渠、江、池塘而远离海洋，所以水产品只有淡水的湖鲜与河鲜，海鲜少见。古代最早见诸典籍记载的刺身是淡水鱼的生鱼片并以鲤鱼为食材制成的生鱼片为尊。据出土青铜器《兮甲盘》铭文记载，周宣王五年（前823年）周师于彭衙（今陕

西白水县之内）迎击猃狁，凯旋。大将尹吉甫私宴张仲及其他友人，主菜是烧甲鱼和生鲤鱼片。

无独有偶，《诗经·小雅·六月》也记载了周军大胜，犒赏将士，庆功宴上有“脍鲤”这件事：“饮御诸友，炮鳖脍鲤”，“脍鲤”就是生鲤鱼片。

千古圣贤孔老夫子是山东曲阜人，对吃生鱼片却是非常讲究的，席不正不食，而且“食不厌精，脍不厌细”。

何谓脍？乃鱼生、肉生也。脍，《说文解字》的解释是“细切肉”，就是把肉薄切、细切的烹饪方法。《礼记》有：“脍，春用葱，秋用芥”的记载。《论语》也有对脍等食品“不得其酱不食”的记述，故先秦之时，先民所吃的生鱼脍，是与以葱、芥调成的酱一同食用的。中国几千年的饮食实践也证明，生鱼片与酱、葱、芥末等调料一同食用，不仅能保证食者的食用安全，而且可使鱼生与调料的味道相辅相成，食之味美绝伦。这种流传了两千多年的饮食习惯一直影响到现今，今天我们在吃各种刺身时，不管是以海鲜食材还是以淡水鱼原料制成的刺身，通常不都是要佐以芥末、生抽和米醋等一同食用吗？

中国有句成语“脍炙人口”流传广泛，这个成语出自孟子《孟子·尽心下》，也与鱼生相关：

> 曾晰嗜羊枣，而曾子不忍食羊枣。公孙丑问曰：“脍炙与羊枣孰美？”孟子曰：“脍炙哉！”公孙丑曰：“然则曾子何为食脍炙而不食羊枣？”曰：“脍炙所同也，羊枣所独也。讳名不讳姓，姓所同也，名所独也。”

这便是成语“脍炙人口”的由来。

历朝历代的文人骚客对鱼生喜爱有加，古人或记述或歌咏鱼生的文字，我们今天读来仍感活色生香。

三国时，曹植在《七启》赋中云：

> 蝉翼之割，剖纤析微；累如叠谷，离若散雪；轻随风飞，刃不转切。

唐人李白在《酬中都小吏携斗酒》云：

> 呼儿拂几霜刃挥，红肌花落白雪霏。

诗圣杜甫在《阌乡姜七少府设脍戏赠长歌》云：

> 姜侯设脍当严冬，昨日今日皆天风。河冻未渔不易得，凿冰恐侵河伯宫。饔人受鱼鲛人手，洗鱼磨刀鱼眼红。无声细下飞碎雪，有骨已剁觜春葱。

宋人苏东坡是美食大家，他的美食经历丰富，在《泛舟城南，会者五人，分韵赋诗，得〈人皆苦炎〉字四首》中云：

> 运肘风生看斫脍，随刀雪落惊飞缕。

南宋陆放翁在《秋郊有怀四首》中云：

> 作劳归薄暮，浊酒倾老瓦。缕飞绿鲫脍，花簇赪鲤鲊。

南北朝时，出现了金齑玉脍，这可能是中国古代生鱼片菜色中最为著名的。北魏贾思勰在《齐民要术·八和齑》中详细介绍了金齑的做法。“八和齑”是一种调味品，是用蒜、姜、橘、白梅、熟粟黄、粳米饭、盐、酱八种料制成的，用来蘸鱼脍。元末明初的刘伯温在《多能鄙事》中，详细记述了生鱼片制作和食用的过程：

> 鱼不拘大小，以鲜活为上，去头尾，肚皮，薄切摊白纸上晾片时，细切为丝，以萝卜细剁姜丝拌鱼入碟，杂以生菜、芥辣、醋浇。

这与今天广东顺德地区吃淡水鱼生的方法就非常近似了。

在中国传统的各大知名地方菜系的菜谱中，现在都有刺生菜色的身影，但制作刺身菜品的水平，我个人认为以广东厨师为最。甚至可以说，现在全国各地高档酒店盛行吃刺身，这个功劳应该归功于广东厨师的大力推广。广东刺身厨师是全国各菜系制作刺身厨师的师傅。生食海鲜是广东人的传统饮食习俗，广东人嗜鲜成癖，在追求食材的新鲜，追求菜品原汁原味的道路上从无止尽，而吃刺身恰恰是最能体现海鲜和淡水鱼鲜食材原味的饮食方法。日本刺身制作方法传到广东以后，粤厨就以兼收并蓄的包容态度，结合广东的海鲜出产，制作了一批刺身菜式应市，受到食客追捧，所以刺身能在广东菜系里占有重要地位也就不足为怪了。放眼望去，现如今全国各地知名大宾馆大酒店的刺身师傅，几乎都由粤厨充任。如若不信，列位可以找个机会进到各大宾馆酒店的厨房，看看主持制作刺身的厨师是不是都操着一口乡音浓重的广东话？

与其他各种外地菜式落户湖北所走的路径一样，湖北人所吃本地刺身菜色亦是经过改良的，虽食材多为海鲜，但味道与粤菜味道大有差异，已与湖北人普遍接受的咸鲜味型相融合，蘸碟多用芥末、生抽、米醋、芝麻酱等充当。常见的刺身以金枪鱼、鲑鱼（三文鱼）、鲷鱼、比目鱼、鲣鱼、多春鱼、鲥鱼、鲹鱼、鲈鱼、鲻鱼，还有北极贝、帝王蟹、象拔蚌等原料制作而成，基本上是切薄成片，薄片下面垫放着机制的冰雪，这种吃法与明代李时珍在《本草纲目》中的记述："凡诸鱼鲜活者薄切，洗净血腥，沃以蒜齑姜醋五味食之"的方法有所不同。按照烹调原理，刺身在 4 ℃以下时的口感最佳。于是，把人造冰雪垫在刺身下面，可以在一段时间内保持刺身的最佳口感。在食用刺身时，增加了冰镇之法，使之味道更为鲜美，这也算是今人在古人制作鱼脍技术基础上的一个进步吧。

对我个人而言，每每吃刺身时，看到绿枝摇曳、花团锦簇的一大盆刺身菜色上桌，薄片的刺身平铺于白皑皑的冰雪之上，我总会想起杜甫"无声细下飞碎雪，有骨已剁觜春葱"的诗句，有一种莫名的喜悦滋味涌上心头。

66

『铜锅巷子』，火锅里透出婉约情调

只要对川渝饮食状貌有所了解的人都知道，川渝火锅是四川重庆两地最为百姓喜爱的大众饮食品种。火锅之所以在川渝大受欢迎，是因为吃火锅除了能调节人与当地自然环境关系，维持人体生命平衡外，还在于从火锅价格、火锅吃法再到嗜吃火锅如命的吃客们的参与热情，构成的富有川渝特色的火锅文化，有让人上瘾的魔力。或可这样表述：火锅文化从本质上讲，极具被当地百姓亲近的草根性特质，与川渝两地的地方文化属性相吻合，吃客能从川渝火锅里，用味蕾领略豪放的巴蜀文化风采。

川渝火锅一直是物美价廉饮食的代名词，为什么川渝火锅会以价廉为“杀手锏”在市场上攻城掠地？以我的观察，恐怕与它的低微出身不无关系。

在川渝两地的坊间，火锅诞生历来有两个版本传闻，即为“四川泸州小米滩”船工诞生说和“川江纤夫”诞生说。

酒城泸州的小米滩是四川境内长江边上的一个码头，长江上的船工们跑船常在这里抛锚住宿，停船后即生火做饭。相传有一个脑袋灵光、负责打杂烧火的船工，有一天将一块铁板铺于舱板之上，在岸上找来三块红砖，在铁板上摆成三角形状，便垒起一个最简易的炉灶，再将随船携带的瓦罐，往砖灶上一架，罐中加水，下进各种蔬菜，洒几滴油花，搁了几粒盐，再添加辣椒，花椒，便做成了饱腹驱寒的火锅。

这是泸州船工发明火锅的最初模样。作为川渝火锅起源于泸州的佐证，泸州至今还有“菜当三分粮，辣椒当衣裳”的方言俚语在坊间广为流传。

还有一种说法，川渝火锅起源于川江上拉纤的纤夫。早年三峡水流湍急，行船逆流而上，必得靠人力帮忙，称为拉纤，拉纤的人称为纤夫。纤夫的工作就是用一根绳索，一头拴住船头，一头握于纤夫之手，身体前倾，用肩膀绷紧绳索，拉船上行。拉纤是人间最苦活计，酷夏严寒，急流险滩，船行一步，纤夫必得全力以赴。更糟糕的是纤夫在野外作业，一日三餐怎么吃到口便是问题，春夏秋季还可以将就将携带的饭菜吃进肚里，倘是滴水成冰的隆冬时节，纤夫携带的饭菜每每冻成了冰坨，实在难以下咽。一日，有一个纤夫提议说，为了吃口热菜，干脆把每个人带的菜集中起来，烧上火，兑上峡江水，来个大杂烩一锅煮。一热三鲜，没想到在露天以江水煮就的大杂烩，各种菜混杂一起后的味道还真不错，吃起来气氛也特别热烈。

当年纤夫做成的大杂烩，就是今天风行天下人们百吃不厌的火锅的初始状态。

不管川渝火锅起源于泸州小米滩船工，还是峡江上拉纤的纤夫，都说明火锅既不是源自官府大户的灶台，也不是源自专业厨师执勺司俎的刻意发明，完全为最底层民众劳动之中的无意发现。火锅发源的草根性，对它后来的传承与发展产生了重要影响，直到现在，在重庆的老火锅店，这样的吃景屡见不鲜：三伏夏天，一干人众，脱光上衣，打着赤膊，围坐于一口黑旧大锅，锅内木隔漂于锅面，昏暗的光线里，也看不清锅里到底是什么颜色的滚汤（锅底），一层红油冒着蒸腾热气，吃客夹了菜蔬、畜禽、海鲜等片状食材，置入锅中煮涮成菜，然后夹起烫熟或半生不熟的菜大快朵颐，立时，汗珠从额头渗出，顺着脸颊、顺着胸部往下淌。

这样的火锅，大受男人们的青睐，这样的火锅，可以吃出一种豪气，可以吃出一种率性，可以吃出一种畅快。

但火锅远不止只能吃出一腔豪情、吃出场面壮观这么简单，据我所知，最起码火锅还能吃出一种小情小调的婉约。因我居住的城市非川渝而在武汉，近水楼台先得月，所以把火锅吃出了小情小调的这种体验，不是在川渝，而是在位于汉口新华下路与发展大道交界处一家叫“铜锅巷子”的时尚火锅店。

在我的记忆中，川渝火锅顺江而下在武汉盛行，是从上世纪 80 年代中期开始，当时汉口黄兴路上开了一家名叫太珍的火锅店，然后呼拉一下，这地方接连开了十几家味道相同的火锅店，形成火锅一条街。现在想来，当时黄兴路上的火锅街，其实也就是水煮盐拌的水平。那时，火锅吃客在路边大呼吃得过瘾的时候，武汉的火锅也属豪放派之列，与现在把火锅吃出品位，吃出时尚，吃出小情小调相比，显然还处于吃火锅的初级阶段。

把火锅店经营往小资情调上靠，是这十年以内的事情。尤其随着武汉各个商圈的兴建，火锅店开始从路边搬进商场。到商圈火锅店吃火锅的一族，以 80 后和 90 后为主力消费群体。为了能与装修精美的购物商场相匹配，火锅店店面的装修就不能不上档次。有 80 后、90 后作为火锅消费主体，商圈火锅店开得有小资情调渐成主流，这种格调小清新的火锅店形式亦被路边的火锅店所借鉴，于是路边火锅店也装成小资风格的越来越多。

我去吃过几次的火锅店“铜锅巷子”，虽是路边店，但也属吃出小资情调的一类。店内的软装具有小清新的精致格调就不去说了，我们从店名上就能看出这间火锅店在做精致火锅的用心。

所谓巷子，暗示这家店铺与成都宽窄巷子有传承关系，表达的是向成都火锅致敬之意。成都的宽窄巷子，无论是其建筑风格还是在那里经营饮食，都是以精致著称的。

所谓铜锅，表明对火锅产品的精致追求，食不厌精，脍不厌细。

客观地说，“铜锅巷子”的火锅底料与别家火锅店味道小有差异，看来是下足功夫了的，他们用了永川的豆豉、郫县豆瓣，加上料酒、花椒、辣椒面、冰糖、米酒、细盐、牛油、牛肉汤等制成，味道微辣、微麻、微咸，武汉吃客大体都能接受。

除了火锅底料，能让食客们吃得满意的，是“铜锅巷子”对新鲜食材的选用。我在这里的用餐体验，“铜锅巷子”在选择真材实料上好食材方面，倒是真能落实在每一盘火锅配菜上的。我个人比较喜欢“铜锅巷子”的水牛毛肚。毛肚上桌时，切得有款有形，肚片底下用冰镇着。搛起毛肚下进滚烫的火锅，默数 14 秒左右时间，用筷夹起，便见毛肚表面烫起多个大小不一的水泡，这里面传达出的信息，是毛肚新鲜嫩爽的程度。正如人稚嫩的皮肤，遇上高温会起水泡一样，高温之下毛肚表面水泡越多，表明毛肚越是新鲜。新鲜的毛肚吃进嘴里，确有鲜香脆嫩的口感，如果一个人坐在火锅炉边，慢慢涮，喝点小酒，吃上一盘两盘毛肚，一点不算稀奇。

显然，“铜锅巷子”走的是婉约派火锅线路，装修格调清新，餐具精致，播放的背景音乐轻柔曼妙。食客以 80 后、90 后居多。每位用餐的人，大概受就餐环境影响，说话轻声细语，全然不见武汉人粗喉大嗓、高声喧哗的场面，这样的就餐场景，确实透出了几分婉约的意境。

67

酷夏“伏狗宴”

眼下正是太阳一照似火烧的三伏盛夏，在我们这座以“火炉”著称的城市，气温动辄窜上38℃乃至更高。武汉伏天的可怕，不仅奇热，而且还湿度大。在湿热逼迫下，人的食欲不振，浑身乏力。按照本地土著的生活经验，伏天居家最好的吃食，是稀饭咸菜绿豆汤，萝卜白菜保平安。

没想到现在这个热得快让人发疯的季节，去吃燥热大荤狗肉的人却越来越多，美其名曰吃“伏狗”。

在汉口车站路美食一条街上，有一家开了十多年、专营狗肉菜式的餐馆“世方御”，老板兼主厨郭四海与我相熟，邀我于二伏的头天，去“世方御”参加“伏狗宴”。

显然，现在一些热衷于吃“伏狗”的人，是受了那些入伏去贴“伏贴”治病者的影响，目的是以食疗之法，驱除寒湿，治疗冬病。

夏季贴“伏贴”治病，媒体宣传是依据传统中医“夏病冬治”“冬病夏治”的原理，其疗法出自清初的三大名医之一张璐所著的《张氏医通》。我没读过《张氏医通》，也不知道他究竟在书里是如何阐述“伏贴”的治疗方法。也许是我的孤陋寡闻，在我的视线内，没看见有谁把16卷的《张氏医通》用现代白话文清楚明白地表述出来。我从媒体上看到的，是找不到出处、语焉不详的古文引用，我猜测极有可能还是断章取义的引用。

不管是被动还是主动，我们现在已经习惯了各种媒体找不到出处的任意引用。姑且我们就把现在被人津津乐道地贴“伏贴”，看成是张璐疗病技艺的传承吧，这样，患者在进医院贴“伏贴”时，心里可以稍许平和：一个现代的治疗方法好赖有一个靠谱的古医家的出处作为支撑，治不治得好病另当别论，至少不会治出什么乱子来。

所谓“冬病夏治”的理论究竟源自哪里？媒体的说法是出自《内经·素问》中“四气通神大论”的“春夏养阳、秋冬养阴，以从其根”，与“六节脏象大论”中的所谓“长夏胜冬”。

还有一说，是出自明朝高濂的《遵生八笺》，说到农历六月，此月肾、肝都气微，脾旺。肾为水，肝为木，脾为土，脾借木气疏之，而肾为肝之母，所以，脾旺便导致肝、肾都弱，所以要增咸减甘以补肾，因为肾是根本。

《素问》及《遵生八笺》两书中都讲到了时节与人的脏腑关系，其实并无有关“冬病夏治”“夏病冬治”的记载，但都明确地说了夏季养肾养脾，确乎为养生的重要方法。

我估计，现在“冬病夏治”的应用，很有可能出自众多临床的中医，他们综合了古代医家理论和根据自己多年的行医实践，故古为今用地采取了“冬病夏治”“夏病冬治”的治疗手段。中医认为，夏季人体的阳气浮散于外，阴气内盛于中，呈外热内寒的状态，人此时不宜过受寒凉，须避免伤阳。所以中医开出“冬病夏治”的药物，多为湿热之品，有助阳之功。

这样的解释，在医理上也站得住脚吧？

在中华文明的发展史上，巫医同源，医食同源。古代人们在生活实践中发现，以进补食物为手段，往往也能达到治疗病症的效果。因此之故，食疗理论贯穿于中华饮食文化发展之始终也就成其为必然了。

自然而然，有创新意识的厨师就受到启发了：既然助阳的药物能够“冬病夏治”，那么助阳的食物，理所当然也就能“冬病夏吃”了。于是乎，狗肉，这个被中医认为味咸性温，补中益气，温肾助阳的食材，被厨师顺理成章地选作了“冬病夏吃”的主角。

明代李时珍《本草纲目》记载，狗肉能滋补血气，专走脾肾二经而瞬时暖胃祛寒而补肾壮阳，服之能使气血溢沛，百脉沸腾。故此，中医历来认为狗肉是一味良好的中药，有补肾、益精、温补、壮阳等功用。民间谚语有云：

吃了狗肉暖烘烘，不用棉被可过冬。

喝了狗肉汤，冬天能把棉被当。

……

这些是百姓对狗肉温补作用的肯定。

狗肉不仅是一味良药，还是美食。俗话说“狗肉滚三滚，神仙坐不稳”，足见狗肉美味独具的魅力。

按有丰富经验的厨师说法，狗的种类繁多，毛色各异，总体来说，黄狗为上，黑狗、白狗次之。

吃狗肉在民间并不稀奇，但大多数人都以为吃狗肉在三九寒冬之时为宜。这没有错。但我国许多地方如湖南、贵州、四川等湿热之地，盛夏有流行吃伏狗、伏鸡的习俗，并有“冬羊夏狗”之说。湖北与湖南、贵州、四川气候条件大致相同，湖北人在伏天吃狗肉也在情理之中吧。

“世方御”在开发狗肉菜品上是下了深功夫的。厨师把烹饪中的蒸、煮、煨、烧、汆、卤、爆、炒、烩等十八般技法，悉数用于烹制“伏狗宴”。狗的全身部位皆可入菜，“世方御”正是这么做的。他们飨客的“伏狗宴”品种有“手抓伏狗”“药膳狗腰”“药膳卤狗爪”“粉蒸伏狗”“杜仲伏肝”“药膳卤狗尾”“药膳卤狗鞭”“伏狗珍珠丸”“伏狗狮子头”“雪菜扣伏狗”“白椒脆伏肚”“水煮伏狗”等50余款。味型多样，对于爱吃狗肉的人而言，总有一款能合胃口，得享口腹之欲。

老实说，我不爱吃狗肉，席间只喝了一口伏狗冬瓜汤，便再不伸筷子。来参加“伏狗宴”，于我有观摩学习单品经营之道和体验“伏狗宴”氛围的意思。

吃“伏狗宴”的氛围确实值得一说。

吃席时不必衣冠楚楚，而要脱去上衣，打上赤膊，每人肩上搭一条冰镇过的湿毛巾。吃席时，关掉空调，连电扇都不吹。喝的是陈年药酒，度数不低。正值高温天气，喝药酒，吃狗肉，真是热上加热。三两口酒下喉，三两块狗肉下肚，立时看到每个人身上的汗珠，顺着前胸和后背，如雨下滴。

我虽没吃狗肉，但也喝了一杯“世方御”泡制的药酒“满地走”（很有药力，喝后燥热，据说有壮阳之功），汗便冒出来。我用手摸摸，感觉汗水有些黏乎乎的。我暗自揣度，大概这是药酒发挥的作用，逼出自己身体中的寒湿之气了吧。

或许是心理作用使然，反正，饭毕走出“世方御”店门，自我感觉身体轻松，走路的脚步，似乎比平日多了些气力。

68

冬藏养生『猪肚鸡』

也不知是不是老天爷把日子过忘记了，今冬的三九天都过去了一多半，天还没有下雪的意思，虽然近阶段每天清早的气温处于零下，但到了白天，尤其到了中午，气温都蹿上10℃以上。明媚的阳光下，路边花坛性急的迎春花，竟零零星星地次第花开，一朵一朵盛开的黄花，好像把现在还是数九寒冬的季节当成了春天了。

可人不能这么健忘。不管怎么说，现在还是隆冬数九天，往年的现在，还是滴水成冰呢。按照传统中医“天人相应”原理，现在季节最宜“冬藏”养生。

所谓“冬藏”，就是指人到了冬天，应该养精蓄锐、休养生息，以利来年应对春生、夏长、秋收的付出和收获。冬藏养生既是大自然植物与动物的生长规律，也是人类一条养生的原则，同时也体现了我们中国人“天人相应”的哲学思想。

怎样才能冬藏养生呢？百姓的生存之道是冬令进补，冬令进补是中国民间传统的养生方法，根本原则是畏寒体质补阳，虚火体质滋阴，以达到阴阳平衡，身体强壮的最佳效果。

前些日，我与武汉餐饮业界的几位领导去了开在江汉路步行街上的“捞旺猪肚鸡”，喝了用广东烹饪手法煲出的猪肚母鸡汤，以我个人的用餐体验，这一砂锅汤，不管是从它的味道论还是滋补身体的效果论，猪肚母鸡汤都可算“冬藏”养生的上品。

传统中医认为，猪肚母鸡汤里加上胡椒、花参、玉竹、党参等药材，有很好的滋补、驱风、驱寒、养胃作用，对于调理身体和具有暖胃去湿的明显功效，尤其对胃寒者，食疗效果更为显著。

猪肚母鸡汤的学名叫“肚煲鸡”，有的说它源自广东，有的说它源自广西，这都没错，有许多菜谱书上就是这么说的。其实湖北包括武汉本地的农村，很早就流行用猪肚片来煨母鸡汤的。比如，湖北的大悟县和武汉的黄陂区，农村中都有用猪肚片煨母鸡汤招待贵客的习俗。

因此而言，说猪肚母鸡汤是地道湖北菜也不为错。

前年，我应一个老家在大悟县的朋友之邀，去大悟农村参加他家亲戚的婚礼。朋友知道我是个好吃佬，说去大悟乡下可让我见识一下什么是天下最好喝的肚片母鸡汤。

我们便在婚宴正式开席的前一天到了大悟，住进了他的家里。人一到家，朋友一边吩咐家人去镇上买猪肚，一边让家人捉母鸡宰杀，点燃了许久没有用过的柴灶，烧了一锅开水，把鸡去毛洗净，剁块待用；把猪肚洗净，丢进滚水中焯水，捞起切片。用小瓦罐将猪肚片和鸡块装了，洒了细盐、胡椒，罐上加上盖，将小瓦罐埋进灶中的灰烬里，并在小瓦罐周遭洒上木锯末，也不用再去看管小瓦罐。约3小时后，将小瓦罐从灰烬中起出，揭开罐盖，把猪肚母鸡汤倒出，汤呈羊脂白色，在表面有一层淡黄淡黄的油晕。在倒汤的过程中，馋人的鸡肉、猪肚香味，直朝人的鼻孔里钻，用汤匙舀一勺汤送进口里，味道那个鲜，恨不得连舌头都想吞下去。

老实说，即便我天天进餐馆酒肆与美食为伍，但却没有喝过味道这么鲜香的原生态猪肚母鸡汤。

顺便说一句，武汉的老字号小桃园煨汤馆的出品，也是从黄孝地区乡间用柴灶煨汤的烹饪技法演变而来的，只是小桃园出名的是那一罐用黄孝土鸡煨制的鸡汤里边没有添加猪肚片而已。

猪肚母鸡汤颇有来历。

相传在清康熙朝，郭络罗氏宜妃刚生完皇子，因为宜妃有胃病，产后身体愈加虚弱，康熙吩咐御膳房炖补品给宜妃吃，可是她吃什么都没有胃口，凤体日渐消瘦。宫里的太医想尽办法做各种名贵补品给宜妃吃，还是无济于事。康熙便召集太医和御膳房，把旨意传下去，无论用何种办法，都要医治好宜妃的胃病。御膳房想到“药补不如食补”的方法，把民间传统坐月子喝鸡汤的做法加以改良，把母鸡与猪肚搭配，再加上名贵药材炖汤，宜妃吃后果然胃口大开，经过一段时间的饮食调理，宜妃的胃病已然痊愈，而且肤色红润光泽，浑身焕发出美艳动人的光彩。

以后，御膳房厨师年老退休返回原籍，猪肚母鸡汤的制法便从宫廷传到民间，在不断地改良过程中，逐渐演变成为一款具有保健功能的营养火锅。

武汉有多家专门做“肚煲鸡”的餐馆，我们在江汉路步行街上吃过的“捞旺猪肚鸡”，是一家具有广式风味的火锅店。在广东话中，“捞”的引申意指吃火锅，“捞旺”，是指吃了火锅人脉旺、生意旺、钱财旺的意思。

“捞旺猪肚鸡”，把传统的广东“肚煲鸡”做了改良，不再把整只鸡塞进猪肚里一齐煲熟，而是将鸡肉和猪肚切块，按照武汉人习惯的饮食味型 选用农家在果树林散养的土鸡，配以海南上等黑胡椒和十余种名贵药材，采用广东的烹饪方法，慢慢将猪肚和鸡块煲熟，打造成一道以砂锅作盛器和炊具的特色火锅，猪肚的口感滑爽脆口，鸡肉的口感皮脆弹牙。

“捞旺猪肚鸡”的吃法有点创新意味，猪肚鸡一汤四味，第一轮汤的味道为浓香，第二轮汤的味道为甘香，第三轮汤的味道为清香，第四轮汤的味道为味甜。

从“捞旺猪肚鸡”出来，我们几个人有种共同的感受：周身通泰，浑身暖意融融。店家为“捞旺猪肚鸡”做的广告说，“肚煲鸡”是“男人的加油站，女人的美容院”，“肚煲鸡”是不是女人的美容院我不知道，是男人的加油站，我是有切身体验的了。

69

花卉入馔，甜美芬芳

花卉恐怕是我们再熟悉不过的植物了，在我们这座地处江南的城市，一年四时当季开着的各色花儿，譬如国色天香的牡丹，含情脉脉的芍药，出于淤泥而不染的荷花，天香云外飘的桂花、一树独占天下春的梅花……这些大自然慷慨馈赠的花花草草，丰富了我们的色彩视觉，让水泥森林构成的城市坚硬主调，平添了温柔的诗意，温软了我们被尘世生活磨砺得日益粗糙的内心。

花卉养眼养心人尽皆知，如果我说花卉还能做成菜馔让人享以口福，也许会遭人疑问吧？

其实，鲜花入菜源于历史深处，在我国有久远的文化传承。公元前 11 世纪至前 6 世纪的《诗·郑风》讲“山有扶苏，荫有荷华”，系将新生的莲花洗净清煮，加入苗米、百合之类，做成清热去暑的荷花粥。春秋时楚国的屈原大夫在《离骚》中说:“朝饮木兰之坠露兮,夕餐秋菊之落英”,这是菊花入馔的确切证明。汉代时，皇家开始酿制、饮用“菊花酒”。宋代以降，古人用花入菜的品种愈加丰富。宋代的阙名在《客退纪谈》中记载：

孟蜀时，兵部尚书李昊每春时，将牡丹花数枝分遗朋友，以兴平酥同赠，且曰：“俟花凋谢，即以酥煎食之，无弃浓艳也。”

这是牡丹花菜的诗意吃法。宋代的林洪、明代的高濂、清代的顾仲在他们所写的《山家清供》《饮馔服食笺》《养小录》等文著中，记录了诸如梅花汤饼、蜜饯梅花、雪霞羹等等以花卉为食材做成的主食和菜点。曹雪芹笔下的文学名著《红楼梦》,对以花制成的菜式多有描述,其数量甚至可以单独列出一本《红楼梦》花卉菜谱。

当然,古人在以花烹菜之前,更看重的,是花卉的药用价值。换言之，古人开始是把花卉当成药材使用的，也有将花卉入酒，炮制为药，用以养生延年。这在中国古代医书中成篇累牍，举不胜举。在长期生活实践中，人们发现花卉不仅能够当成治病疗疴的药材，还能制成佐酒下饭的菜品，并且风味与在园圃栽种的菜蔬迥然有别。于是，花草进入了食材的行列，以花入馔的传统，代代传承，不绝于世。

当然还可说明，自古医食同源，脉系一处，医与食密不可分的交互关系。

至于到了今天，花卉菜甚至可以单独成系，各个地方菜系中都有花卉菜的菜谱。人们以花制菜，不仅看重花卉的食疗价值，营养价值，还看重了以花成菜的独特口感，间或看重花卉菜式透出的浪漫情调，更在意花卉菜式体现出来的时尚元素。

位于武汉长桥二桥汉口一端，有一个近年在武汉三镇声誉鹊起的美食商圈，名曰“武汉天地”，在这个商圈开设的一二十家餐厅，规模不论大小，装饰风格和菜点品种，总体可用一个字概括：潮，换成两个字就是“时尚”。不信你去“武汉天地”逛逛，来这里用餐的食客，红男绿女，大多是穿戴新潮的时尚一族。有什么样的顾客，就决定了有什么样的餐厅，所以这里餐厅飨客的菜式，与繁华马路边上以家常菜为主的大众餐馆迥然不同，都是变着花样往时尚的路子上整。来此间用膳的顾客，还有一个显著的特点，他们多半有点小资情调。飨客的店家和消费的顾客，互助映衬，让每一个踏进“武汉天地”的人，都能感受到一脉风花雪月的暧昧气氛。

近日受一个颇讲情调的女性朋友之邀，去了“武汉天地”的“彩云南”聊天吃云南菜。甫一进店就感受到浓郁的云南地方文化气息，装修风格雅致。一问大堂经理，说“彩云南”以经营滇菜为主。云南菜系在武汉不是主流，以烹制山珍、水鲜见长。其口味特点是鲜嫩、清香回甜，酸辣适中，偏酸辣微麻，讲究本味和原汁原味，酥脆、糯、重油醇厚，熟而不烂，嫩而不生，点缀得当，造型逼真。当然，云南菜的特点，是由云南独特的气候类型和丰富的动植物资源决定的。资料上说，云南海拔高度从 76 米到 6740 米，形成了热带、亚热带、温带、寒带等多种气候类型，为1.7万种植物和1万多种昆虫提供了适宜的生长环境。所以云南菜以花入菜毫不奇怪，鲜艳的花朵，坚硬的树皮，样式各异的蘑菇，蠕动的昆虫，翠绿的树叶，水里长的草茎，肥硕的野果皆为食材。因此，云南烹饪界才有“一绿就是菜，一动就是肉”之说。

环境决定文化属性，云南人有“春食花、夏食菌、秋食果、冬食菜”的饮食习俗，完全在情理之中。

“彩云南”走的是时尚路线，用些花草制菜，也在我的意料之中。果然，一看服务员递过来的菜单，以花制成的菜名不在少数：新鲜黄花菜汤、炒石榴花、炒核桃花、芭蕉花汤、茉莉花炒鸡蛋、花卉野生菌种涮锅……

客随主便，我们点了一桌“花菜”：茉莉花炒鸡蛋，玫瑰馅饼、炒核桃花、攀枝花野生菌种火锅……搭配的荤菜是东坡肉和清蒸鲈鱼。满桌“花菜”，养眼自不必说，每一道菜，都散发出不同花的芳香。这一餐没有喝酒，酒以茶代，舌头对菜肴的味道也就格外敏感。尤其值得一说的，是吃攀枝花。我是第一次吃，当时也不认识其芳名。听服务员介绍，说是攀枝花。

我问是四川省攀枝花市中的那三个字吗？

回答说“是”。

后来查阅资料得知，四川省的攀枝花市，据称是全国唯一一个以花卉命名的城市。其实植物攀枝花也称木棉花，是我国南方较为多见的高大乔木——木棉树开的花卉，盛开时，色调血红，有“英雄花”之称。而作食材的攀枝花是初开的嫩芽，其形状和口感与新鲜的黄花菜相似，如不细细分别，很容易把攀枝花混同于黄花菜。但攀枝花的口感没有黄花菜嫩柔，微微有一点涩口。我们当时是把攀枝花下在火锅里吃的，或许这样的吃法更能尝到它的本味。一桌“花菜”，芬芳甜美。

以我的看法，以花入馔，甜美芳香不假，特色亦很鲜明，吃饭的融洽气氛被烘托得无可挑剔，但从色、香、味三重要素考量，以花为食，虽然涵盖了美食的三大要素，但显不足。如果对“彩云南”的“花菜”予以评价，色为第一，香为第二，味呢，恐怕得排第三吧。或许，这样的排位，是一些时尚餐厅的通例！

70

随谈“压锅菜”

新近认识了一个在武汉专做“压锅菜”的厨师姜连军，受他之邀，陆陆续续吃过几次用鸡、鸭、鱼、肉、泥鳅、鳝鱼等动物食材做出的“压锅菜”，可以说我对传说中的“压锅菜”有了感性认识。

或许有人会问，什么是“压锅菜”呢？

所谓“压锅菜”是指以高压锅为烹饪器具烹制的菜肴，尤以烹饪动物类食材为多，也可以烹饪少量淀粉含量丰沛的菜蔬。“压锅菜”的烹饪方法，其实质是烹饪技法中的“焖”。把“压锅菜”归类出一个菜系，并以这样的概念进行推广和传播，是近些年才出现的新事物。换言之，“压锅菜”不是流传久远的菜系，没有很长的历史传承，作为一种菜系的存在，“压锅菜”还非常年轻，充其量也只有十多年的历史。但是，以高压锅为器具制成的菜式，早在“压锅菜”概念流行之前就已然存在。

比如，从上世纪70年代开始，武汉有多家餐馆做湖北传统菜式——粉蒸肉飨客时，就是用高压锅来蒸肉的。另外，有些居民在家做粉蒸肉或焖鸭子之类的肉菜，也有用高压锅做菜的成例。只是那时，不论是餐企还是制菜的厨师，更不用说居家的百姓，都没把用高压锅烹制的粉蒸肉冠之以“压锅菜”的称谓而已。

高压锅又叫压力锅，是由法国物理学家帕斯卡于1679年发明，高压锅应用的是“气压和水的沸点成正比”的物理学原理。常识告诉我们，在正常大气压下，用普通的锅烧水，水的沸点就是100摄氏度，常言谓之为开水。水开后，即便再怎么加热，水的温度也不会高出沸点。另一种情形，当我们身处海拔4500米的高原，若使用普通锅烧水，基本上烧到70多摄氏度时水就沸腾了，无论之后再怎么加热，水的沸点也不会上升。基于这样的原理，人们通过物理方式而造成气压的增高，比如制成封闭性能极好的压力锅并以压力锅为器具烧水，水的沸点就会相应升高；高压锅里的水加热至烧开后产生蒸汽，再继续加热，蒸汽的压力会逐渐升高，根据“气压和水的沸点成正比”的原理，锅内水的沸点就会不断被提高，那么锅内的温度也随之上升，可以超过100℃至120℃。资料显示，现在压力锅广泛应用于化工、印染、医疗卫生、航天等领域。把压力锅最早用于与人们日常生活联系最紧密的行业是医院，医院使用高压锅主要用来消毒。医卫人员使用高压锅使其内温达到120℃并保持15分钟左右时，即可灭菌。后来人们发现，用高压锅和用一般锅烹制食物相比，使用前者可以节省不少时间。“压锅菜”成为系统菜式飨客，始于北国的哈尔滨，那里天气寒冷，于是早些年有些饭店开始使用老式高压锅压制一些不易熟的食材，这些食材以肉类为主，如牛肉、猪蹄、排骨等，形成了今日“压锅菜”的雏形，为“压锅菜”在全国遍地开花奠定了基础。

作为一种烹饪器具，压力锅归纳起来有以下优势：

以高压锅作炊具，可以节省烹饪时间。餐饮行业规定，从顾客点好菜单到上菜，凉菜不超过5分钟，热菜不超过8分钟。“压锅菜”可以通过预制的方式，预先将食材经过初加工成半成品，然后依据顾客的需要，上灶架锅，在很短时间内即可将菜上桌，缩短了顾客等待上菜的时间。

以高压锅作炊具，能够较好地形成制菜标准。菜肴制作的标准化和菜肴的风味体验在中餐馆是一对矛盾，中式菜肴尤其是炒菜的成品质量较大程度上受控于厨师的烹饪技艺，难得形成菜品质量的标准化，因人不同，菜式出品的色香味形都会不同，菜品非常难得具备可复制性，因而经营炒菜的餐馆，在开分店时，菜品质量就很难保证能与样板店的菜品质量相一致，而“压锅菜”非常容易形成统一的标准，在试制“压锅菜”时，可以事先设定使用多少主料、辅料、调料，给多少油，添多少水，一次性投入压力锅，上灶多少时间，使用多大火，都很容易量化。这就为复制和推广“压锅菜”奠定了基础。

以压力锅作炊具，可以调和菜品出产的标准化与菜品美味不足的矛盾。上面已经讲过，“压锅菜”很容易形成标准化生产，它的另一个特点为汤压，压后无油无汁水，不需要另外勾茨。入压力锅的汤可以是老汤、高汤、鸡汤、鲜汤、骨头汤，也可以用啤酒来压制，压制过程中，靠了气压和汤汁的多少来蒸发水分，使调料干香、全部入味至食材里边。高度的密闭性，使锅内的原料营养不会流失。因此，用压力锅烹出的成品，具有干香而味厚，汤汁浓郁的鲜明特点。

我们在试吃姜连军烹制的“压锅菜”时，压力锅也当作盛器装菜上桌的，虽然把压力锅当盛器，有保持菜品原汁原味和保温的好处,但总归器皿的看相不佳,全部的压力锅是一种尺寸，一种颜色，不同菜式的色香味形，在这里几乎没有分别，体现不了每道菜式的差异性。而且，压力锅锅沿比较高，吃菜时搛菜不太方便，致使食客“吃相”不雅，由此看来，以压力锅做盛器利少弊多。

话说回来，湖北菜里，食材多以鸡鸭鱼肉，飞禽走兽、河鲜水产为主，烹饪方式多以烧、焖、煨、煮、蒸等技法为主，“压锅菜”的烹饪方法与湖北菜的烹饪方法有许多的相似性，而且，“压锅菜”也能契合湖北人“一热三鲜”的饮食习俗，把发脉于东北的“压锅菜”，移植到武汉乃至湖北来，对于丰富湖北菜的烹饪技法和丰富湖北菜系，都大有益焉。

后记

八年前，我开始步入湖北饮食文化研究者之列。

这八年间，我把绝大部分时间都用来与不同帮口的厨师交朋友，读饮食文化的古今著作、菜谱，并在湖北省内及全国多地餐馆、小吃摊点上流连——我把在这种带着学习、考察目的吃餐馆称之为“田野调查”，然后写出了超过百万字的随笔文字，这些文字先以专栏形式在多家杂志、报纸上刊载，然后结集出版《楚天谈吃》《味蕾上的乡情》等几本饮食随笔集。

在我写下的几百篇饮食随笔中，涉及武汉菜馔和小吃的内容也不算少，但至今还没有单独出版过一本专以武汉饮食为内容的随笔集子。

有次作家朋友雅集，老作家彭建新先生郑重建议我专门出一本武汉饮食随笔的书籍，并说在他的视野内，已经出版的关于湖北饮食文化的论著中，武汉饮食文化总是包含在湖北饮食文化的框架之内，而把武汉饮食文化的考察研究成果单独著述成书，此类书籍虽有，但鲜见。这与武汉在全国重要的城市地位以及武汉饮食文化在湖北省饮食文化中的重要地位极不相称。

我颇有触动。扪心自忖，我生于武汉，长在武汉，在这个城市生活了几十年，到了花甲之年，又做了湖北饮食文化的研究工作，理所应当为她做点力所能及的贡献。此后不久，有出版社向我组稿，邀我撰写这本《武汉味道》。经过将近一年的写作，并两易其稿，总算不辱使命，如期交出了书稿。

趁《武汉味道》出版之机，我对给予本书写作和出版提供帮助的武汉出版集团公司朱向梅董事长、副总编邹德清先生和编审李俊女士表示由衷的感谢！

对给予本书出版提供图片支持的摄影家黎德利先生、美食达人王勇先生和郑长征先生表示诚挚的谢意！

当然，遗憾也有，由于写作时间仓促，加之本人水平有限，视野狭窄，缺憾和不当之处在所难免，本书的疏漏、谬误之处肯定存在。现在《武汉味道》即将出版，对于各位读者的批评指正，我的态度将会是洗耳恭听并心存感念。

曾庆伟

2018 年 6 月 18 日于武汉